MAGNETIC MATERIALS

Fundamentals and Applications

Second Edition

磁性材料基础与应用

（原著第2版）

[美] 妮古拉 A. 斯波尔丁（Nicola A. Spaldin） 著

彭晓领　李 静　葛洪良　译

化学工业出版社

·北京·

内容简介

《磁性材料基础与应用》包括三个部分：第一部分介绍基本磁学量、磁学理论、磁性起源和几种基本磁性；第二部分介绍常见的磁现象，包括磁各向异性、磁电阻、交换偏置以及低维材料的磁现象；第三部分介绍磁性器件的应用与新材料，包括磁存储、磁光记录、磁性半导体、磁性绝缘体和多铁材料。

《磁性材料基础与应用》配有课后作业、习题答案以及详细的参考文献。本书既可用作高校磁学与磁性材料相关专业的本科生及研究生的教学用书，也可用作磁性材料生产和研发相关工程技术人员的参考书。

图书在版编目（CIP）数据

磁性材料基础与应用/（美）妮古拉 A. 斯波尔丁（Nicola A. Spaldin）著；彭晓领，李静，葛洪良译. —北京：化学工业出版社，2021.12（2024.7重印）

书名原文：Magnetic Materials: Fundamentals and Applications (second edition)

ISBN 978-7-122-40044-4

Ⅰ.①磁… Ⅱ.①妮…②彭…③李…④葛… Ⅲ.①磁性材料 Ⅳ.①TM271

中国版本图书馆 CIP 数据核字（2021）第 206227 号

责任编辑：陶艳玲　　文字编辑：毕梅芳　师明远
责任校对：李　爽　　装帧设计：关　飞

出版发行：化学工业出版社（北京市东城区青年湖南街 13 号　邮政编码 100011）
印　　装：北京科印技术咨询服务有限公司数码印刷分部
787mm×1092mm　1/16　印张 12¾　字数 294 千字
2024 年 7 月北京第 1 版第 3 次印刷

购书咨询：010-64518888　　售后服务：010-64518899
网　　址：http://www.cip.com.cn
凡购买本书，如有缺损质量问题，本社销售中心负责调换。

定　　价：88.00 元

译者前言

磁性材料属于凝聚态物理和材料科学的交叉学科，广泛应用于电力、信息、能源、交通和国防等重要领域，是现代工业的关键基础材料。目前，我国部分磁性材料的研究工作已达到国际先进水平，我国已发展成为全球磁性材料的产业中心，磁性材料科研与生产的相关从业人员已具相当规模。

本书是从美国加州大学圣巴巴拉分校的 Nicola A. Spaldin 教授编写的由英国剑桥大学出版社出版的 *Magnetic Materials Fundamentals and Applications*，Second Edition（英文版）翻译而成。全书包括三个部分：第一部分介绍基本磁学量、磁学理论、磁性起源和几种基本磁性；第二部分介绍常见的磁现象，包括磁各向异性、磁电阻、交换偏置以及低维材料的磁现象；第三部分介绍磁性器件的应用与新材料，包括磁存储、磁光记录、磁性半导体、磁性绝缘体和多铁材料。本书既可用作高校磁学与磁性材料相关专业的本科生及研究生的教学用书，也可用作磁性材料生产和研发相关工程技术人员的参考书。

本书最大的特色是风格简洁。书中没有深奥晦涩的理论描述和复杂的数学推导，使用简洁的语言向读者介绍磁性理论、磁现象和磁性材料的本质。本书各章节都附有课后作业、习题答案以及详细的参考文献，以方便课程教学和读者自学，这是本书的另一个特色。

译者对原著中的一些公式错误、数据错误和印刷错误已做了修订。

本书的翻译和出版过程得到了中国计量大学材料与化学学院专业建设项目和中国计量大学重点教材建设项目资助，在此深表感谢。

本书涵盖的领域和涉及的知识范围十分广泛，加之译者水平有限，译文中难免有不妥之处，望读者不吝批评指正。

开卷有益。真诚地希望本书对各位读者有所帮助。

译者

2021 年 3 月于杭州

原书序

《磁性材料基础与应用》对磁学基础知识、磁性材料及其在现代磁学器件中的应用做了精彩的介绍。该版沿袭了第1版的简洁风格，并针对本领域内的重要进展做了全面修订，包括：对基本磁现象的新认知、新的材料类别以及器件范式的演变。本书配有课后作业和习题答案以及详细的参考文献，可以作为新进入本领域研究人员的自学指南。

该版新增了以下内容：

- 交换偏置耦合、多铁材料、磁电材料以及磁性绝缘体等全新章节；
- 结合相关领域的最新进展对全文进行了修订，尤其是对磁记录和磁性半导体的章节做了大量更新；
- 新的课后习题，并配有答案。

Nicola A. Spaldin 是加州大学圣巴巴拉分校材料系的教授。她是一位充满热情、工作高效的老师，既设计并管理着 UCSB（加州大学圣巴巴拉分校）研究生综合培养计划，又会在线回答小学生的提问。她因多铁和磁电领域的研究工作而闻名于世，当前的研究工作致力于利用电子结构方法来设计开发多功能磁性材料。为表彰她在这方面的杰出贡献，美国物理学会授予其麦高第新材料奖（McGroddy Prize for New Materials）。此外，她还积极参与研究管理工作，领导着 UCSB/国家科学基金会国际材料研究中心。

致 谢

在过去十年中，我在加州大学圣巴巴拉分校（UC Santa Barbara）教授磁性材料课程。在该课程中，一直在试用这本书。非常感谢班级中每一位学生，感谢他们提出改进建议、寻找错误并告知我哪些部分比较枯燥。希望他们的热情能感染到你们。

Nicola Spaldin

目录

第 1 篇　基础知识

第 2 篇　磁现象

第 11 章　各向异性 / 098

第 12 章　纳米颗粒和薄膜 / 104

第 13 章　磁电阻 / 111

第 14 章　交换偏置 / 121

第 3 篇　器件应用与新材料

第 15 章　磁数据存储 / 126

第 16 章　磁光学和磁光记录 / 135

第 1 篇

基础知识

第1章
静磁学概论

Mention magnetics and an image arises of musty physics labs peopled by old codgers with iron filings under their fingernails.

John Simonds, Magnetoelectronics today and tomorrow,
Physics Today, April 1995

在学习磁性材料之前，需要掌握一些基本的磁学原理，例如：磁场是怎么产生的，磁场对周围环境有何影响。第1章主要探讨这些基本问题。可当我们打开书本开始学习的时候，就感到了困扰。在磁学发展历史中，存在两个学派："物理学派"和"工程学派"。这两个学派存在显著的区别，但又能在很多磁学问题上相互补充。"物理学派"建立在电流磁场的基础上，而"工程学派"是由磁极（如条形磁体的端部）发展而来的。两个学派在哪种相互作用最能反映磁性本质的问题上产生了分歧，进而衍生出不同形式的磁学公式，更让人困扰的是两个学派各自采用了两种不同的单位制。大多数磁学书籍都会自始至终采用其中一种单位制作为磁学标准。本书全文则适应人们日常的习惯（至少是磁学会议上的表达习惯），始终采用最适合的单位制来探讨相关问题。讨论电流磁场时，采用国际单位制（SI单位制）；而描述磁极之间相互作用时，则采用厘米-克-秒单位制（CGS单位制）。

为了避免后续混淆，在第1、2章中将从两种不同角度对磁学量进行定义，并在第2章的最后给出了相应单位和公式的对照换算表。文献［1］对磁学中常用的单位制进行了系统的讨论。

1.1 磁场

1.1.1 磁极

历史上，磁场 $\boldsymbol{H}$ 的概念最早是在磁极的基础上发展而来的。1750年英国科学家米切尔

(Michell) 发现了磁极之间相互作用定律，随后，1785 年法国科学家库仑（Coulomb）进一步验证并完善了该定律。该定律比电流磁场的发现早了几十年。在反复实验的基础上，科学家们发现两个磁极之间的相互作用力与磁极强度 p 成正比、与磁极间距的平方成反比：

$$F \propto \frac{p_1 p_2}{r^2} \tag{1.1}$$

这与电荷库仑定律的表达式类似，但又存在显著区别。电荷可以独立存在，但科学家们认为单个磁极（磁单极子）是不能独立存在的。因此，在实验中将一个非常长的条形磁体端部近似作为单个磁极。习惯上，将自由悬挂的条形磁体朝北的一端称为北极，朝南的另外一端称为南极❶。在 CGS 单位制中，其比例常数是 1，因此

$$F = \frac{p_1 p_2}{r^2} (\mathrm{CGS}) \tag{1.2}$$

式中，r 的单位是厘米（cm），F 的单位是达因（dyn）。式（1.2）给出了磁极强度的定义：

单位磁极强度相当于相距 1cm 的两个单位磁极之间产生 1dyn 的作用力。

在 CGS 单位制中，磁极强度的单位没有单独的名称。

在 SI 单位制中，式(1.1) 中的比例常数为$\frac{\mu_0}{4\pi}$，因此有

$$F = \frac{\mu_0}{4\pi} \times \frac{p_1 p_2}{r^2} (\mathrm{SI}) \tag{1.3}$$

式中，μ_0 为真空磁导率，其值为 $4\pi \times 10^{-7}$ 韦伯/(安培·米)［Wb/(A·m)］。在 SI 单位制中，磁极强度用安培米（A·m）表示，力的单位为牛顿（N），其中 $1\mathrm{N} = 10^5 \mathrm{dyn}$。

为了理解磁力是如何产生的，我们可以想象某一个磁极产生了磁场 $\boldsymbol{H}$，该磁场继而对另一个磁极产生了力的作用，因此

$$F = \left(\frac{p_1}{r^2}\right) p_2 = \boldsymbol{H} p_2 \tag{1.4}$$

根据定义，磁场强度为

$$\boldsymbol{H} = \frac{p_1}{r^2} \tag{1.5}$$

因此，**单位强度的磁场对应于单位磁极受到 1dyn 的力。**

按照惯例约定，磁场源于北极，而归于南极。图 1.1 给出了条形磁体周围的磁力线分布。

在 CGS 单位制中，磁场的单位是奥斯特（Oersted，Oe），因此 1 个单位磁场强度就是 1Oe。在 SI 单位制中，磁极之间相互作用力也可以用类似的公式表示为：

$$F = \frac{\mu_0}{4\pi} \times \frac{p_1}{r^2} p_2 = \mu_0 \boldsymbol{H} p_2 \text{❷} \tag{1.6}$$

---

❶ 如果将地球看作条形磁体，那么地球磁体的地理南极实际上却是磁北极。

❷ 原文公式有误，已修正。——译者注

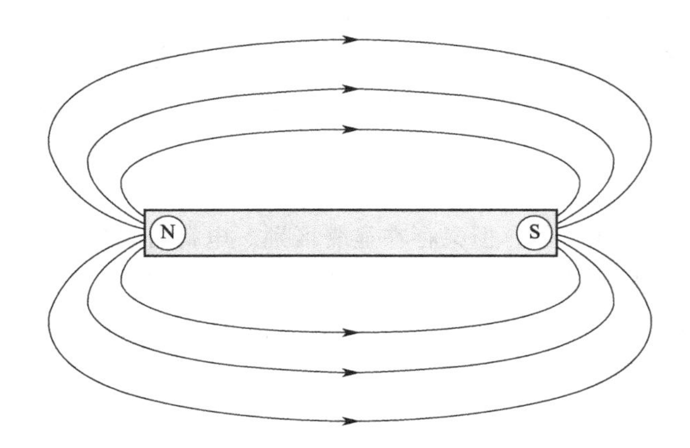

图 1.1　条形磁体周围的磁力线分布

从而得出，$\boldsymbol{H}=\frac{1}{4\pi}\times\frac{p_1}{r^2}$，单位为安培每米（A/m），且 1Oe = (1000/4π)A/m。

地球磁场的强度一般为十分之一奥斯特❶，幼儿园玩具所用条形磁铁的端部磁场通常为 5000Oe。

1.1.2　磁通量

下面介绍另一个抽象的概念磁通量 Φ。“磁通量”指磁极所产生的磁场以通量的形式被传输到远处。从严格意义上来讲，磁通量定义为磁场法向分量的表面积分。这意味着通过垂直于磁场方向的单位面积的磁通量等于磁场强度。因此，磁场强度等于单位面积的磁通量，磁通量则等于磁场强度乘以面积，即

$$\Phi=\boldsymbol{H}A \tag{1.7}$$

在 CGS 单位制中，磁通量的单位为奥斯特平方厘米，又称为麦克斯韦（Mx）。在 SI 单位制中，磁通量的表达式为

$$\Phi=\mu_0\boldsymbol{H}A \tag{1.8}$$

在 SI 单位制中，磁通量的单位为韦伯（Wb）。

磁通量是磁学中非常重要的一个物理量。变化的磁通量会在任意一个与之相交的电路中产生电流。实际上，电路中相对应的磁通量变化率可用“电动势”ε 表示，有：

$$\varepsilon=-\frac{\mathrm{d}\Phi}{\mathrm{d}t} \tag{1.9}$$

式（1.9）就是法拉第电磁感应定律。电动势提供了电势差，进而在电路中形成电流。式（1.9）中的负号表示感应电流所产生的磁场与磁通量变化的方向相反（这就是楞次定律）❷。

电磁感应现象赋予磁通量另外一个定义，即（在 SI 单位制中）：

1Wb 磁通量相当于该磁通量在 1s 内降到 0 时，对应于在单匝导线中产生 1V 的电

---

❶ 地磁场强度应为 0.5～0.6Oe。——译者注

❷ 在本书中，不详细介绍电磁感应定律。感兴趣的读者可以阅读参考文献［2］。

动势。

1.1.3 电流磁场

1820 年奥斯特（Oersted）发现，小磁针在靠近电流时会发生偏转，从此磁学的发展翻开了新的历史篇章。该发现是一个重大突破，因为它统一了两门学科，促进了电磁学的产生。电磁学主要研究运动电荷与磁体之间的相互作用力，它既包括描述电荷之间相互作用力的电学，也包括描述磁体之间相互作用力的磁学。

紧接着，安培在实验中发现小电流环与小磁体所产生的磁场是等同的（这里所说的“小”是指所观察到的磁场范围小）。逆时针方向的电流环对应条形磁体的北极，而顺时针方向的电流环则对应条形磁体的南极，如图 1.2 所示。此外，他进一步猜想，所有的磁效应都来源于电流元，而铁等铁磁性材料的磁效应则源于“分子电流”。由于电子在 100 年后才被发现，所以这个猜想可谓是见识非凡。现如今人们知道，磁效应源于电子的轨道运动和自旋角动量。

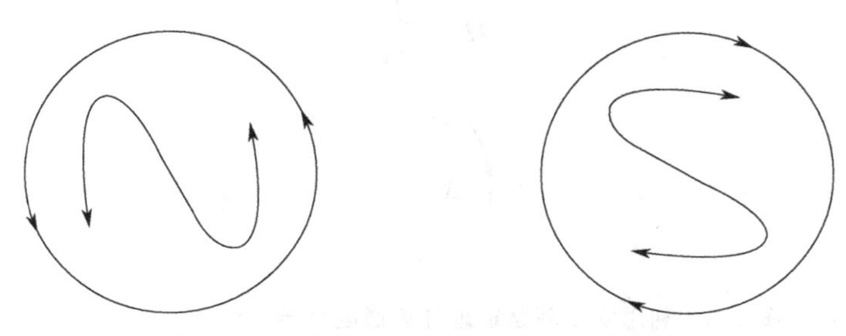

图 1.2 电流方向与磁极的相互对应关系

从电流的角度出发，磁场又可定义为：

一无限长的直导线内电流强度为 1A 时，在导线径向 1m 位置处所产生的磁场强度为 1/2πA/m。

读者不禁要问：如果电流不是流经直导线，情况又会如何？一般形式的电路会产生何种磁场？安培紧接着回答了这个问题。

1.1.4 安培环路定理

安培注意到电流所产生的磁场既取决于电路的形状，又取决于电流强度。实际上，磁场沿某一闭合路径的线积分等于该闭合路径所包围的总电流 I。在 SI 单位制中，

$$\oint \boldsymbol{H} \cdot \mathrm{d}\boldsymbol{l} = I \tag{1.10}$$

这个表达式称为安培环路定理，可以用来计算载流导体所产生的磁场，后面将举例说明。

1.1.5 毕奥-萨伐尔（Biot-Savart）定律

毕奥-萨伐尔定律给出了与安培环路定理（有时更适用于一些特殊对称性的场合）等效的描述。该定律指出单位长度导体 $\delta \boldsymbol{l}$ 上电流所产生的磁场 $\delta \boldsymbol{H}$ 为：

$$\delta \boldsymbol{H} = \frac{1}{4\pi r^2} I \delta \boldsymbol{l} \times \hat{\boldsymbol{u}} \tag{1.11}$$

式中，r 为磁场位置距导体的径向距离；$\hat{\boldsymbol{u}}$ 为沿径向的单位矢量。

1.1.6 直流导线磁场

为了理解毕奥-萨伐尔定律和安培环路定理间的等效关系，下面分别采用两种定理计算通电直导线所产生的磁场。

采用安培环路定理计算磁场。图 1.3 给出了通电直导线与磁场的位置关系。假设磁力线绕导线形成闭合的圆形（根据对称性，这个假设非常合理），则导线同心圆上的各点具有相同强度的磁场 $\boldsymbol{H}$。因此，式（1.10）中的磁场线积分就非常容易计算，根据安培环路定理有：

$$\oint \boldsymbol{H} \cdot \mathrm{d}\boldsymbol{l} = 2\pi a \boldsymbol{H} = I \tag{1.12}$$

因此，与导线相距 a 处的磁场强度为：

$$\boldsymbol{H} = \frac{I}{2\pi a} \tag{1.13}$$

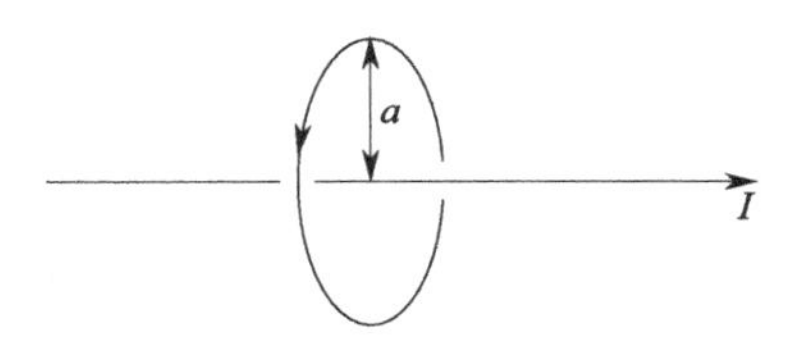

图 1.3 利用安培环路定理计算通电直导线所产生的磁场

对于这种特定情况，采用毕奥-萨伐尔定律计算会显得更加复杂。图 1.4 给出了通电直导线与相距为 a 的 P 点之间的相对位置关系。有：

$$\begin{aligned} \delta \boldsymbol{H} &= \frac{1}{4\pi r^2} I \delta \boldsymbol{l} \times \hat{\boldsymbol{u}} \\ &= \frac{1}{4\pi r^2} I \left| \delta \boldsymbol{l} \right| \left| \hat{\boldsymbol{u}} \right| \sin\theta \end{aligned} \tag{1.14}$$

式中，θ 为 $\delta \boldsymbol{l}$ 和$\hat{\boldsymbol{u}}$ 之间的夹角，其值等于（$90° + \alpha$）。因此，

$$\begin{aligned} \delta \boldsymbol{H} &= \frac{I}{4\pi r^2} \delta \boldsymbol{l} \sin(90° + \alpha) \\ &= \frac{I}{4\pi r^2} \times \frac{r \delta\alpha}{\cos\alpha} \sin(90° + \alpha) \end{aligned} \tag{1.15}$$

式中，$\delta \boldsymbol{l} = r \delta\alpha / \cos\alpha$。

又因为 $\sin(90° + \alpha) = \cos\alpha$，且 $r = a / \cos\alpha$，则有：

$$\begin{aligned} \delta \boldsymbol{H} &= \frac{I}{4\pi} \times \frac{\cos^2\alpha}{a^2} \times \frac{a \delta\alpha}{\cos^2\alpha} \cos\alpha \\ &= \frac{I \cos\alpha \delta\alpha}{4\pi a} \end{aligned} \tag{1.16}$$

因此

$$\begin{aligned} \boldsymbol{H} &= \frac{I}{4\pi a}\int_{-\pi/2}^{\pi/2}\cos\alpha\,\mathrm{d}\alpha \\ &= \frac{I}{4\pi a}\left[\sin\alpha\right]_{-\pi/2}^{\pi/2} \\ &= \frac{I}{2\pi a} \end{aligned} \tag{1.17}$$

这与利用安培环路定理计算得到的结果一致。显然，在处理这类特定问题时，安培环路定理更加适合。

电流所产生的磁场的解析表达式仅适用于导体几何形状比较简单的情况。对于形状更复杂的导体，其磁场大小必须通过数值计算。磁场的数值计算是一个非常活跃的研究领域，在电磁器件的设计中具有非常重要的意义。文献［3］对此进行了详细的综述。

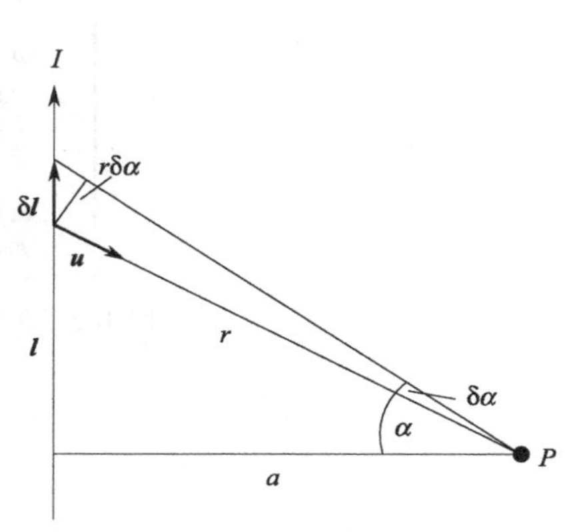

图 1.4　利用毕奥-萨伐尔定律计算通电直导线所产生的磁场

1.2　磁矩

本节将介绍磁矩的概念。磁矩是条形磁体或电流环在外磁场中所受的力偶矩。同样，可以用磁极或电流来定义磁矩。

假设条形磁体与磁场 $\boldsymbol{H}$ 成 θ 角，如图 1.5 所示。如 1.1.1 节所述，单个磁极所受的作用力为 $\boldsymbol{F}=p\boldsymbol{H}$。磁体所受的力矩等于磁力乘以其与质心之间的距离，因此

$$pH\ \frac{l}{2}\sin\theta+pH\ \frac{l}{2}\sin\theta=pHl\sin\theta=mH\sin\theta \tag{1.18}$$

式中，$\boldsymbol{m}=pl$，称为磁矩，为磁极强度与磁体长度的乘积（文中用加粗斜体代表矢量，用普通斜体代表矢量值）。磁矩的定义为：

磁矩为磁体在与之相垂直的 1Oe 磁场中所受的力偶矩。

此外，对于电流为 I、面积为 A 的电流环，其磁矩定义为：

$$\boldsymbol{m}=IA \tag{1.19}$$

在 CGS 单位制中，磁矩单位为 emu。在 SI 单位制中，磁矩单位为 $\mathrm{A\cdot m^2}$。

1.2.1　磁偶极子

磁偶极子的定义为：小尺寸条形磁体或小面积电流环的磁矩 $\boldsymbol{m}$。图 1.6 给出了磁偶极子周围的磁力线分布。当磁偶极子与外磁场垂直时，约定其能量值为零。因此，当磁偶极子在磁场中转动 $\mathrm{d}\theta$ 角度时，所做的功（以 erg 为单位）为：

$$\begin{aligned} \mathrm{d}E &= 2(pH\sin\theta)\frac{l}{2}\mathrm{d}\theta \\ &= mH\sin\theta\mathrm{d}\theta \end{aligned} \tag{1.20}$$

当磁偶极子与外磁场呈 θ 角度时，其能量为

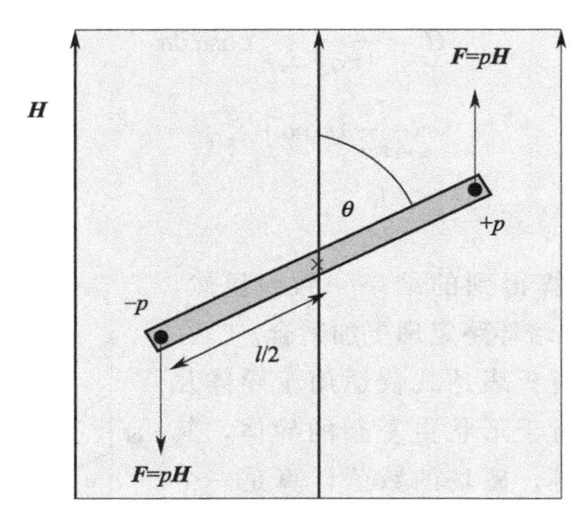

图 1.5　条形磁体在磁场中受到的力矩的计算

$$E=\int_{\pi/2}^{\theta} mH\sin\theta \mathrm{d}\theta$$
$$=mH\cos\theta$$
$$=-\boldsymbol{m}\cdot\boldsymbol{H} \tag{1.21}$$

该表达式描述了 CGS 单位制中磁偶极子在磁场中的能量。而在 SI 单位制中，磁偶极子在磁场中的能量表达式为 $E=-\mu_0\boldsymbol{m}\cdot\boldsymbol{H}$。在全书中，将广泛采用磁偶极子的概念及其在磁场中磁能的这个表达式。

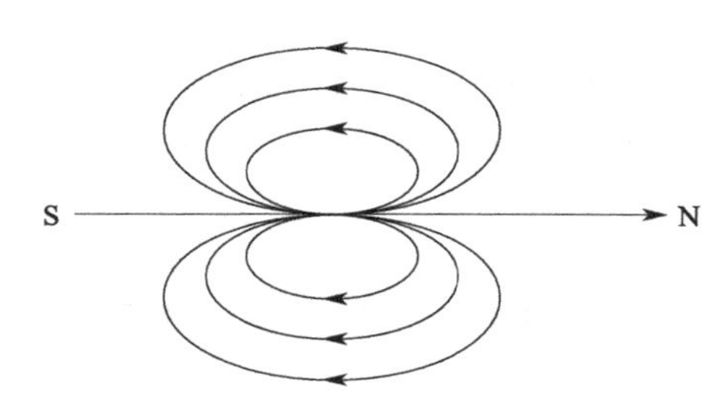

图 1.6　磁偶极子周围磁场分布

1.3　定义

在本章的末尾，再回顾一下已学的磁学量的定义。这里所有的定义都是基于 CGS 单位制。

① **磁极** p：单位磁极强度相当于相距 1cm 的两个单位磁极之间产生 1dyn 的作用力。

② **磁场** H：单位强度的磁场对应于单位磁极受到 1dyn 的力。

③ **磁通量** Φ：磁通量等于磁场强度与对应面积的乘积：$\Phi=\boldsymbol{H}A$。

④ **磁矩** $\boldsymbol{m}$：磁矩等于磁体在与之相垂直的 1Oe 磁场中所受的力偶矩。对于条形磁体，磁矩 $\boldsymbol{m}=pl$，是磁极强度与磁体长度的乘积。

⑤ **磁偶极子**：磁偶极子在磁场中的能量等于磁矩和磁场的点乘：$E=-\boldsymbol{m}\cdot\boldsymbol{H}$。

习题

1.1 利用毕奥-萨伐尔定律或安培环路定理，试推导出载流环形线圈圆心处磁场强度的一般表达式。

1.2 已知一个单匝环形载流线圈：

(a) 试推导线圈轴线上任意位置处磁场的表达式。

(b) 能推导出线圈轴线外任意位置处磁场的相应解析表达式吗？如果不能，如何计算空间位置处的磁场？

1.3 已知一个经典电子在半径为 1Å（$1Å=10^{-10}$m）的圆形轨道上以$\hbar$(J·s)的角动量运动。

(a) 试计算轨道轴线上距圆心 3Å 位置处的磁场强度。

(b) 在 SI 单位制和 CGS 单位制中，分别计算电子运动产生的磁偶极矩。

(c) 假设另有一个电子在其轴线上距圆心 3Å 位置处做同样的轨道运动，且第一个电子的磁矩与第二个电子的磁场平行，试计算第一个电子的磁矩在磁场中的能量。

1.4 "亥姆霍兹线圈"为半径为 a、相距为 a 的同轴线圈对。根据下列条件，试推导该线圈对在其轴线上磁场 $\boldsymbol{H}$ 分布的表达式：

(a) 两个线圈中电流大小相等、方向相同；

(b) 两个线圈中电流大小相等、方向相反。

同时，试推导出 $\mathrm{d}\boldsymbol{H}/\mathrm{d}x$ 的表达式。当 $a=1$m 时，对于上述两种电流方向，分别计算线圈对轴线 1/2、1/4、3/4 位置处的磁场强度。在这两种情况下，磁场分别呈现何种特征？分别为每种亥姆霍兹线圈对推荐一种应用。

延伸阅读

D. Jiles. *Introduction to Magnetism and Magnetic Materials*. Chapman & Hall, 1996, chapter 1.

B. D. Cullity and C. D. Graham. *Introduction to Magnetic Materials* 2nd edn. John Wiley and Sons, 2009, chapter 1.

第2章
磁化强度与磁性材料

Modern technology would be unthinkable without magnetic materials and magnetic phenomena.

Rolf E. Hummel, *Understanding Materials Science*, 1998

在掌握了一些基本的磁学原理后，下面开始学习一些有趣的磁学知识。本章将学习材料内部的磁场，它与材料外部的磁场截然不同。只有充分理解材料内、外磁场之间的差异，才能正确认识并利用磁性材料。同样，磁性材料这种有趣的特性也使材料学家为之深深着迷。

2.1 磁感应强度和磁化强度

当磁场 $\boldsymbol{H}$ 作用于材料时，材料对磁场的响应称为磁感应强度 $\boldsymbol{B}$。$\boldsymbol{B}$ 和 $\boldsymbol{H}$ 之间的关系取决于材料的性质。在某些材料中（包括在真空中），$\boldsymbol{B}$ 与 $\boldsymbol{H}$ 呈线性关系。但在多数情况下，二者之间的关系非常复杂，甚至有时表现为多值函数关系。

在 CGS 单位制中，描述 $\boldsymbol{B}$ 和 $\boldsymbol{H}$ 之间关系的方程式为：

$$\boldsymbol{B}=\boldsymbol{H}+4\pi\boldsymbol{M} \tag{2.1}$$

式中，$\boldsymbol{M}$ 为材料的磁化强度。磁化强度定义为单位体积的磁矩，即

$$\boldsymbol{M}=\frac{\boldsymbol{m}}{V} \quad (\mathrm{emu/cm^3}) \tag{2.2}$$

$\boldsymbol{M}$ 是材料的基本属性，取决于基本组成离子、原子和分子的单个磁矩，以及这些磁矩之间的相互作用情况。在 CGS 单位制中，磁化强度的单位是 $\mathrm{emu/cm^3}$。有人认为，由于真空中存在关系 $\boldsymbol{B}=\boldsymbol{H}$（其中 $\boldsymbol{M}=0$），磁感应强度的单位应与磁场相同，即为奥斯特（Oe）。而实际上并非如此，磁感应强度的单位为高斯（Gs）。在一些场合中，人们经常把高斯和奥斯特混为一谈，这也令磁学科学家苦恼不已。如果你同样区分不清磁学量和相应的单位，那么使用 SI 单位无疑是明智之选。接下来就介绍 SI 单位。

在 SI 单位制中，$\boldsymbol{B}$、$\boldsymbol{H}$ 和 $\boldsymbol{M}$ 之间存在关系：

$$\boldsymbol{B}=\mu_0(\boldsymbol{H}+\boldsymbol{M}) \tag{2.3}$$

式中，μ_0 是真空磁导率。$\boldsymbol{M}$ 的单位显然与 $\boldsymbol{H}$(A/m) 相同，μ_0 的单位是 Wb/(A·m)，或 H/m。因此，$\boldsymbol{B}$ 的单位是 Wb/m^2，或特斯拉（T），有：$1Gs=10^{-4}T$。

2.2 磁通密度

磁感应强度 $\boldsymbol{B}$ 与材料内部的磁通密度是相同的概念。与真空中 $\boldsymbol{H}=\Phi/A$ 相类似，在材料内部有：$\boldsymbol{B}=\Phi/A$。一般来说，材料内部的磁通密度与外部不同。基于内、外磁通密度差异的特点，磁性材料可以分为不同的类型。

如果材料内部磁通量 Φ 小于外部，则这类材料为抗磁性材料。抗磁性材料有很多，如：Bi 和 He。这类材料具有抵抗外磁场进入材料内部的特点。后面内容会介绍到，抗磁性材料的组成原子或离子的磁偶极矩通常为零。如果内部磁通量 Φ 稍稍大于外部，则这类材料为顺磁性材料（如：Na 或 Al）或反铁磁性材料（如：MnO 或 FeO）。在顺磁性和反铁磁性材料中，组成原子或离子的磁偶极矩不为零。在顺磁性材料中，磁偶极矩随机取向；而在反铁磁性材料中，磁偶极矩反平行排列。因此，在这两种情况下，总磁化强度都为零。如果内部磁通量 Φ 远大于外部，则这类材料为铁磁性或亚铁磁性材料。在铁磁性材料中，原子的磁偶极矩倾向于平行排列。亚铁磁性材料与反铁磁性材料有点类似，内部磁偶极矩也是反平行排列，但某个方向的磁偶极矩值大于另外方向，因此材料总磁矩不为零。铁磁性和亚铁磁性材料都倾向于将磁通量集中在材料内部。图 2.1 给出了不同类型磁性材料内部磁偶极矩分布的示意图。本书的后面章节将阐述不同磁取向的形成原因及相应的材料特性。

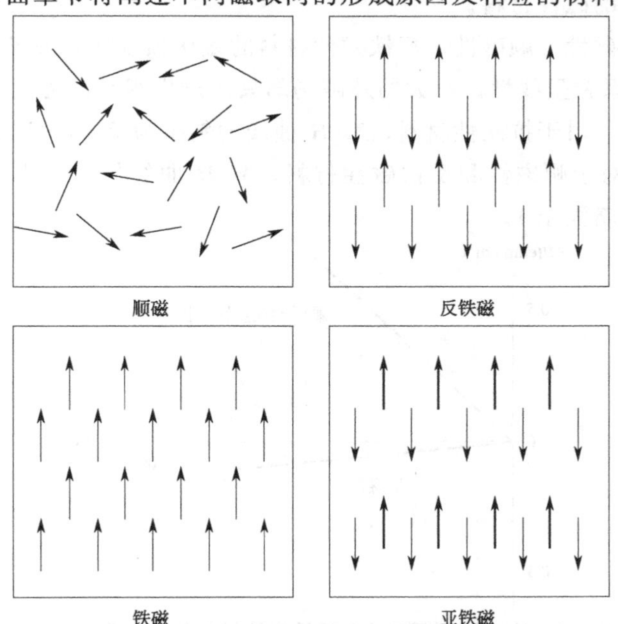

图 2.1 磁性材料中磁偶极矩的几种排列方式

2.3 磁化率和磁导率

材料的磁性能不仅取决于磁化强度或磁感应强度，还取决于这些参量随磁场的变化规律。

M 和 **H** 的比值称为磁化率：

$$\chi=\frac{\boldsymbol{M}}{\boldsymbol{H}} \quad [\mathrm{emu/(cm^3 \cdot Oe)}] \tag{2.4}$$

磁化率表示材料对外磁场的响应程度。［有时用符号 κ 表示单位体积磁化率，则 $\chi=\kappa/\rho$，emu/(g・Oe)表示单位质量磁化率。］

B 和 **H** 的比值称为磁导率：

$$\mu=\frac{\boldsymbol{B}}{\boldsymbol{H}} \quad (\mathrm{Gs/Oe}) \tag{2.5}$$

μ 表示材料对外磁场的导磁特性。高磁通密度材料通常具有高磁导率。在 CGS 单位制中，根据关系式 $\boldsymbol{B}=\boldsymbol{H}+4\pi\boldsymbol{M}$，可以得出磁化率和磁导率之间的关系，有：

$$\mu=1+4\pi\chi \tag{2.6}$$

在 SI 单位制中，磁化率为无量纲量，磁导率的单位为 H/m。因此，磁导率和磁化率之间存在关系：

$$\frac{\mu}{\mu_0}=1+\chi \tag{2.7}$$

式中，μ_0 为真空磁导率［参见式（1.3)］。

B 或 **M** 随 **H** 的变化曲线称为磁化曲线。不同类型磁性材料具有不同特征的磁化曲线。下面讨论几种最常见的磁性材料。

图 2.2 给出了抗磁性、顺磁性、反铁磁性材料的磁化强度随外磁场变化关系示意图。这几种材料的 **M**-**H** 关系皆呈线性。很大的外磁场却只能产生很小的磁化强度，并且撤销外磁场后磁化强度变为零。对于抗磁性材料，**M**-**H** 曲线的斜率为负，因此磁化率很小且为负值，而磁导率略小于 1。对于顺磁性和反铁磁性材料，**M**-**H** 曲线的斜率为正，因此磁化率为很小的正数，而磁导率略大于 1。

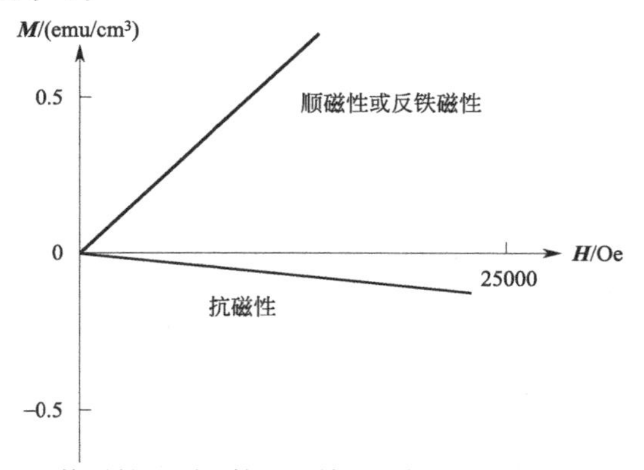

图 2.2 抗磁性、顺磁性和反铁磁性材料的磁化曲线示意图

图 2.3 给出了铁磁和亚铁磁材料磁化曲线的示意图。首先，可以发现图中坐标的刻度范围与图 2.2 中完全不同。在这种情况下，很小的外磁场就可以产生很大的磁化强度。其次，存在饱和磁化：当外磁场超过某一定值时，磁化强度趋于饱和，继续增大外磁场，磁化强度增加不明显。显然，χ 和 μ 值都是很大的正数，并且为外磁场的函数。另外，材料磁化饱和后，当外磁场降至零时，其磁化强度并不为零，这种现象称为磁滞。磁滞现象对材料的实际应用非常重要。例如，利用撤销外磁场后铁磁和亚铁磁材料依然保留磁化强度的特性，可以将其制成永磁体。

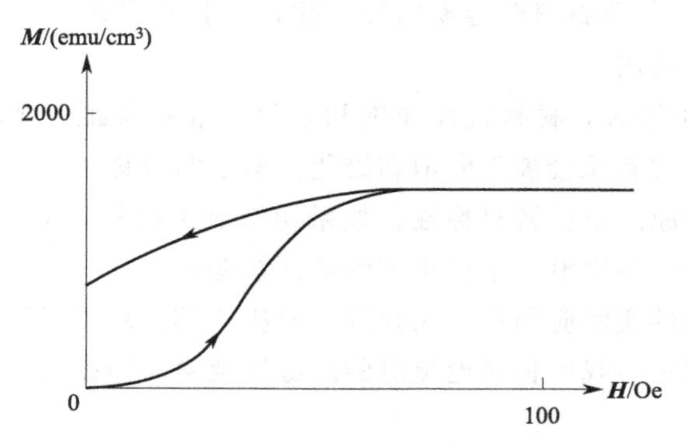

图 2.3 铁磁和亚铁磁材料的磁化曲线示意图

2.4 磁滞回线

如上所述，随着外磁场的撤销，铁磁和亚铁磁材料的磁化强度并没有降至零。实际上，当外磁场降至零而后反向施加时，铁磁和亚铁磁材料进一步表现出有趣的磁特性。描绘 $\boldsymbol{B}$（或 $\boldsymbol{M}$）随 $\boldsymbol{H}$ 变化关系的曲线称为磁滞回线。图 2.4 给出了典型的磁滞回线示意图（这里以 $\boldsymbol{B}$-$\boldsymbol{H}$ 曲线为例）。

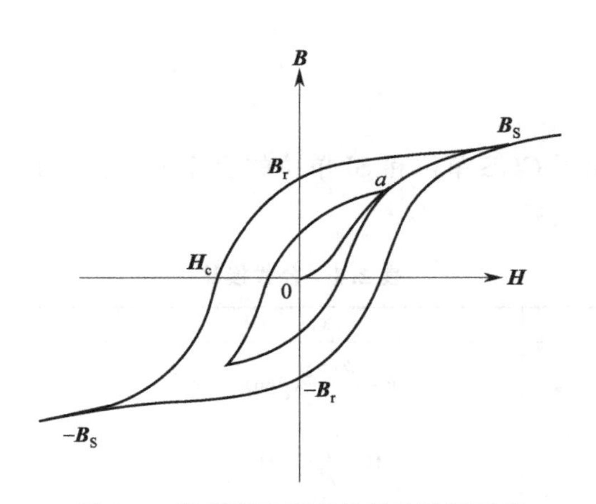

图 2.4 铁磁和亚铁磁材料的磁滞回线

初始时，磁性材料处于原点位置处的磁中性状态。随着外磁场沿正向增加，材料磁化强度沿曲线从零增大到 $\boldsymbol{B}_S$。需要注意的是，虽然磁化强度在饱和后为常数（如图 2.3 所示），但 $\boldsymbol{B}$ 值会继续增大，因为 $\boldsymbol{B}=\boldsymbol{H}+4\pi\boldsymbol{M}$。$\boldsymbol{B}$ 在 $\boldsymbol{B}_S$ 点的值称为饱和磁感应强度。$\boldsymbol{B}$ 从磁中性的退磁状态磁化至 $\boldsymbol{B}_S$ 的曲线称为标准磁感应曲线。

饱和后，当 $\boldsymbol{H}$ 降至零时，磁感应强度由 $\boldsymbol{B}_S$ 降至 $\boldsymbol{B}_r$。$\boldsymbol{B}_r$ 称为剩余磁感应强度，或剩磁。磁感应强度降至零时对应的反向磁场称为矫顽力，用 $\boldsymbol{H}_c$ 表示。根据矫顽力的大小，铁磁性材料可分为永磁材料和软磁材料。永磁材料需要很大的外磁场才能使其磁感应强度降至零（或反向饱和磁化）。软磁材料既容易饱和磁化，又容易退磁。显然，永磁材料和软磁材料具有完全互补的实际应用。

当反向磁场 $\boldsymbol{H}$ 继续增大，材料被反向饱和磁化。重复前面步骤，降低反向磁场、磁场换向、增大正向磁场，材料又会被正向饱和磁化。整条曲线称为主磁滞回线，回线的两端都代表磁饱和，并且关于原点呈反转对称性。如果初始磁化过程被中断（如在 a 点处），而后施加反向磁场，则磁感应强度沿一个较小的磁滞回线变化。

铁磁和亚铁磁材料的实际应用在很大程度上取决于其磁滞回线特征。在本书后续关于铁磁和亚铁磁材料的章节中，我们将讨论磁滞的起源以及磁滞回线与材料性能之间的关系。

2.5 定义

让我们回顾一下本章中介绍的磁学量的定义。

① **磁感应强度 $\boldsymbol{B}$**：磁感应强度是材料对磁场 $\boldsymbol{H}$ 的磁响应。

② **磁化强度 $\boldsymbol{M}$**：磁化强度是单位体积的总磁矩。

③ **磁化率 χ**：磁化率是 $\boldsymbol{M}$ 与 $\boldsymbol{H}$ 的比值。

④ **磁导率 μ**：磁导率是 $\boldsymbol{B}$ 与 $\boldsymbol{H}$ 的比值。

2.6 单位和换算

在本章的最后，给出了 CGS 单位和 SI 单位的换算表（表 2.1～表 2.3），用来对所学的磁学量的单位和公式进行换算。

表 2.1　公式换算

物理量	CGS	SI
磁极间作用力	$F=\frac{p_1p_2}{r^2}$(dyn)	$F=\frac{\mu_0}{4\pi}\times\frac{p_1p_2}{r^2}$(N)
磁极磁场	$\boldsymbol{H}=\frac{p}{r^2}$(Oe)	$\boldsymbol{H}=\frac{p}{r^2}$(A/m)
磁感应强度	$\boldsymbol{B}=\boldsymbol{H}+4\pi\boldsymbol{M}$(Gs)	$\boldsymbol{B}=\mu_0(\boldsymbol{H}+\boldsymbol{M})$(T)
磁极能	$E=-\boldsymbol{m}\cdot\boldsymbol{H}$(erg)	$E=-\mu_0\boldsymbol{m}\cdot\boldsymbol{H}$(J)

续表

物理量	CGS	SI
磁化率	$\chi=\frac{\boldsymbol{M}}{\boldsymbol{H}}[\mathrm{emu}/(\mathrm{cm}^3\cdot\mathrm{Oe})]$	$\chi=\frac{\boldsymbol{M}}{\boldsymbol{H}}$(无量纲)
磁导率	$\mu=\frac{\boldsymbol{B}}{\boldsymbol{H}}=1+4\pi\chi(\mathrm{Gs/Oe})$	$\mu=\frac{\boldsymbol{B}}{\boldsymbol{H}}=\mu_0(1+\chi)(\mathrm{H/m})$

表 2.2 磁学量换算

F	$1\mathrm{dyn}=10^{-5}\mathrm{N}$
$\boldsymbol{H}$	$1\mathrm{Oe}=79.58\mathrm{A/m}$
$\boldsymbol{B}$	$1\mathrm{Gs}=10^{-4}\mathrm{T}$
E	$1\mathrm{erg}=10^{-7}\mathrm{J}$
Φ	$1\mathrm{Mx}=10^{-8}\mathrm{Wb}$
$\boldsymbol{M}$	$1\mathrm{emu/cm}^3=12.57\times10^{-4}\mathrm{Wb/m}^2$
μ	$1\mathrm{Gs/Oe}=1.257\times10^{-6}\mathrm{H/m}$

将 SI 单位转换为安培（A）、米（m）、千克（kg）和秒（s）等基本单位，对于我们理解基础的物理量是非常有帮助的。表 2.3 给出一些例子。

表 2.3 SI 单位换算

SI 单位	基本单位
牛顿(N)	$\mathrm{kg\cdot m/s^2}$
焦耳(J)	$\mathrm{kg\cdot m^2/s^2}$
特斯拉(T)	$\mathrm{kg/(s^2\cdot A)}$
韦伯(Wb)	$\mathrm{kg\cdot m^2/(s^2\cdot A)}$
亨利(H)	$\mathrm{kg\cdot m^2/(s^2\cdot A^2)}$

习题

2.1　已知一个长 10in、直径 1in（1in=0.0254m）的圆柱状条形磁铁的磁矩为 10000 erg/Oe，问：

(a) 在 SI 单位制中，磁铁的磁矩是多少？

(b) 在 CGS 和 SI 单位制中，其磁化强度分别是多少？

(c) 对于一个相同尺寸的 100 匝螺线管，需通过多大电流才能产生相同的磁矩？

2.2　一种材料单胞中包含 1 个磁矩为 $m=5\mu_B$ 的 Fe^{3+}，以及 1 个磁矩为 $m=3\mu_B$ 的 Cr^{3+}。Fe^{3+} 离子间平行取向，并与 Cr^{3+} 反平行排列。已知单胞体积为 120Å^3，则材料的磁化强度在 SI 和 CGS 单位制下分别是多少？

思考

磁导率值等于零说明什么？此时相应的磁化率值是多少？你能想出哪种材料具有这种性

质吗？

延伸阅读

有关磁学单位（包括一些特性）的详细讨论，请参阅 W. F. Brown Jr. Tutorial 关于量纲和单位的论文：*IEEE Trans*. Magn.，20：112，1984.

D. Jiles. *Introduction to Magnetism and Magnetic Materials*. Chapman & Hall，1996，chapter 2.

第3章
原子的磁性起源

Only in a few cases have results of direct chemical interest been obtained by the accurate solution of the Schrödinger equation.

Linus Pauling, *The Nature of the Chemical Bond*, 1960

通过本章的学习，读者将掌握自由原子磁偶极矩的起源。将原子的电子结构与安培关于环形电流的论述相对比，可以发现原子中电子的角动量正对应于安培所描述的环形电流，并因此产生了原子的磁偶极矩。

在无外磁场作用时，自由原子的磁矩来源于两方面的贡献。首先，原子磁矩来源于原子核外电子的轨道角动量。其次，每个电子的自旋也会产生附加磁矩。因此，电子的自旋和轨道角动量的共同作用构成了原子磁矩❶。

在本章的最后部分，我们将介绍一些量子力学的知识。它可以解释为何有些孤立原子具有永久磁偶极矩，而有些原子没有。通过合适的规则，我们可以确定原子磁偶极矩的大小。在本书的后面章节，我们还将在此基础上进一步深入探索。例如，当多个原子组成分子，甚至进一步形成固体时，原子的磁偶极矩将会发生哪些变化。

3.1 自由原子的薛定谔方程（Schrödinger equation）的解

首先回顾原子理论，以说明薛定谔方程的解如何导致电子轨道角动量的量子化。轨道角动量的量子化非常重要，它意味着在外磁场中原子偶极矩被限定在特定的大小和方向上。这种限定对磁性材料的性能有着重要的影响。

为简便起见，我们以氢原子为例进行说明。氢原子是由一个带负电荷的电子和带正电荷

❶ 在外磁场作用下，自由原子的磁矩存在第三种贡献。这种贡献源于外磁场对电子轨道角动量的改变。在第4章的抗磁性部分我们将进一步详细阐述。

的原子核结合而成的。氢原子的势能为电子和原子核之间的库仑相互作用，即$-e^2/4\pi\varepsilon_0 r$，其中 e 为电子电荷；ε_0 为真空介电常数。因此，薛定谔方程 $H\Psi=E\Psi$ 可变为

$$-\frac{\hbar^2}{2m_e}\nabla^2\Psi-\frac{e^2}{4\pi\varepsilon_0 r}\Psi=E\Psi \tag{3.1}$$

式中，m_e 为电子质量。且在球坐标系中有

$$\nabla^2=\frac{1}{r}\times\frac{\partial^2}{\partial r^2}r+\frac{1}{r^2}\left[\frac{1}{\sin^2\theta}\times\frac{\partial^2}{\partial\phi^2}+\frac{1}{\sin\theta}\times\frac{\partial}{\partial\theta}\sin\theta\times\frac{\partial}{\partial\theta}\right] \tag{3.2}$$

（请注意：在薛定谔方程中，符号 H 代表哈密顿量，它是动能和势能的总和；请不要将它与磁场的符号 H 相混淆）

对于束缚态（束缚态的能量小于孤立的电子和原子核的能量），薛定谔方程存在众所周知的解

$$\Psi_{nlm_l}(r,\theta,\phi)=R_{nl}(r)Y_{lm_l}(\theta,\phi) \tag{3.3}$$

（读者可以在任一本量子力学教科书中找到详细的推导过程，著者个人最喜欢的是 *Feynman Lectures on Physics*[4] 中的推导。）可以看出，波函数 Ψ 可以分解为一个径向函数 R（它取决于电子与原子核的间距 r）与一个角函数 Y（它取决于角坐标 θ 和 ϕ）的乘积。这种分解是库仑电势球形对称性的结果。电子波函数与实验观测值之间的内在联系是量子力学教科书关注的重点，其中一个非常重要的关联为：式 $|\Psi_{nlm_l}(r,\theta,\phi)|^2$ 可以给出在 r 位置处某个无穷小区域中找到电子的概率。为使波函数具有物理意义，量子数 n、l 和 m_l 的取值被限定为：

$$n=1、2、3\cdots \tag{3.4}$$

$$l=0、1、2、\cdots、n-1 \tag{3.5}$$

$$m_l=-l、-l+1、\cdots、l-1、l \tag{3.6}$$

因此，薛定谔方程的允许解被限定在某些特定的角度和径向分布处。

波函数的径向分量 $R_{nl}(r)$ 是一个专有函数，称为连带拉盖尔函数（associated Laguerre functions）。函数取决于量子数 n 和 l。表 3.1 列出了前几个拉盖尔函数。$n=1$、2、3 且 $l=0$（s 轨道）以及 $n=2$、3 且 $l=1$（p 轨道）时，氢原子波函数的径向分量如图 3.1 所示。需要注意的是：随着 n 的增大，波函数从原子核延伸至更远处。理解这一点对后续学习将非常有帮助。此外，波函数穿越零轴的次数（波函数中的节点数）等于 $n-l-1$。

表 3.1 氢原子轨道的径向函数

n	l	$R_{nl}(r)$
1	0	$\left(\frac{1}{a_0}\right)^{3/2}2e^{-r/a_0}$
2	0	$\left(\frac{1}{a_0}\right)^{3/2}\frac{1}{2\sqrt{2}}\left(2-\frac{r}{a_0}\right)e^{-r/2a_0}$
2	1	$\left(\frac{1}{a_0}\right)^{3/2}\frac{1}{2\sqrt{6}}\times\frac{r}{a_0}e^{-r/2a_0}$

波函数的角度分量$Y_{lm_l}(\theta,\phi)$ 同样是一个专有函数，称为球谐函数（the spherical harmonics）。该函数的值取决于量子数 l 和 m_l。表 3.2 列出了前几个球谐函数。

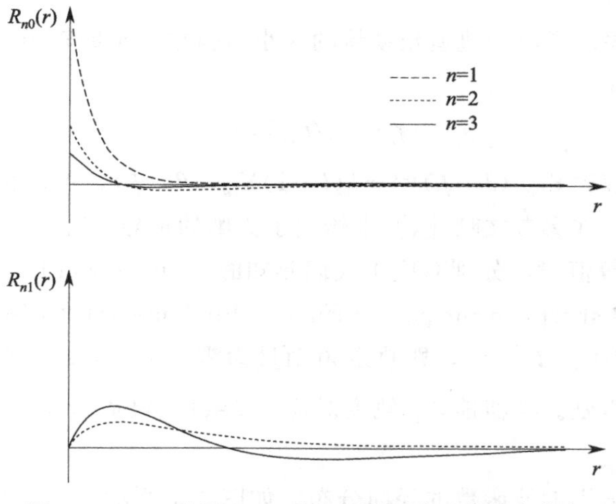

图 3.1　$l=0$ 以及 $l=1$ 时的氢原子波函数径向分布

表 3.2　氢原子轨道的角函数

l	m_l	$Y_{lm_l}(\theta,\phi)$
0	0	$\left(\frac{1}{2\pi}\right)^{1/2}$
1	0	$\frac{1}{2}\left(\frac{1}{3\pi}\right)^{1/2}\cos\theta$
1	1	$-\frac{1}{2}\left(\frac{1}{3\pi}\right)^{1/2}\sin\theta e^{+i\phi}$
1	−1	$+\frac{1}{2}\left(\frac{1}{3\pi}\right)^{1/2}\sin\theta e^{-i\phi}$

3.1.1　量子数的含义

如上所述，符号 n、l 和 m_l 为量子数，它们决定了氢原子的薛定谔方程允许解的形式。其中，符号 n 称为主量子数，符号 l 为角动量量子数，符号 m_l 为磁量子数。这些量子数各自决定了原子中电子的很多性质。

（1）主量子数 n

主量子数决定了电子能级的能量 E_n。（您可能还记得基本原子理论课本中讨论玻尔原子时用到的符号 n。）在氢原子中，电子能级的能量为

$$E_n=-\left(\frac{m_e e^4}{32\pi^2\varepsilon_0^2\hbar^2}\right)\times\frac{1}{n^2}\tag{3.7}$$

式中，$\hbar=h/2\pi$，称为普朗克常数（Planck's constant）。n 值较小（n 最小的允许值为 1）的能级具有较低的能量。因此，在氢原子为基态时，单个电子占据 $n=1$ 的能级。主量子数为 n 的所有电子共同形成了第 n 层电子“壳层”。在 n 壳层中，共有 n^2 个电子轨道，每个电子轨道上最多允许存在 2 个电子。虽然 n 的取值不能直接决定原子磁性，但因其限制 l 和 m_l 的取值，从而影响原子的磁性。

(2) 角动量量子数 l

角动量量子数 l 决定了电子轨道角动量的大小。孤立电子的轨道角动量的大小 $|\boldsymbol{L}|$ 与角动量量子数 l 相关，有

$$|\boldsymbol{L}|=\sqrt{l(l+1)}\,\hbar \tag{3.8}$$

基于球谐函数满足方程 $\nabla^2 Y_{lm_l}(\theta,\phi)=-l(l+1)Y_{lm_l}(\theta,\phi)$，可以得出该式。我们在这里不做详细推导。同样，在参考文献［4］中给出了详细的推导过程。

l 取 0、1、2、3 等值时，分别对应于人们熟知的 s、p、d 和 f 原子轨道（符号 s、p、d、f 以早期光谱观测中的 sharp、principal、diffuse 和 fundamental 系谱线而命名）。可以看出，s 轨道对应于 $l=0$，因此 $|\boldsymbol{L}|=0$，即轨道角动量为零。因此，s 轨道电子的轨道角动量对原子的磁偶极矩没有贡献。类似地，p 轨道对应于 $l=1$，轨道角动量的大小为 $|\boldsymbol{L}|=\sqrt{2}\,\hbar$。以此类推。

角动量量子数的值影响波函数的径向分布，如图 3.1 所示。$l=0$ 的 s 电子，有一定的概率出现在原子核位置处；而 $l=1$ 的 p 电子，出现在原子核位置处的概率为零。可以认为这是由于轨道角动量的离心力作用，倾向于将电子从原子核中抛出去。

因为 l 是取值为 0 到 $n-1$ 的整数，所以 $n=1$ 壳层只包含 s 轨道，$n=2$ 壳层包含 s 和 p 轨道，$n=3$ 壳层包含 s、p 和 d 轨道。从这里就可以看出，主量子数 n 影响着电子的角动量。

在氢原子模型中，n 值相同的 s、p、d 等轨道具有相同的能量。在本书后面章节中，我们将会看到，多电子原子的情况并非如此，因为电子间的相互作用会影响不同角动量态的相对能量。

(3) 磁量子数 m_l

轨道角动量沿磁场方向的分量也是量子化的，用磁量子数 m_l 表示。m_l 取值为 $-l$ 到 $+l$ 间的整数。例如，$l=1$ 的 p 轨道，m_l 的取值为 −1、0 或 +1。这意味着 p 轨道相对于外磁场存在 3 种取向。

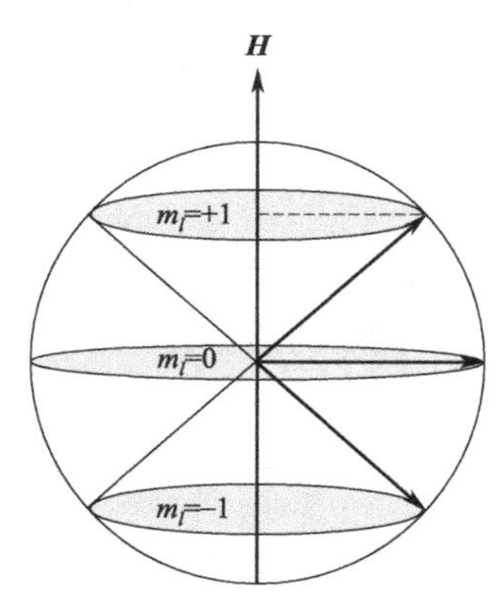

图 3.2　p 轨道（$l=1$ 时）的角动量沿磁场方向的分量

图中圆的半径为 $\sqrt{2}\,\hbar$

角动量沿外磁场方向的分量等于 $m_l\hbar$。对于 p 轨道而言，其角动量沿外场的分量分别

为$-\hbar$、0 或$+\hbar$，如图 3.2 所示。因此，轨道角动量沿外场方向的分量总是小于总轨道角动量（p 轨道电子的轨道角动量的大小为$\sqrt{l(l+1)}\,\hbar=\sqrt{2}\,\hbar$）。这意味着轨道角动量矢量永远不会完全指向外磁场方向，而是沿着外场方向的圆锥体进动，就像一个偏离轴线的陀螺仪。进动的圆锥体在图中用细线表示。这种离轴进动是角动量在量子力学中的固有特征。只有在角动量很大时，$\sqrt{l(l+1)}$的值与 l 非常接近，角动量才会看起来像绕 z 轴旋转，就像陀螺一样。

对于 3 个 p 轨道，垂直于外磁场方向的轨道角动量分量平均值为零。

3.2 正常塞曼效应（normal Zeeman effect）

电子是具有角动量的带电粒子，这说明电子具有磁矩。这类似于环形导线中的电流会产生磁矩。通过观察外磁场作用下原子吸收光谱的变化，可以证实电子磁矩的存在。

从第 1 章我们知道，磁偶极矩 $\boldsymbol{m}$ 在外磁场 $\boldsymbol{H}$ 中的能量为

$$E=-\mu_0\boldsymbol{m}\cdot\boldsymbol{H}\quad(\text{在 SI 单位制中})\tag{3.9}$$

在垂直于电流平面的方向上，环形电流的磁偶极矩为

$$\boldsymbol{m}=IA\tag{3.10}$$

式中，A 是环形电流回路的面积。

根据定义，电流 I 是指单位时间通过的电荷量。假设电子在与原子核相距为 a 的轨道上运动，则该电子产生的电流大小等于电子电量乘以自身速度 v，再除以轨道周长 ($2\pi a$)，即：

$$I=\frac{ev}{2\pi a}=-\frac{|e|v}{2\pi a}\tag{3.11}$$

式中出现负号是因为电子电荷为负值，所以电流方向与电子运动方向相反。

电子运动轨道的面积为 $A=\pi a^2$，因此磁偶极矩为

$$\boldsymbol{m}=IA=\frac{eva}{2}=-\frac{|e|va}{2}\tag{3.12}$$

但是，任何物体绕圆周运动的角动量都等于质量乘以速度再乘以轨道半径（即 $m_e va$）。3.1 节中提到，沿磁场方向的轨道角动量分量的取值只能为 $m_l\hbar$，因此沿外场方向的轨道角动量分量为

$$m_e va=m_l\hbar\tag{3.13}$$

得出

$$v=\frac{m_l\hbar}{m_e a}\tag{3.14}$$

因此，将 v 代入式 (3.12)，得出磁偶极矩沿磁场方向分量的表达式：

$$\boldsymbol{m}=\frac{e\hbar}{2m_e}m_l=-\mu_B m_l\tag{3.15}$$

注：由于电子电荷为负值，磁偶极矩矢量的方向与角动量相反。电子轨道运动产生的磁矩（而不是沿磁场的分量）大小的表达式为

$$m=\mu_B\sqrt{l(l+1)} \quad (3.16)$$

式中，用不加粗的 m 来表示磁矩的大小。

将式（3.15）中 $\boldsymbol{m}$ 沿磁场方向分量值代入式（3.9），得到磁场中电子的能量：

$$E=\mu_0\frac{e\hbar}{2m_e}m_l H=\mu_0\mu_B m_l H \quad (3.17)$$

（在 CGS 单位制中，能量的相应表达式为 $E=\mu_B m_l H$。）常数 $\mu_B=e\hbar/2m_e$ 称为玻尔磁子（Bohr magneton），是原子轨道磁矩的最基本单位。玻尔磁子的大小为 9.274×10^{-24}J/T。（在 CGS 单位制中，玻尔磁子的表达式为 $\mu_B=e\hbar/2m_e c=0.927\times10^{-20}$erg/Oe，其中 c 为光速。）从式（3.17）可以看出，外磁场中，轨道角动量不为零的轨道上的电子能量发生了变化。变化量与轨道角动量和外磁场强度成正比，这种现象称为正常塞曼效应[5]。在某些原子（例如：钙和镁原子）的吸收光谱中可以观察到塞曼效应。

图 3.3 给出了 s 轨道和 p 轨道之间发生跃迁的正常塞曼分裂（normal Zeeman splitting）的例子。在无外磁场条件下，s 和 p 轨道各存在一个能级。在受外磁场作用时，s 电子的轨道角动量为零，轨道磁矩为零，因此 s 能级不会发生分裂。在磁场中，p 轨道能级分裂成 3 个亚能级，分别对应于磁量子数为−1、0 或+1 的三种状态。因此，在正常塞曼光谱中可以看到 3 条谱线。

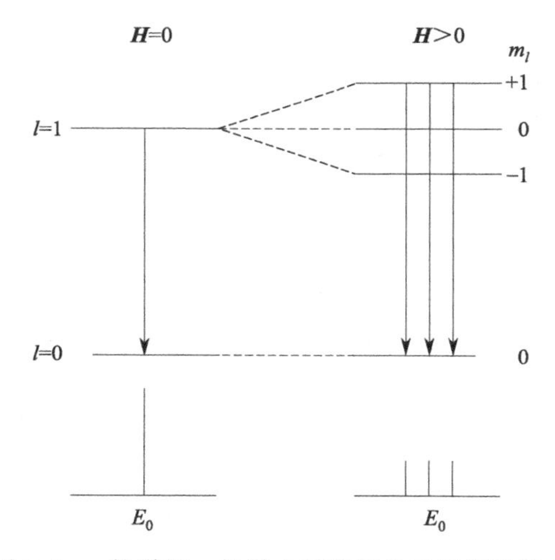

图 3.3　s 轨道和 p 轨道之间跃迁的正常塞曼效应

图的上半部为在有磁场和无磁场条件下电子在 s 和 p 轨道之间的跃迁；下半部为相应的吸收或发射光谱

3.3 电子自旋

为了充分说明电子在原子中的状态，还需要用到另外 2 个与电子自旋相关的量子数。薛定谔方程没有预测出电子的自旋，这是因为电子的自旋是从相对论中得出的，而薛定谔方程

中没有包括相对论。通过求解相对论的狄拉克方程，自然可以得到这些额外量子数，但其数学推导过程非常复杂。

第一个新的量子数为自旋量子数，用符号 s 表示，其大小始终为1/2。孤立电子的自旋角动量的大小 $|\boldsymbol{S}|$ 为

$$|\boldsymbol{S}|=\sqrt{s(s+1)}\hbar=\frac{\sqrt{3}}{2}\hbar \tag{3.18}$$

这与前面介绍的轨道角动量大小的表达式 $|\boldsymbol{L}|$ 类似。

第二个新的量子数为 m_s，这是与磁量子数 m_l 类似的自旋相关量。自旋角动量在外场方向的分量也是量子化的，因此产生了 m_s。m_s 的取值只能为 $-\frac{1}{2}$ 或 $+\frac{1}{2}$。自旋角动量沿外场方向的分量为 $m_s\hbar=\pm\hbar/2$。可以看出，自旋角动量沿外场的分量要小于自旋角动量的值。因此，自旋角动量矢量不是指向外磁场方向，而是沿着以外场方向为轴的圆锥体进动，如图3.4所示。

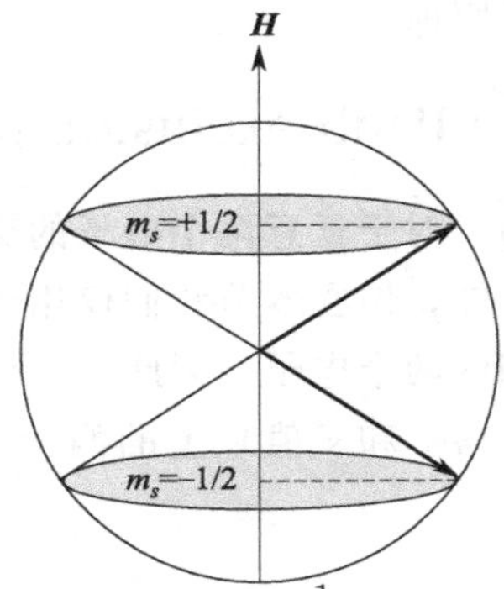

图3.4　s轨道电子（其自旋量子数为 $s=\frac{1}{2}$）自旋角动量沿外磁场方向的分量

圆的半径为 $\frac{\sqrt{3}}{2}\hbar$

类比于轨道磁矩沿外场方向分量的推导过程，自旋磁矩沿外场方向的分量似乎应该是 $m=\mu_B m_s$，且自旋磁矩的大小为 $m=\mu_B\sqrt{s(s+1)}$。但事实并非如此，量子电动力学理论指出

$$\boldsymbol{m}=-g_e\mu_B m_s \tag{3.19}$$

以及

$$m=g_e\mu_B\sqrt{s(s+1)} \tag{3.20}$$

式中，$g_e=2.002319$，称为电子的 g 因子。为了简便，通常认为 $g_e=2$。因此，单个电子沿外磁场方向的自旋磁矩分量为1个玻尔磁子。然而 g 因子在许多场合会发生变化，尤其是在反常塞曼效应（anomalous Zeeman effect）中更是如此。

3.4　多电子原子体系

在氢原子的例子中，单个电子的波函数可以完全分解为径向函数部分和角度函数部分，

并且单个电子的能量完全取决于主量子数 n。除氢原子外，所有原子包含的电子数都大于1。因此，除了电子与原子核之间的相互作用，电子与电子之间也存在相互作用。电子间的相互作用使薛定谔方程变得异常复杂，因此无法再用解析法求解薛定谔方程。

该“多电子体系”造成的一个结果就是，电子的能量取决于 n 和 l。研究发现，角动量越低的电子，其能量也越低。因此，这就引出了我们所熟悉的元素周期表中的原子轨道排序：

$$1s;2s,2p;3s,3p,3d;4s,\cdots \tag{3.21}$$

这种有序排列可以定性地理解为，受内层电子对原子核屏蔽效应的影响，外层电子所受的库仑引力降低。波函数的 l 值越小越接近原子核，其所受的屏蔽作用就比高 l 值的波函数要小。因此，它们的能量值较低。

一般而言，电子从最低能级轨道开始，依次填充原子轨道。因此，1s轨道最先被填充，其次是2s轨道，然后是2p轨道，以此类推。稍后我们将讨论更详细的电子排列规则，从而在一定的 n 和 l 值时满足能量最低原理。

3.4.1 泡利不相容原理（Pauli exclusion principle）

泡利不相容原理的正式表述为：对于任意两个电子的交换，体系的总电子波函数是反对称的。虽然泡利不相容原理广为人知，但在本节我们仅用到一个从该定理延伸出的结论：不存在全部五个量子数状态完全相同的两个电子。因此，每个原子轨道最多容纳两个电子，并且在同一轨道（具有相同的 n、l、m_l 和 s 值）上的两个电子必须具有完全相反的自旋取向，因此其 m_s 值不同。

3.5 自旋-轨道耦合

如前所述，具有轨道角动量的电子与环形电流类似，具有一定的磁矩，在磁矩周围会产生磁场。此外，电子的自旋也会产生磁矩。电子的自旋磁矩与电子轨道运动所产生的磁场之间存在相互作用，这种相互作用称为自旋-轨道耦合。

自旋-轨道耦合作用的大小取决于原子核的电荷，而原子核的电荷又取决于原子序数 Z。这可以理解为电子在空间中固定不动，而原子核绕其旋转，而不是电子绕原子核旋转。原子核的电荷数越大，旋转所产生的电流就越强。实际上，自旋-轨道耦合作用与 Z^4 成正比[6]。因此，在氢原子中，自旋-轨道耦合作用几乎可以忽略不计，但耦合作用却随着原子序数的增加而急剧增大。

在已知单个电子的 l 和 s 的情况下，原子中所有电子的总角动量就取决于轨道-轨道耦合、自旋-轨道耦合和自旋-自旋耦合的相对大小。在本节的剩余部分，将介绍两种多电子原子体系中估算总角动量的方法。计算方法虽然比较复杂，却非常重要，因为电子的总角动量决定了原子磁矩。而原子磁矩正是我们关注的重点。

3.5.1 拉塞尔-桑德斯耦合（Russell-Saunders coupling）

在轻原子中，自旋-轨道耦合作用比较弱，孤立的轨道角动量间的耦合以及孤立的自旋角动量间的耦合都要强于自旋-轨道耦合。因此，计算总角动量的最佳方法是：首先将所有孤立电子的轨道角动量相加（以矢量方式相加），得到总轨道角动量；再将所有电子的自旋角动量相加，得到总自旋角动量；最后将总轨道角动量和总自旋角动量合并，得到总角动量。在已知电子的量子数 l 的情况下，计算总轨道量子数 L 的方法非常复杂，因此在这里就不再具体推导❶。下面通过一个例子来说明。某原子包含 2 个电子，其轨道量子数分别为 l_1 和 l_2。在这种情况下，L 值由 Clebsch-Gordan 数列给出：

$$L=l_1+l_2、l_1+l_2-1、\cdots、|l_1-l_2| \tag{3.22}$$

因此，如果两个电子的轨道量子数分别为 $l=1$ 和 $l=2$，则总轨道量子数 L 值为 3、2 和 1。与单个电子的磁量子数 m_l 相类似，原子的总磁量子数 M_L 表示总轨道角动量在特定方向的分量，其取值范围为 $-L$、$-L+1$、…、$+L$。类似地，电子的自旋合并为总自旋量子数，有

$$S=s_1+s_2、s_1-s_2 \tag{3.23}$$

且 $M_S=-S$、$-S+1$、…、$+S$。双电子原子的 S 值为 1 或 0，因此相应的 M_S 值分别为 -1、0、$+1$ 或 0。

图 3.5 给出了 $l=1$ 和 $l=2$ 的双电子体系中的矢量相加过程。

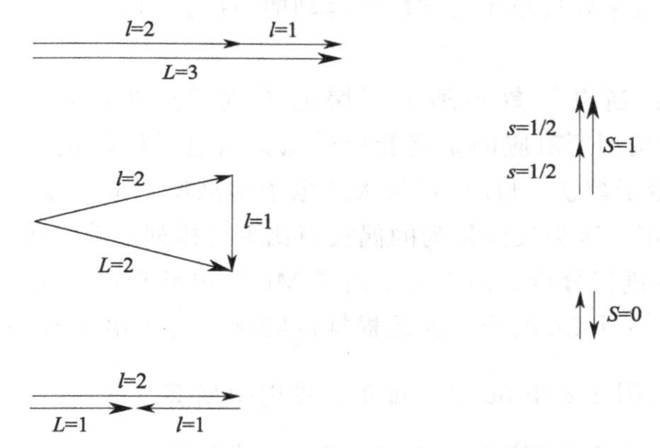

图 3.5 两个电子的轨道角动量和自旋角动量的矢量求和过程

得出总轨道角动量量子数 L 和总自旋角动量量子数 S。

两个电子的量子数分别为 $l=1$、$s=\frac{1}{2}$ 和 $l=2$、$s=\frac{1}{2}$

原子的总自旋角动量和总轨道角动量矢量相加后，得到总角动量量子数 J，有

$$J=L+S、L+S-1、\cdots、|L-S| \tag{3.24}$$

在双电子原子的例子中，J 的取值范围为 4～0，相应 M_J 的值为 -4、-3、…、0、…、4。原子总角动量的大小 $|J|$ 等于 $\sqrt{J(J+1)}\hbar$，其沿磁场方向的分量为 $M_J\hbar$。

这种计算方法称为拉塞尔-桑德斯耦合[7]。关于拉塞尔-桑德斯耦合，有两点需要特别注意。首先，L 和 S 值相同但 J 值不同的能态之间能量差很小，但不同 L 和 S 值的能级之间能量差异较大。其次，对于被填满的电子壳层，L、S 和 J 的值都等于零，因此净角动量为

❶ 在 Atkins 的书（参考文献［6］）中有详细的讨论。

零，其对磁偶极矩没有贡献。如原子中含有未被填满的电子壳层，则计算 L、S 和 J 值时仅需考虑未满壳层的贡献即可。如果原子没有未被填满的电子壳层（例如：惰性气体原子），则该原子没有磁偶极矩。这类原子被称为抗磁性原子，在第 4 章中将讨论其特性。

3.5.2 洪特规则（Hund's rules）

德国物理学家弗里德里希-洪特（Friedrich Hund）提出了三条规则，用来确定未满电子壳层中电子的排布，以使体系能量最低[8]。洪特规则认为拉塞尔-桑德斯耦合已经很好地描述了原子的角动量状态，因此不再预测高原子序数的重原子中电子的排布规律。

洪特规则第一条：电子总是按照使体系总自旋量子数 S 最大的方式进行排列。这意味着电子按照一个电子占据一个轨道的规则进行填充，直到所有的轨道都包含一个电子，并且所有电子的自旋平行排列。接下来，电子将被迫在轨道上进行“配对”填充，同一轨道上两个电子的自旋相反。这可以定性地理解为：具有相同自旋的电子（根据泡利不相容原理）需要相互避开。因此，自旋相同的电子之间的库仑排斥力较小，系统能量也更低。

洪特规则第二条：对于给定的自旋排布，原子总轨道角动量 L 最大的电子构型所对应的系统能量最低。一般而言，当电子沿同一方向进行轨道运动时（此时具有大的总角动量值），电子彼此相遇的概率要远小于反向轨道运动的情况。因此，当 L 值较大时，电子间的平均排斥作用较小。

洪特规则第三条：当电子数不到满壳层电子数的一半时，总量子数 J（如：$J=|L-S|$）最小的电子构型所对应的系统能量最低；当电子数超过满壳层电子数的一半时，规则刚好相反，即总量子数 $J=|L+S|$ 最大的电子构型所对应的系统能量最低。这条规则源于自旋-轨道耦合作用，因为反向排列的偶极矩比平行排列的能量更低。

下面以 Mn^{2+} 为例进行分析。图 3.6 给出了 Mn^{2+} 3d 轨道电子排布情况。3d 壳层共有 5 条轨道，而 Mn^{2+} 含有 5 个 3d 电子，因此根据洪特规则每个电子分别占据 1 条轨道，且电子自旋平行排列。根据图 3.6 中 3d 电子排布，可以得出 $S=\frac{5}{2}$。根据总自旋量子数最大化的原则，每个电子占据 1 个 3d 轨道，且相应的 m_l 值分别为 −2、−1、0、1 和 2。因此所有 m_l 值之和为零，即轨道角动量量子数 L 为零。此时，总角动量量子数 J 的计算就非常简单了：当 $L=0$ 时，$J=S=\frac{5}{2}$。

m_l	−2	−1	0	1	2
	↑	↑	↑	↑	↑

图 3.6 Mn^{2+} 的 3d 轨道上电子最低能量的排列方式

3.5.3 *jj* 耦合

随着单个电子的自旋和轨道角动量之间耦合作用增强，拉塞尔-桑德斯耦合方式不再适用于重原子的量子数计算，如锕系元素。将任一电子 i 的轨道角动量与自旋角动量相加，可得到该电子的总角动量：

$$j_i = l_i + s_i \tag{3.25}$$

电子的总角动量 j_i 之间相互作用较弱，彼此通过静电耦合，形成了原子的总角动量：

$$J = \sum_i j_i \tag{3.26}$$

在 jj 耦合方式中，没有具体讨论总轨道角动量量子数 L 和总自旋轨道量子数 S。同样，满电子壳层不具有净角动量 J，因此所有壳层都被电子填满的原子为抗磁性。

3.5.4 反常塞曼效应

在 3.2 节中，简要介绍了正常塞曼效应。实际上，只有当原子的自旋角动量为零时，才会显示正常塞曼效应。由于自旋-轨道耦合作用，在光谱中显现出更加复杂的谱线排列，这就是更为常见的反常塞曼效应。上部能级和下部能级的分裂程度不同，因此在跃迁过程中，光谱谱线变得更加复杂。当然，不均匀能级分裂的最根本原因是电子反常的 g 因子。

因为电子的 g 因子 g_e 是 2 而不是 1，所以原子的总角动量 $\boldsymbol{J}$ 与总磁矩 $\boldsymbol{m}$ 呈非线性关系。因此，沿外场方向的总原子磁矩的大小是 S、L 和 J 的复合函数，而不仅仅是 J 的函数。通过数学推导[6]，可以得出

$$\boldsymbol{m} = -g\mu_B \boldsymbol{M_J} \tag{3.27}$$

其中

$$g = 1 + \frac{J(J+1) + S(S+1) - L(L+1)}{2J(J+1)} \tag{3.28}$$

式中，g 为朗德因子（Landég-factor）。$\boldsymbol{M_J} = J$、$J-1$、…、$-J$，是代表总角动量 $\boldsymbol{J}$ 沿磁场分量的量子数。同样，总磁矩大小的表达式为 $m = g\mu_B\sqrt{J(J+1)}$。

当 $S=0$ 时，$J=L$，因此 $g=1$。此时，磁矩与轨道角动量 L 无关，则上、下能级的分裂程度相同。在这种情况下，可以观察到 3.2 节中所描述的正常塞曼效应。但当 $S\neq 0$ 时，g 值既取决于 L 又取决于 S，因此在光谱跃迁中上、下能级的分裂程度不同。图 3.7 给出了相应的示意图。需要注意的是，需要满足角动量守恒的原则，才能够产生跃迁，即满足 $\Delta M_J = 0$（对应于线偏振光）或 $\Delta M_J = \pm 1$（对应于圆偏振光）的条件。

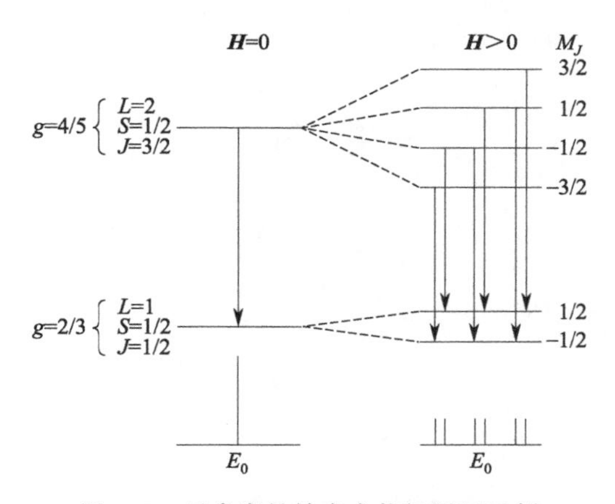

图 3.7 反常塞曼效应中能级跃迁示例

如果外磁场非常强，自旋角动量 S 和轨道角动量 L 之间的耦合会被破坏，随后它们分别与磁场产生耦合。于是 S 和 L 分别独立地绕磁场方向进动。电磁场与电子轨道角动量的耦合，造成了电子的跃迁。而电磁场与电子自旋角动量的耦合对电子的跃迁没有影响。因此，特征光谱从反常塞曼效应态重新回到正常塞曼效应态。光谱的这种变化称为帕邢-巴克效应（Paschen-Back effect）[9]。

习题

3.1　某原子 $J=1$ 且 $g=2$，计算其磁矩沿磁场方向的取值。

3.2　计算过渡金属离子 Fe^{2+} 的电子结构与磁性能。

(a) Fe^{2+} 的核外电子如何排布？（请注意，过渡金属在离子化过程中，首先失去 4s 电子，再失去 3d 电子）

(b) 利用洪特规则，计算 Fe^{2+} 基态时的 S、L 和 J 值。

(c) 通过式（3.28），计算朗德因子。

(d) 计算 Fe^{2+} 的总磁矩 $m=g\sqrt{J(J+1)}\mu_B$ 及其沿磁场的分量 $g\boldsymbol{M_J}\mu_B$。将计算结果与习题 1.3（b）作对比。

(e) 假定 S 取习题 3.2（b）中的计算值，但 $L=0$（因此 $J=S$），试计算总磁矩。已知磁矩的实际测量值为 $5.4\mu_B$。本书的后面章节将会对此展开详细讨论。

延伸阅读

P. W. Atkins. *Molecular Quantum Mechanics*. Oxford University Press，1999.

第4章
抗磁性

A sensitive compass having a Bi needle would be ideal for the young man going west or east, for it always aligns itself at right angles to the magnetic field.

William H. Hayt Jr., *Engineering Electromagnetics*, 1958

在前面章节中，我们已经学习了原子磁矩的两类起源：电子的自旋角动量和轨道角动量。下面我们将学习自由原子磁矩的第三类（也是最后一类）起源：电子的轨道运动在外磁场中的变化。

电子的轨道运动在外磁场中产生的改变，称为抗磁效应。抗磁效应存在于所有原子中，即便是在所有壳层都被电子完全填充的原子中也存在该效应。实际上，抗磁性是一种非常微弱的现象，只有那些壳层被填满而没有净磁矩的原子才称为抗磁性原子。在其他材料中，抗磁性通常会被更强的相互作用（如铁磁性或顺磁性）所掩盖，因而不表现出抗磁性。

4.1 观察抗磁效应

如图 4.1 所示，将抗磁性材料（如：铋）悬挂在一个梯度磁场中，就可以观察到抗磁效应。由于抗磁性材料会对想要进入材料内部的磁通量产生排斥，其磁能在磁场中会增加，因此图中的圆柱体会由高场区偏向低场区（即图中磁体的 N 极）。虽然铋是最强的抗磁性材料之一，但由于抗磁效应通常很弱，所以偏转幅度依然很小。

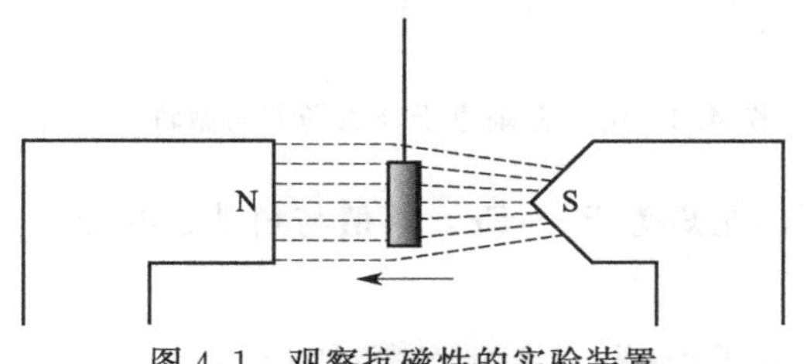

图 4.1 观察抗磁性的实验装置

尽管抗磁效应看起来可能有违常理，但实际上它是完全合理的。在受到磁场作用时，基于电磁感应作用原子中会产生感应电流。根据楞次定律，感应电流的方向与外磁场方向相反，因此原子的感生磁矩与外磁场完全相反。外磁场强度越高，获得的“反向”磁矩越大。某些自由原子的自旋和轨道磁矩都因相互抵消而总净磁矩为零，但感生磁矩总是与外磁场的方向相反，因而这类原子仍表现出抗磁效应。

4.2 抗磁磁化率

在第 2 章中，已经介绍了磁化率的概念：材料的磁化强度随外磁场而产生的变化。抗磁性材料的磁化率为负，即磁化强度随外磁场的增大而降低。

下面推导自由原子的抗磁磁化率的数学表达式。在这里，采用经典的朗之万理论（Langevin theory）进行推导（实际上，采用量子力学推导也能得出同样的结论）。朗之万理论[10] 从电子运动的角度解释了负磁化率的现象，这与我们前面的讨论类似❶。这里的推导过程采用更为简便的 SI 单位制。在本节的最后，将会给出 CGS 单位制的等效表达式。

假定电子在垂直外磁场方向做轨道运动，并产生了一个与其运动方向相反的电流，如图 4.2 所示。当磁场从零缓慢增大时，电流环内磁通量 Φ 的改变会感生一个电动势 ε，该电动势的作用是阻碍磁通量的变化。电动势的定义是电场 E 沿任意闭合路径的线积分，而法拉第定律表明电动势等于穿过该闭合路径的磁通量的变化率。若选取半径为 r 的电子运动轨道为闭合路径，则

$$\varepsilon = E \times 2\pi r = -\frac{\mathrm{d}\Phi}{\mathrm{d}t} \tag{4.1}$$

实际上，磁通量的改变也可以通过降低电子运动速度来实现（环形电流强度 I 也因此而降低）。磁通量的改变造成了电流环磁矩的降低，这正是我们所观察到的抗磁效应。虽然只有磁场变化时才会产生电动势，但由于电子运动不受电阻影响，所以感生电流会一直存在。因此，只要存在磁场，磁矩就会降低。

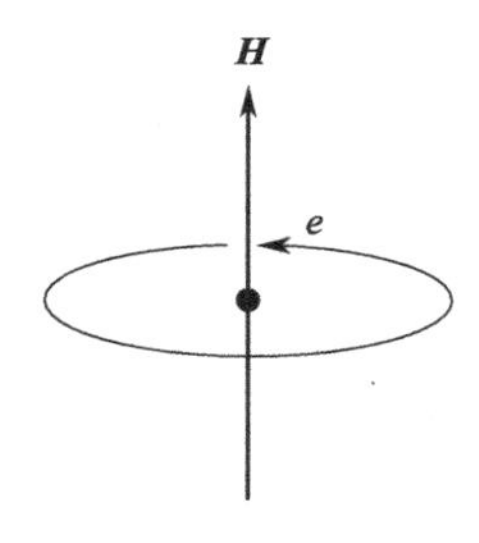

图 4.2　电子在垂直于外磁场方向做轨道运动

感生电场作用于电子的扭矩等于 $-eEr$，其值与角动量的变化率 $\mathrm{d}L/\mathrm{d}t$ 相等。因此

❶ 实际上，朗之万在数学上犯了个错误，该错误后来被泡利修正了[11]。

$$\frac{dL}{dt}=-eEr=+\frac{e}{2\pi}\times\frac{d\Phi}{dt}=\frac{er^2\mu_0}{2}\times\frac{d\boldsymbol{H}}{dt} \tag{4.2}$$

（一般而言，$\Phi=\mu\boldsymbol{H}A$，其中 $A=\pi r^2$，是电流环的面积；因为研究对象为自由原子，所以取磁导率 $\mu=\mu_0$。）当外磁场从零开始增大时，对 dL/dt 进行时间积分，得到角动量的变量

$$\Delta L=\frac{er^2\mu_0}{2}\boldsymbol{H} \tag{4.3}$$

该附加角动量产生了附加磁矩，其值等于 $-e/2m_e$ 乘以角动量。[因为 $L=m_e va$ 且 $I=ev/(2\pi a)$，所以 $\boldsymbol{m}=IA=-(e/2m_e)\boldsymbol{L}$] 因此，磁矩的变化量为

$$\Delta\boldsymbol{m}=-\frac{e}{2m_e}\Delta L \tag{4.4}$$

$$=-\frac{e^2r^2\mu_0}{4m_e}\boldsymbol{H} \tag{4.5}$$

可以看出，感生磁矩的值与外磁场大小成正比，但方向相反。

在推导过程中，我们假设磁场 $\boldsymbol{H}$ 始终与电子轨道垂直。实际上，在经典的模型中磁场与电子轨道可呈任意取向。因此，在式（4.5）中不再适合使用 r^2，而需要用 r 沿磁场方向分量的平方的平均值来替代。这将使有效磁矩降低至原模型的 2/3。此外，考虑到不同原子轨道上的电子的抗磁效应，在实际计算中用所有轨道半径平方的平均值 $\langle r^2\rangle_{av}$ 乘以相应电子数 Z。因此

$$\Delta\boldsymbol{m}=-\frac{Ze^2\langle r^2\rangle_{av}\mu_0}{6m_e}\boldsymbol{H} \tag{4.6}$$

最终，对于块体材料来说，还需要将上式乘以单位体积的原子数 N。[注：N 等于 $N_A\rho/A$，其中 N_A 为阿伏伽德罗常数（单位摩尔的原子数），ρ 为物质密度，A 是原子重量。] 则抗磁磁化率为

$$\chi=\frac{\boldsymbol{M}}{\boldsymbol{H}} \tag{4.7}$$

$$=-\frac{N\mu_0 Ze^2}{6m_e}\langle r^2\rangle_{av} \tag{4.8}$$

式中，磁化率为无量纲量。可以看出，抗磁磁化率通常为负值，并且不存在明显的温度相关性。磁化强度值与 $\langle r^2\rangle_{av}$ 成正比，而 $\langle r^2\rangle_{av}$ 值与温度存在弱关联。抗磁磁化率的值非常小，其大小约等于 10^{-6}。在 CGS 单位制中，抗磁磁化率具有非常类似的表达式

$$\chi=-\frac{NZe^2}{6m_ec^2}\langle r^2\rangle_{av} \tag{4.9}$$

式中，磁化率的单位为 $emu/(cm^3\cdot Oe)$。

4.3 抗磁性物质

虽然所有物质都存在抗磁效应，但只有那些不存在其他磁特性的物质才能成为抗磁性材料。抗磁性物质的所有原子或分子轨道通常都被完全填充或者完全为空。因为所有原子壳层都被完全填充，所以惰性气体都是抗磁性物质。许多由双原子分子构成的气体也具有抗磁性，这是由于电子在分子轨道上相互配对，从而使得分子不存在净磁矩。图 4.3 以氢气（H_2）分子为例进行了说明。（在第 5 章中，将讨论顺磁性的双原子气体，例如：O_2）

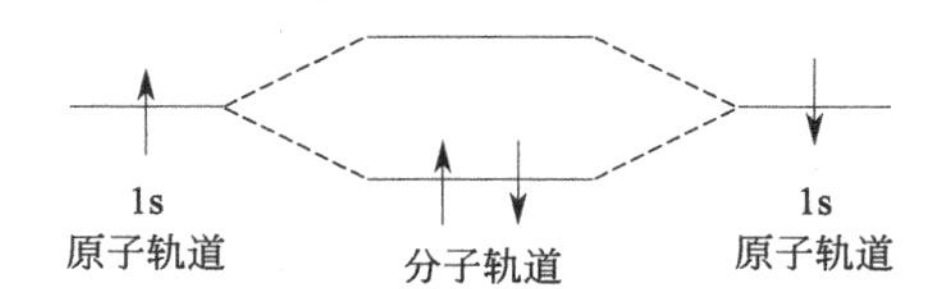

图 4.3　由氢原子轨道形成 H_2 分子轨道的过程

每个氢原子的 1s 轨道都包含 1 个电子。在 H_2 分子中，

两个电子填充在最低能级的分子轨道，因此不存在净角动量

4.4 抗磁性材料的用途

抗磁性材料没有永久磁矩，因此与其他磁性材料不同，不存在广泛的应用。然而，由抗磁性材料和顺磁性材料组成的合金却有一个非常有趣的用途。抗磁性材料的磁化率为负值，而顺磁性材料为正值。因此，由抗磁性和顺磁性材料组成的合金，在每个温度下都存在一个特定组成，在该组成的合金内部磁性刚好完全抵消，磁化率为零。此时，合金完全不受磁场影响，因此它可被用于精密磁性测量设备中。

磁场诱导液晶取向是近年来新发展起来的一种抗磁性应用[12,13]。当液晶材料的抗磁磁化率为各向异性时，强磁场可诱导其取向。因为抗磁性材料具有将磁通量排斥出材料内部的倾向，所以液晶在磁场中有序取向，使抗磁磁化率绝对值最大的方向垂直于磁场。通过调整液晶的成分可以改变其抗磁磁化率，进而控制其宏观取向程度[12]。该效应也可以用于对介孔无机材料进行取向调控，例如：利用液晶表面活性剂填充各向异性的孔洞，可调控二氧化硅等介孔材料在磁场中的取向[13]。

4.5 超导现象

最著名的抗磁性材料是超导体。当冷却至临界温度 T_c 以下时，这类材料从正常电阻态转变为零电阻态。在 T_c 温度以下，超导体实际上是“完美”的抗磁体，其抗磁磁化率为 -1。然而，超导体与传统抗磁材料存在本质区别。超导体的抗磁磁化率是由材料中抵抗外磁场的宏观电流产生的，而并非来源于电子轨道运动的改变。

超导的科学内涵非常丰富，已超出了本书的范围。不过，在本章的剩余部分，我们将简要介绍一些超导的基本原理。

4.5.1 迈斯纳效应（Meissner effect）

将抗磁性金属（如：铅）在磁场中降温冷却，达到某一临界温度 T_c 时，材料将自发地将内部所有磁通量排斥到材料外部，如图 4.4 所示。若 $\boldsymbol{B}=\mu_0(\boldsymbol{H}+\boldsymbol{M})=0$，则 $\boldsymbol{M}=-\boldsymbol{H}$，$\chi=\boldsymbol{M}/\boldsymbol{H}=-1$（SI 单位制）。磁导率为 $\mu=1+\chi=0$，因此，该材料在磁场中是完全不导磁的。T_c 是材料由正常态向超导态转变的临界温度。

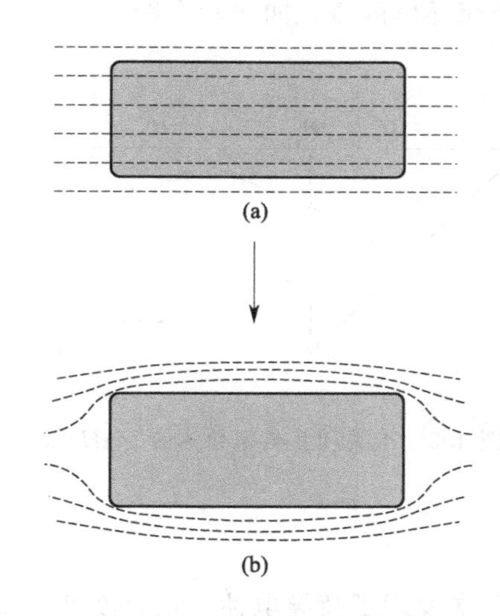

图 4.4 迈斯纳效应示意图

(a) 材料在正常态时，磁力线可穿过材料；

(b) 材料被冷却至超导转变温度以下时，磁力线被自发地排斥出材料内部

磁通量被材料排斥的现象称为迈斯纳效应[14]。该效应使超导体成为理想抗磁体。由于在超导态时材料的电阻率为零，抵抗外场的感应电流能够完全抵消外磁场的作用。因此，磁通量的排斥现象是与材料的超导态同时发生的。

4.5.2 临界磁场

即使在临界温度 T_c 以下，若施加强磁场，材料的超导态也会被破坏。在特定温度时，破坏材料超导态的磁场称为临界磁场 $\boldsymbol{H}_c$。温度越低，对应的临界磁场越强。根据定义，在临界温度 T_c 时，临界磁场 $\boldsymbol{H}_c$ 等于零，因为在该温度时超导态将自发地消失。

当超导体内通过电流时，该电流产生的磁场也会对 $\boldsymbol{H}_c$ 有贡献。因此，超导体内所允许通过的电流存在一个最大值，当电流超过该值时，材料的超导态将被破坏。临界电流强度取决于超导体的半径，它也是决定一种超导材料技术应用的关键因素。

4.5.3 超导体的分类

超导体分为Ⅰ类和Ⅱ类超导体。在Ⅰ类超导体中，感生的磁化强度与外磁场成正比，$\boldsymbol{M}$-$\boldsymbol{H}$ 曲线的斜率在达到临界磁场 $\boldsymbol{H}_c$ 之前皆为－1。该类超导体在超导态时通常为理想抗磁体。Ⅰ类超导体一般为单质，其临界磁场较低，因此应用受到极大限制。

在临界磁场 $\boldsymbol{H}_{c1}$ 时，Ⅱ类超导体由Ⅰ类超导态转变为涡旋态，此时磁力线可穿透超导体。在较低的临界磁场 $\boldsymbol{H}_{c1}$ 和较高的第二临界磁场 $\boldsymbol{H}_{c2}$ 之间，材料保持涡旋态。在外磁场达到 $\boldsymbol{H}_{c2}$ 时，超导体被破坏，材料回到正常导电态。Ⅱ类超导体的优点在于其临界磁场 $\boldsymbol{H}_{c2}$ 比较高，能够在很多场合应用。

图 4.5 给出了Ⅰ类和Ⅱ类超导体的磁化曲线示意图。

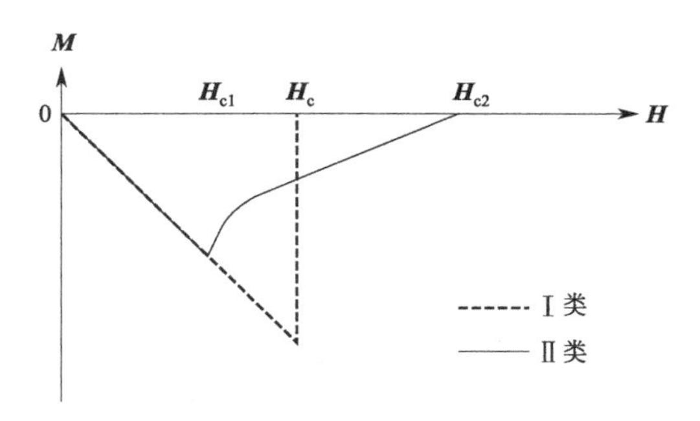

图 4.5 Ⅰ类和Ⅱ类超导体的 M-H 曲线

4.5.4 超导材料

1911 年在水银（汞）中首次发现了超导电性。在温度低于 4.2K 时，汞的电阻从正常态直接降至零[15]。卡末林·昂内斯（Kammerlingh Onnes）在莱顿低温实验室开展了该项实验，并首次将这种电阻为零的状态命名为“超导态”。该实验之所以选择汞是因为它的沸点低，通过蒸馏可以获得高纯度样品。紧接着，又发现很多元素都在常温下具有正常导电性，而在低温时呈现超导电性。Nb 的超导转变温度为 9K，是所有已发现的元素中温度最高的。

40 多年以后，超导电性的机制才被解释清楚。1957 年，巴丁（Bardeen）、库珀（Cooper）、施里弗（Schrieffer）共同发展了“BCS 理论”[16]。该理论引入了电子库珀对的概念来解释超导现象。量子化的晶格振动（或称声子）促进了电子与电子耦合，形成库珀对。然后，众多库珀对形成了宏观相干波函数，其以零电阻在晶格中传播。BCS 理论的提出，极大地促进了超导的研究。该理论指导人们应该如何寻找具有强相互作用以及高转变温度的超导体。在该理论的指引下，超导体的居里温度不断提高。金属铌基化合物的居里温度将近 20K，创造了当时的最高纪录。

BCS 理论关于库珀对的描述，也促进了 Bednorz 和 Müller 在过渡金属氧化物体系中寻找超导电性[17]。他们认为：过渡金属 3d 电子的未满壳层与晶格畸变（即所谓的 Jahn-Teller 畸变）有关，像传统金属中的声子一样，晶格畸变同样可以促进库珀对的形成。在这种理论指导下，他们在层状铜氧化物材料中发现了超导电性，其居里温度远大于已发现的传统超导体。这类铜氧化物就是“高 T_c 超导体”，在常压下其临界温度可高达 130K。从此，超导可以在液氮温度下实现，而不再需要超低温。这给科学研究和工程技术等领域带来了巨大的便利。目前，一般认为这类高临界温度材料的超导机制与 BCS 理论不同，其具体理论还有待进一步研究。

超导领域的研究热度仍在持续。人们一直致力于探索高临界温度铜氧化物超导性的物理机制，并寻找室温超导材料。最近，在两种新材料体系中发现了较高临界温度的超导性。2000 年，发现 MgB_2 材料的超导临界温度为 39K[18]。尽管 MgB_2 的临界温度 T_c 超出了 BCS 理论的预测范围，但目前仍认为 MgB_2 是一种常规的 BCS 型超导体。近来，发现层状过渡金属氧磷族化合物[19]（以 LaOFeAs 为基础化合物）的临界温度 T_c 高达 50K，这引起了广泛的关注。

4.5.5 超导体的应用

（1）SQUIDs

超导量子干涉仪（或称 SQUIDs）是测量微小磁场变化的仪器，是利用约瑟夫森效应设计而成的[20]。约瑟夫森效应指出：当两块超导材料被超薄绝缘层分隔时，超导电子会隧穿通过势垒，此时即便是非常微弱的磁场也会引起临界电流密度的变化。SQUIDs 就是利用电流的变化来检测这个弱磁场。

（2）超导磁体

具有高临界磁场的材料（如：铌锡合金，Nb_3Sn）能够承受高电流密度，因此用其制成的超导线圈可以产生强磁场。超导磁体除了在实验室应用外，还有一些实际应用，如：核磁共振成像（MRI）。

习题

4.1　通过 XRD 测量，可以得出碳的 $\sqrt{\langle r^2 \rangle_{av}}$ 值约为 0.7Å。已知碳的密度为 2220kg/m^3，试计算其磁化率值（请分别给出 SI 单位制和 CGS 单位制的结果）。单位体积磁化率的实际测量值为 -13.82×10^{-6}，测量值与计算值的一致性比大多数抗磁性材料都要好。试分析推导过程中造成误差的原因。

延伸阅读

D. Jiles. *Introduction to Magnetism and Magnetic Materials*. Chapman & Hall，1996，chapter 15.

J. R. Schrieffer. *Theory of Superconductivity*. Perseus Press，1988.

M. Tinkham. *Introduction to Superconductivity*. McGraw-Hill，1995.

P. -G. de Gennes. *Superconductivity of Metals and Alloys*. Perseus Press，1994.

第5章
顺磁性

A grocer is attracted to his business by a magnetic force as great as the repulsion which renders it odious to artists.

Honoré De Balzac. Les *Célibataires*. 1841

在第4章中，我们讨论了抗磁效应。所有的材料都具有抗磁效应，也包括那些组成原子或分子不具有永久磁矩的材料。下面将讨论顺磁效应。顺磁效应通常出现在那些具有净磁矩的材料中。在顺磁性材料中，磁矩之间的耦合作用很弱，因此热能会引起磁矩的随机取向，如图5.1(a)所示。当施加外磁场时，磁矩开始取向，但对于目前技术水平能够实现的磁场强度而言，仅有一小部分磁矩能够偏转到外磁场方向。图5.1(b)给出了相应的示意图。

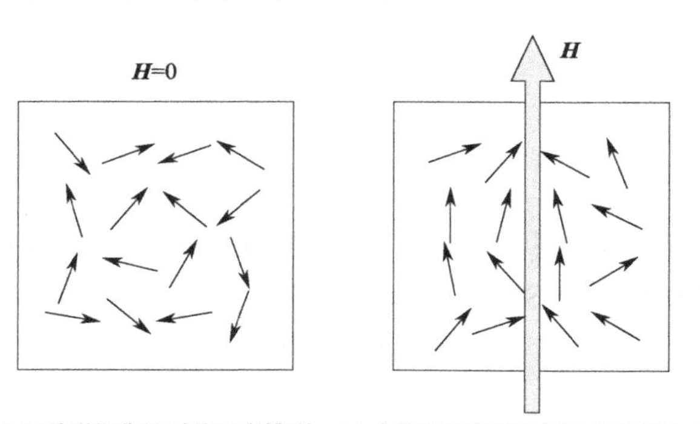

(a) 无外磁场作用时的无序排列　(b) 中等强度磁场作用时的磁矩响应

图5.1　顺磁性材料中磁矩排列示意图

许多过渡元素的盐类为顺磁性。在过渡金属盐中，金属阳离子的d轨道是部分填充的，因此都具有磁矩。阴离子将阳离子在空间上彼此分隔开，因此相邻阳离子的磁矩之间相互作用较弱。稀土元素的盐也往往具有顺磁性。该类物质的原子磁矩由高度局域化的f电子产生，并且相邻离子的f电子之间没有重叠。顺磁性物质还包括部分金属（如：铝）和部分气体（如：氧气）。铁磁性材料（将在下章介绍）在居里温度以上时，热能会破坏磁矩之间的有序作用，进而转变为顺磁性。

在弱磁场中，顺磁性材料的磁通密度与外磁场成正比，因此其磁化率（$\chi = \boldsymbol{M}/\boldsymbol{H}$）一般为常数。顺磁磁化率 χ 值一般为 10^{-5}～10^{-3}。由于磁化率略大于零，相应的磁导率也略大于 1（这与抗磁性物质不同，抗磁性物质磁导率略小于 1）。在很多情况下，顺磁性材料的磁化率与温度成反比。磁化率随温度的变化关系可以用朗之万定域矩模型（Langevin localized-moment model）来解释[10]，具体将会在下一章讨论。在一些金属顺磁性材料中，其磁化率与温度无关，即为泡利顺磁体。泡利顺磁体的顺磁性来源于完全不同的机制，它可以用集体电子的能带结构理论来解释。在 5.4 节中，我们将会讨论泡利顺磁性。

5.1 朗之万顺磁性理论

朗之万理论解释了顺磁性材料的磁化率随温度的变化关系。该理论假设晶格中原子的磁矩之间无相互作用，在热能作用下呈无序取向。如图 5.1 所示，在外磁场中，原子磁矩的取向沿外场方向略有偏转。采用经典理论推导磁化率的表达式，并在推导后将其扩展到量子力学领域。

在磁场 $\boldsymbol{H}$ 中，磁矩的能量为 $E = -\boldsymbol{m} \cdot \boldsymbol{H} = -mH\cos\theta$。因此，我们可以使用玻尔兹曼统计学方法得出磁矩与外磁场成 θ 角的概率为：

$$\mathrm{e}^{-E/k_{\mathrm{B}}T} = \mathrm{e}^{\boldsymbol{m} \cdot \boldsymbol{H}/k_{\mathrm{B}}T} = \mathrm{e}^{mH\cos\theta/k_{\mathrm{B}}T} \tag{5.1}$$

式中，未加粗的 m 和 H 分别表示磁矩和磁场矢量的值；k_{B} 为玻尔兹曼常数。因此，可以计算与外场 $\boldsymbol{H}$ 夹角在 θ 和 $\theta + \mathrm{d}\theta$ 之间的磁矩。如图 5.2 所示，其数值正比于球体上相应角度所对应的表面积。相应的表面积为 $\mathrm{d}A = 2\pi r^2 \sin\theta \mathrm{d}\theta$。

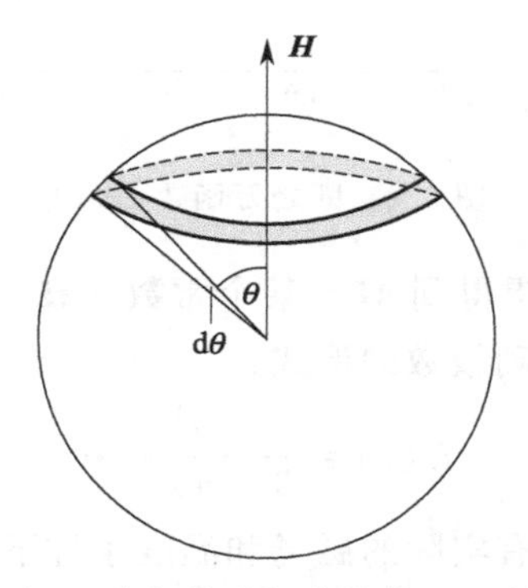

图 5.2　夹角为 θ 和 $\mathrm{d}\theta$ 之间的磁矩分量等于 $\mathrm{d}\theta$ 所扫过的球面面积

因此，一个原子磁矩出现在 θ 和 $\theta + \mathrm{d}\theta$ 之间的整体概率 $p(\theta)$ 为：

$$p(\theta) = \frac{\mathrm{e}^{mH\cos\theta/k_{\mathrm{B}}T} \sin\theta \mathrm{d}\theta}{\int_0^{\pi} \mathrm{e}^{mH\cos\theta/k_{\mathrm{B}}T} \sin\theta \mathrm{d}\theta} \tag{5.2}$$

式中，分母为原子磁矩总数，而因子 $2\pi r^2$ 已被约去。

单个磁矩沿外磁场方向的分量为 $m\cos\theta$，则整个体系沿外场方向的磁化强度为：

$$\boldsymbol{M} = Nm\langle\cos\theta\rangle \tag{5.3}$$

$$=Nm\int_0^{\pi}\cos\theta p(\theta)\,\mathrm{d}\theta \tag{5.4}$$

$$=Nm\frac{\int_0^{\pi}\mathrm{e}^{mH\cos\theta/k_BT}\cos\theta\sin\theta\,\mathrm{d}\theta}{\int_0^{\pi}\mathrm{e}^{mH\cos\theta/k_BT}\sin\theta\,\mathrm{d}\theta} \tag{5.5}$$ [1]

通过复杂的积分运算（或查表），可得

$$\boldsymbol{M}=Nm\left[\coth\left(\frac{mH}{k_BT}\right)-\frac{k_BT}{mH}\right] \tag{5.7}$$

$$=NmL(\alpha) \tag{5.8}$$

式中，$\alpha=mH/k_BT$。式 $L(\alpha)=\coth\alpha-\frac{1}{\alpha}$ 被称为朗之万函数。图 5.3 给出了朗之万函数 $L(\alpha)$ 的曲线。若 α 的取值足够大，例如外磁场非常强或温度降低至接近 0K 时，则磁化强度 $\boldsymbol{M}$ 约等于 Nm，原子磁矩实现了完全取向。

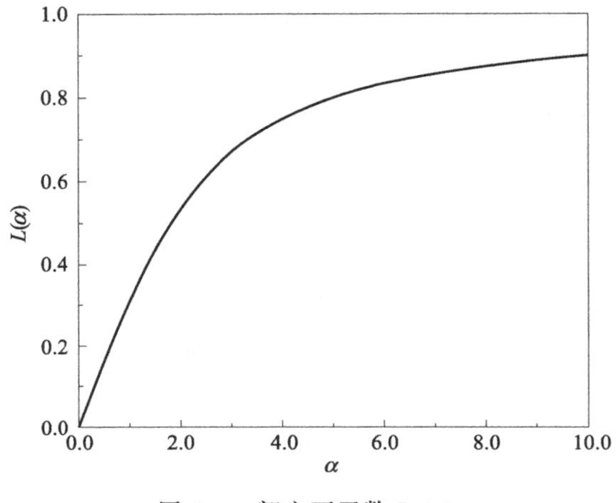

图 5.3 朗之万函数 $L(\alpha)$

前文提到 $\chi\propto 1/T$。原本期望得到 $\boldsymbol{M}=$某个常数$\times\boldsymbol{H}/T$ 的表达式，但实际结果却复杂得多。朗之万函数可以展开为泰勒级数的形式：

$$L(\alpha)=\frac{\alpha}{3}-\frac{\alpha^3}{45}+\cdots \tag{5.9}$$

仅考虑泰勒展开的第 1 项（在所有实际的磁场和温度条件下，α 值都非常小，后续展开项可忽略），则有

$$\boldsymbol{M}=Nm\frac{\alpha}{3}=\frac{Nm^2}{3k_B}\times\frac{\boldsymbol{H}}{T} \tag{5.10}$$

在 SI 单位制中，$E=-\mu_0\boldsymbol{m}\cdot\boldsymbol{H}$。则其等效表达式应为 $\boldsymbol{M}=(N\mu_0m^2/3k_B)(\boldsymbol{H}/T)$。正如所预测的那样，磁化强度与外磁场成正比、与温度成反比。磁化率为：

---

[1] 此处不存在式（5.6），原版的式（5.6）为印刷错误，直接删除。——译者注

$$\chi=\frac{\boldsymbol{M}}{\boldsymbol{H}}=\frac{Nm^2}{3k_BT}=\frac{C}{T} \tag{5.11}$$

式中，$C=Nm^2/3k_B$ 为常数。这就是居里定律：顺磁材料的磁化率与温度成反比。

在之前的讨论中，我们假设磁偶极矩可与外加磁场呈任意取向，而实际上由于空间量子化，磁偶极矩在外磁场中只能取若干离散值。如果在磁化强度的推导过程中引入量子化概念，可得：

$$\boldsymbol{M}=NgJ\mu_B\left[\frac{2J+1}{2J}\coth\left(\frac{2J+1}{2J}\alpha\right)-\frac{1}{2J}\coth\left(\frac{\alpha}{2J}\right)\right] \tag{5.12}$$

$$=NgJ\mu_BB_J(\alpha) \tag{5.13}$$

式中，$B_J(\alpha)$为布里渊函数（Brillouin function）。当 $J\to\infty$时，布里渊函数与朗之万函数相等。布里渊函数同样可以展开为泰勒级数的形式：

$$B_J(\alpha)=\frac{J+1}{3J}\alpha-\frac{[(J+1)^2+J^2](J+1)}{90J^3}\alpha^3+\cdots \tag{5.14}$$

式中，$\alpha=Jg\mu_BH/k_BT$。

同样仅考虑泰勒展开式的第 1 项，则磁化率的量子力学表达式为：

$$\chi=\frac{Ng^2J(J+1)\mu_B^2}{3k_BT}=\frac{C}{T} \tag{5.15}$$

同样，在 SI 单位制中，磁化率的表达式需要乘以系数 μ_0。磁化率的整体形式与传统理论模型的情况相同，但这里的比例常数 C 为 $Ng^2J(J+1)\mu_B^2/3k_B=Nm_{eff}^2/3k_B$，其中 $m_{eff}=g\sqrt{J(J+1)}\mu_B$。

5.2 居里-外斯定律（Curie-Weiss law）

实际上，很多顺磁材料并不遵循 5.1 节所推导的居里定律，而是与温度满足一个更为普遍的关系，即居里-外斯定律：

$$\chi=\frac{C}{T-\theta} \tag{5.16}$$

顺磁材料遵循居里-外斯定律，会自发地有序化，并在某个临界温度（即居里温度 T_C，从实用角度出发，一般认为其值等于 θ）以下转变为铁磁性。

在前文居里定律的推导过程中，我们假定原子磁矩仅在外磁场的作用下重新取向，而局域原子磁矩之间完全不存在相互作用。在居里-外斯定律中，外斯假定在局域原子磁矩之间存在内在相互作用，即“分子场（molecular field）”。外斯认为分子场是电子之间的相互作用，它促使磁偶极矩彼此平行排列，但他没有进一步指出分子场的起源。（我们不能就此苛责外斯：要知道当时距发现电子才刚刚过了 10 年，并且量子力学还没有诞生。）

外斯假设分子场的强度 $\boldsymbol{H}_W$ 与磁化强度成正比，即：

$$\boldsymbol{H}_W=\gamma\boldsymbol{M} \tag{5.17}$$

式中，γ 被称为分子场常数。因此，作用于材料的总磁场大小为：

$$\boldsymbol{H}_{\text{tot}}=\boldsymbol{H}+\boldsymbol{H}_{\text{W}} \tag{5.18}$$

根据前面所推导的居里定律：

$$\chi=\frac{\boldsymbol{M}}{\boldsymbol{H}}=\frac{C}{T} \tag{5.19}$$

用$\boldsymbol{H}_{\text{tot}}=\boldsymbol{H}+\gamma\boldsymbol{M}$ 替代上式中的 $\boldsymbol{H}$，则有：

$$\frac{\boldsymbol{M}}{\boldsymbol{H}+\gamma\boldsymbol{M}}=\frac{C}{T} \tag{5.20}$$

或

$$\boldsymbol{M}=\frac{C\boldsymbol{H}}{T-C\gamma} \tag{5.21}$$

因此：

$$\chi=\frac{\boldsymbol{M}}{\boldsymbol{H}}=\frac{C}{T-\theta} \tag{5.22}$$

即为居里-外斯定律。

当 $T=\theta$ 时，磁化率产生突变，这对应于无序相和自发有序相的相变。θ 为正值说明分子场与外磁场的作用方向相同，其诱使原子磁矩彼此平行且与外磁场同向。铁磁性材料就呈现出这种特点。

外斯分子场的大小可以大致估算出来。在临界温度 T_{C} 以下时，顺磁性材料表现出铁磁特性。在 T_{C} 以上时，热能作用超过外斯分子场 $\boldsymbol{H}_{\text{W}}$，铁磁有序性被破坏。所以，在临界温度 T_{C} 时，分子场与原子磁矩之间的相互作用能 $\mu_{\text{B}}\boldsymbol{H}_{\text{W}}$ 与热能 $k_{\text{B}}T_{\text{C}}$ 相当。因此，对于居里温度为 1000K 的材料，$\boldsymbol{H}_{\text{W}}\approx k_{\text{B}}T_{\text{C}}/\mu_{\text{B}}\approx 10^{-16}\times 10^{3}/10^{-20}\approx 10^{7}(\text{Oe})$。这是非常巨大的磁场值。在第 6 章，我们将利用外斯分子场理论在居里温度以下阐述铁磁性，并讨论分子场的起源。

朗之万理论和居里-外斯定律准确地描述了大多数顺磁性材料的特征，但下面两种情况并不完全遵循上述理论。第一种并非真正的理论问题，而是离子磁矩的测量值和预测值的大小存在差异。第二种情况对应于一类特殊材料（泡利顺磁体），在这类材料中朗之万定域矩理论的假设不再适用。

5.3 轨道角动量冻结

顺磁性材料的磁化强度取决于组成离子的磁矩 m 的大小。当离子的 g 因子和 J 值确定后，可以利用公式 $m=g\mu_{\text{B}}\sqrt{J(J+1)}$ 计算出离子磁矩的大小（第 3 章）。虽然离子构成晶体后，在晶格内失去了“自由”，但该公式仍非常好地适用于顺磁性盐类物质。表 5.1 给出了稀土离子有效磁矩的计算值和实测值的对比。除 Eu^{3+} 外，其他所有情况下稀土离子磁矩计算值和实测值的一致性都非常好。对于 Eu^{3+}，其基态磁矩的计算值为零，但也存在一些具有磁矩的低激发态，并且这些低激发态在常规温度下通常会被电子部分占据。这些激发态磁矩计算出来的平均值与测量值相符。

表 5.1 稀土离子有效磁矩的计算值和测量值

离子	电子构型	计算值 $g\sqrt{J(J+1)}$	测量值 m/μ_B
Ce^{3+}	$4f^1 5s^2 5p^6$	2.54	2.4
Pr^{3+}	$4f^2 5s^2 5p^6$	3.58	3.5
Nd^{3+}	$4f^3 5s^2 5p^6$	3.62	3.5
Pm^{3+}	$4f^4 5s^2 5p^6$	2.68	—
Sm^{3+}	$4f^5 5s^2 5p^6$	0.84	1.5
Eu^{3+}	$4f^6 5s^2 5p^6$	0.00	3.4
Gd^{3+}	$4f^7 5s^2 5p^6$	7.94	8.0
Tb^{3+}	$4f^8 5s^2 5p^6$	9.72	9.5
Dy^{3+}	$4f^9 5s^2 5p^6$	10.63	10.6
Ho^{3+}	$4f^{10} 5s^2 5p^6$	10.60	10.4
Er^{3+}	$4f^{11} 5s^2 5p^6$	9.59	9.5
Tm^{3+}	$4f^{12} 5s^2 5p^6$	7.57	7.3
Yb^{3+}	$4f^{13} 5s^2 5p^6$	4.54	4.5

注：摘自文献［21］。经约翰威立国际出版公司（John Wiley &Sons）许可转载。

然而，对于第一行过渡金属，上述公式的适用性却不是很好。实际上，如果完全忽略电子的轨道角动量，磁矩的测量值更加接近其计算值。表 5.2 列出了第一行过渡金属离子有效磁矩的测量值、基于总角动量的计算值以及仅基于自旋角动量的计算值。显然，单纯基于自旋角动量的计算值与基于总角动量的计算值相比，与实验更加相符。这种现象被称为轨道角动量冻结，由固体中近邻离子产生的电场所致。从定性的角度看，一方面，这类电场导致电子轨道与晶格强烈耦合，轨道无法沿外磁场取向，因此对磁矩没有贡献。另一方面，电子的自旋与晶格之间仅存在弱耦合。因此，在离子中仅自旋对磁化过程和材料的总磁矩有贡献。在研究过渡金属化合物时，无需考虑第 3 章中自旋和轨道角动量的耦合法则，而只需考虑自旋部分，这使我们的工作变得更加简单。更详细的讨论，请参考文献［21］。

表 5.2 第一行过渡金属离子有效磁矩的计算值和测量值

离子	电子构型	计算值 $g\sqrt{J(J+1)}$	计算值 $g\sqrt{S(S+1)}$	测量值 m/μ_B
Ti^{3+}, V^{4+}	$3d^1$	1.55	1.73	1.8
V^{3+}	$3d^2$	1.63	2.83	2.8
Cr^{3+}, V^{2+}	$3d^3$	0.77	3.87	3.8
Mn^{3+}, Cr^{2+}	$3d^4$	0.00	4.90	4.9
Fe^{3+}, Mn^{2+}	$3d^5$	5.92	5.92	5.9
Fe^{2+}	$3d^6$	6.70	4.90	5.4
Co^{2+}	$3d^7$	6.63	3.87	4.8
Ni^{2+}	$3d^8$	5.59	2.83	3.2
Cu^{2+}	$3d^9$	3.55	1.73	1.9

注：摘自文献［21］。经约翰威立国际出版公司（John Wiley &Sons）许可转载。

5.4 泡利顺磁性

在朗之万理论中，假设被部分占据的价壳层（使原子获得净磁矩）中的电子在各自原子内部都是完全局域化的。我们知道，金属中的电子能够在晶格中巡游并使金属具有导电性。因此朗之万理论中的局域磁矩假设与实际情况不符。实际上，在顺磁性金属中也没有观察到朗之万理论中磁化率与温度的 $\chi \propto 1/T$ 关系。相反，磁化率基本与温度无关，这种现象称为泡利顺磁性。在解释泡利顺磁性之前，我们首先学习固体能带理论。

5.4.1 固体能带理论

通过第 3 章的学习，我们知道原子中的电子通常占据离散的能级（即原子轨道）。当原子聚在一起形成固体时，原子最外层价电子的波函数重叠，电子的分布发生了改变。实际上，自由原子的每个离散轨道都对固体中允许能级的能带形成有贡献。电子波函数之间的重叠程度越高，能带就越宽。因此，价电子所在能带较宽，而由被原子核紧紧束缚的内部电子所构成的能带则较窄。

图 5.4 给出了金属钠中电子能带的形成过程。图的左侧为完全孤立的钠原子的原子轨道能级。单个自由钠原子的 1s、2s、2p 亚层被完全填充，在 3s 轨道中有 1 个电子。在基态时，3p 轨道为空。当众多原子聚在一起时，价电子的波函数开始重叠进而形成能带。原子处于平衡位置时，内层电子波函数的重叠程度较低，所构成的能带较窄。相反，3s 和 3p 原子轨道重叠程度较高，所构成的能带较宽。

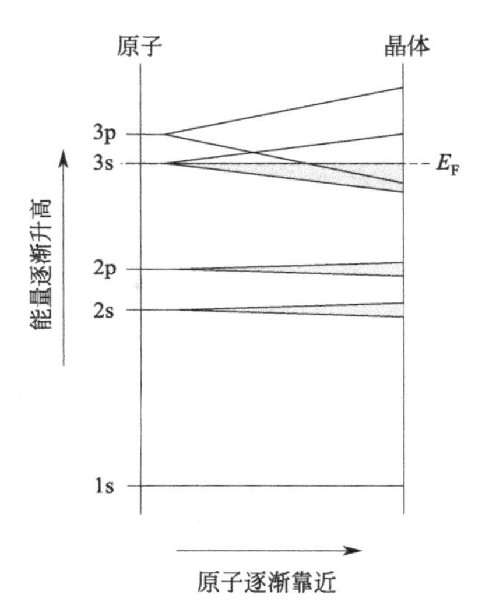

图 5.4　金属钠的能带结构

与自由原子类似，固体中的电子优先占据低能量能带，而后占据高能量能带。由电子完全填充的轨道构成的能带也会被完全填充。在金属钠中，原本位于 3s 轨道上的电子占据了重叠的 3s-3p 能带：一部分处于 3s 能态，另一部分处于 3p 能态。（在下一章，我们会发现能带的重叠现象对铁磁性过渡金属的平均原子磁矩具有重要影响。）

温度在 0K 时，电子所能填充的最高能级称为费米能级 E_F。顺磁性金属的一个基本特征是：自旋向上和自旋向下的电子能态是相同的，因此两种自旋所对应的费米能级也是完全相同的。（铁磁性金属与此不同，在铁磁性金属中一种自旋的电子会多于另外一种，从而产生净磁矩。）图 5.5(a) 给出了电子能级分布示意图。（需要注意的是：实际上众多能级已经形成了能带，图中离散的能级分布是为了更清楚地显示电子的分布。）当施加外磁场时，自身磁矩平行于外磁场的电子具有更低的能量，而磁矩与磁场反向平行的电子能量更高。（如果磁场方向朝上，则自旋向下的电子比自旋向上的电子能量更低。这是因为，电子电荷为负值，其磁矩与自旋的方向相反。）为了表示电子能量在磁场中的变化，通常将自身磁矩与磁场平行的电子所对应的能带向下平移 $\mu_B H$，而磁矩与磁场反向平行的电子所在的能带向上平移相同的量［图 5.5(b)］。因此，磁矩与磁场反向的电子倾向于旋转至磁场方向。但根据泡利不相容原理，实现自旋反转的唯一方法是电子移动到磁矩平行态的空位上，并且只有那些靠近费米能级的电子才具有足够的能量实现自旋反转。对于能量较低的电子，移动到平行态空位所需的能量大于自旋反转所带来的能量降低，因此状态不变。如图 5.5(b) 给出了电子最终的分布状态，可以发现在外磁场中泡利顺磁体产生了宏观磁化。

在将感生磁化强度进行量化并推导出磁化率的表达式之前，首先需要建立金属中的电子模型。在下一节中，我们将要学习“自由电子理论”，该理论很好地描述了许多简单金属的性质。

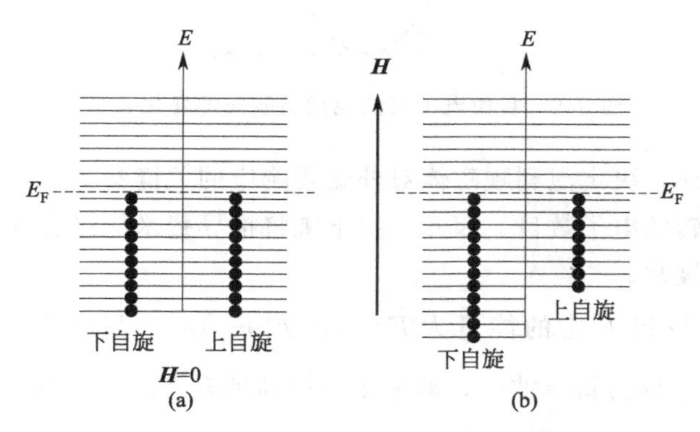

图 5.5　顺磁性金属中电子能量随外加磁场变化示意图

5.4.2　自由电子理论

自由电子理论认为，固体中原子最外层的价电子已经完全脱离原子核的作用，是完全自由的电子，进而固体中形成自由移动的电子“海洋”。这些电子（即自由电子气）在其他电子和原子核所共同形成的平均场中运动。对于单个电子而言，其他电子的排斥势能与原子核的吸引势能完全抵消。即便经过这么多的近似，自由电子理论仍在简单金属体系中具有惊人的准确性。（自由电子模型成功的原因很难解释，这在相当长的时期内困扰着凝聚态物理学家。Cohen 曾在相关综述中进行了详细的讨论[22]，在这里不再深入展开。）

自由电子的薛定谔方程中仅包含动能项，因为根据定义其势能为零。因此，在三维空间中，其薛定谔方程可以表示为：

$$-\frac{\hbar^2}{2m_e}\left(\frac{\partial^2}{\partial x^2}+\frac{\partial^2}{\partial y^2}+\frac{\partial^2}{\partial z^2}\right)\psi_k(\boldsymbol{r})=E_k\psi_k(\boldsymbol{r}) \tag{5.23}$$

求解该方程最直接的方法是，假定电子处于边长为 L 的立方体中并且满足周期性边界条件。则方程的解为平面行波：

$$\psi_k(\boldsymbol{r})=e^{i\boldsymbol{k}\cdot\boldsymbol{r}} \tag{5.24}$$

波矢 $\boldsymbol{k}$ 满足

$$k_x, k_y, k_z = \pm \frac{2n\pi}{L} \tag{5.25}$$

式中，n 为任意正整数。在宏观固体中 L 的值非常大，因此 $\boldsymbol{k}$ 的允许值实际上是连续的。

将 $\psi_k(\boldsymbol{r})$ 代入薛定谔方程，得到能量本征值

$$E_k = \frac{\hbar^2}{2m_e}(k_x^2 + k_y^2 + k_z^2) \tag{5.26}$$

如图 5.6 所示，能量与波矢呈二次方关系。

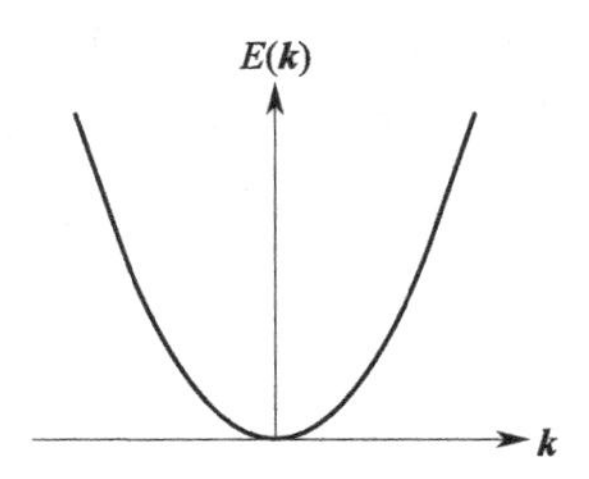

图 5.6　自由电子气的能量随波矢的变化关系

正如 5.4.1 节所述，决定泡利顺磁体对外磁场响应的关键参量是：靠近费米能级且能够在磁场中实现自旋反转的电子数目。因此，接下来将推导费米能级态密度的表达式，即单位能量范围内的电子能级数。

上面提到，某个特定 k 态的能量为 $E=(\hbar^2/2m_e)k^2$。费米能态的能量对应为 $E=(\hbar^2/2m_e)k_F^2$，其中 k_F 称为费米波矢，即电子的最高填充态所对应的波矢。

我们可以把费米波矢看作是描绘 k 空间中一个体积为 $\frac{4}{3}\pi k_F^3$ 的球体，在该球体内部的所有态都已被电子填充。我们知道，$\boldsymbol{k}$ 矢量的分量 k_x、k_y 和 k_z 均为 $2\pi/L$ 的整数倍。因此，$\boldsymbol{k}$ 空间中单个量子态所占的体积必须为 $(2\pi/L)^3$。则总电子数等于所占据轨道数的 2 倍（轨道中上、下自旋各一个电子），其值为：

$$N = \frac{\text{费米球的体积}}{\text{单个 } \boldsymbol{k} \text{ 量子态的体积}} \times 2 \tag{5.27}$$

$$= \frac{\frac{4}{3}\pi k_F^3}{\left(\frac{2\pi}{L}\right)^3} \times 2 \tag{5.28}$$

$$= \frac{V}{3\pi^2} k_F^3 \tag{5.29}$$

$$= \frac{V}{3\pi^2}\left(\frac{2m_e E_F}{\hbar^2}\right)^{3/2} \tag{5.30}$$

式中，$V=L^3$，为晶体体积。[类似地，填充至能级 E（低于费米能级 E_F）所需的电子数目为 $(V/3\pi^2)$ $(2m_e E/\hbar^2)^{3/2}$。] 态密度 $D(E)$ 定义为电子态数目对能量的导数。对式(5.30) 进行微分，得出费米能级的态密度为：

$$D(E_F)=\frac{V}{2\pi^2}\left(\frac{2m_e}{\hbar^2}\right)^{3/2}E_F^{1/2} \tag{5.31}$$

单位能量范围内的电子状态数与能量的平方根成正比，如图 5.7(a) 所示。按照惯例，图中沿 x 轴的正、负方向分别绘制上、下自旋的态密度。因$(V/3\pi^2)(2m_e/\hbar^2)^{3/2}=N/E_F^{3/2}$，代入式（5.31）可将其简化为

$$D(E_F)=\frac{3}{2}\times\frac{N}{E_F} \tag{5.32}$$

下面我们将利用该自由电子气态密度的表达式，来推导泡利顺磁体的磁化率。

5.4.3 泡利顺磁体的磁化率

第 3 章中提到，一个仅具有自旋角动量的自由电子，沿磁场方向或沿与磁场相反方向的磁矩分量均为 1 玻尔磁子。(单个自由电子沿磁场的磁矩分量为 $m=-g_e\mu_B m_s=\pm\mu_B$。）此外，外磁场会使磁矩的能量改变 $\mu_0 mH\cos\theta$（在 SI 单位制中），其中 θ 为磁矩与磁场之间的夹角。因此，对于一个磁矩投影与磁场平行的电子，其能量将降低 $\mu_0\mu_B H$；而对于磁矩投影与磁场反平行的电子，其能量将增加 $\mu_0\mu_B H$。因此，外加磁场改变了自由电子气的态密度，如图 5.7(b) 所示。图 5.7 与图 5.5 的物理机制相同，但电子的分布随能量变化的关系与实际情况更加相符。

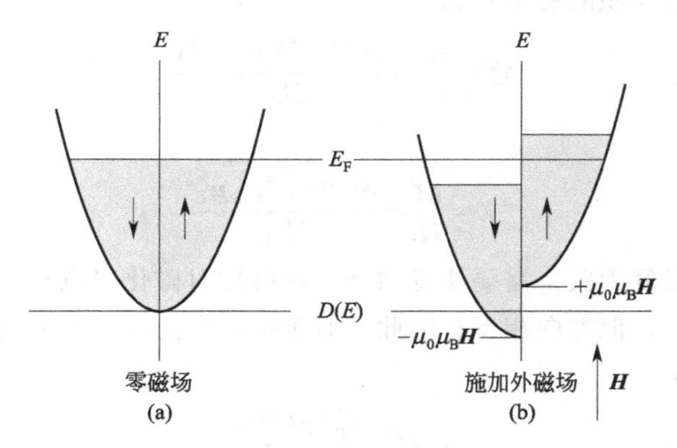

图 5.7　自由电子气的态密度

(a) 无外磁场时，自由电子气的态密度，自旋向上和自旋向下态密度相等，且与能量的平方根成正比；(b) 施加方向向上的外磁场时（磁场与自旋向下电子的磁矩平行），自由电子气的态密度，自旋向下态的能量降低 $\mu_0\mu_B H$，而自旋向上态的能量增加$\mu_0\mu_B H$

若磁场方向向上（此时磁场与自旋向下电子的磁矩平行），部分高能量的自旋向上电子将反转为自旋向下，直到自旋向上和向下的电子费米能级相等为止（实际上，新的费米能级与最初的费米能级 E_F 非常接近）。自旋向下能态的零点在$-\mu_0\mu_B H$ 处；自旋向上能态的零点在$+\mu_0\mu_B H$ 处。因此，自旋向下的电子数为：

$$\frac{1}{2}\int_{-\mu_0\mu_B H}^{E_F} D(E+\mu_0\mu_B H)\mathrm{d}E \tag{5.33}$$

自旋向上的电子数为：

$$\frac{1}{2}\int_{+\mu_0\mu_B H}^{E_F} D(E-\mu_0\mu_B H)\mathrm{d}E \tag{5.34}$$

（式中出现了系数 1/2，这是因为每个电子只能占据一个自旋向上或自旋向下态，而态密度的定义是基于每个轨道有两个电子。）

净磁矩 $\boldsymbol{m}$ 的大小为自旋向下磁矩的数目减去自旋向上磁矩的数目，然后乘以单位自旋对应的磁矩 μ_B，得出：

$$\boldsymbol{m}=\frac{\mu_B}{2}\left[\int_{-\mu_0\mu_B H}^{E_F} D(E+\mu_0\mu_B H)\mathrm{d}E-\int_{+\mu_0\mu_B H}^{E_F} D(E-\mu_0\mu_B \boldsymbol{H})\mathrm{d}E\right] \tag{5.35}$$

则

$$\boldsymbol{m}=\frac{\mu_B}{2}\int_{E_F-\mu_0\mu_B H}^{E_F+\mu_0\mu_B H} D(E)\mathrm{d}E \tag{5.36}$$

积分值等于以 E_F 为中心、宽度为 $2\mu_0\mu_B H$ 的条带面积，即为 $2\mu_0\mu_B HD(E_F)$。因此，沿磁场方向的净磁矩大小为

$$\boldsymbol{m}=\mu_0\mu_B^2 HD(E_F) \tag{5.37}$$

式中，$D(E_F)$ 为费米能级的态密度，其值为：

$$D(E_F)=\frac{3}{2}\times\frac{N}{E_F} \tag{5.38}$$

因此，磁化强度（单位体积的磁矩）为：

$$\boldsymbol{M}=\frac{\boldsymbol{m}}{V}=\frac{2(N/V)\mu_0\mu_B^2 H}{2E_F} \tag{5.39}$$

磁化率为

$$\chi=\frac{\boldsymbol{M}}{\boldsymbol{H}}=\frac{3(N/V)\mu_0\mu_B^2}{2E_F} \tag{5.40}$$

可以发现，磁化率与温度无关。需要注意的是，抗磁性对磁化率也有一定贡献，其值为泡利顺磁磁化率的三分之一，但方向相反。因此，对于符合自由电子模型的金属，其总磁化率的表达式为（SI 单位制）：

$$\chi=\frac{\mu_0\mu_B^2(N/V)}{E_F} \tag{5.41}$$

对于 Na、Al 等金属，其性能可以用自由电子模型很好地进行描述，利用该公式计算得到的磁化率值与实验测量值吻合得较好。

5.5 氧的顺磁性

当两个氧原子（电子排布均为 $1s^2 2s^2 2p^4$）组合形成 O_2 分子时，原子轨道合并成为分子轨道，如图 5.8 所示。（参考文献［6］解释了氧分子轨道如此分布的原因。）这 16 个电子依次从能量最低处填充分子轨道，与在单原子中相同，它们在配对前各自占据能量相等的轨道。这种填充机制导致在 O_2 分子中存在未配对的电子。因此，氧气在磁场中表现为顺

磁性。

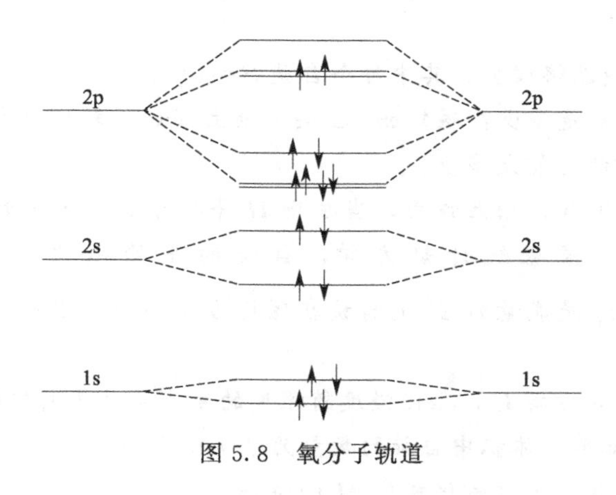

图 5.8 氧分子轨道

5.6 顺磁体的应用

顺磁体不存在永久净磁矩，因此其与抗磁体一样，没有广泛的应用。然而，可以采用绝热退磁工艺，利用顺磁体来获得超低温。在传统意义上的低温时，例如液氦温度（在绝对零度以上若干度），朗之万方程中 α 项的值非常大，远大于 1。若将顺磁体在强磁场中冷却至液氦温度，则磁体的磁化强度接近饱和，大部分自旋平行于磁场方向。如果紧接着将顺磁体绝热（例如通过移除液氦并保持真空的方式），并缓慢移除外磁场，则其温度将进一步降低。温度降低的原因是：当磁场移除后，自旋将随机取向，因此必须通过做功来破坏自旋在磁场中形成的有序结构。而自旋所能利用的唯一能量是热能，因此当利用热能来实现退磁时，磁体的温度降低了。利用顺磁体的绝热去磁技术，可以获得低至千分之几开尔文的超低温。

此外，我们可以利用顺磁体来研究这类具有原子磁矩、而磁矩相互之间不存在强关联作用的材料的电性能。

在下一章中，我们将顺磁性朗之万理论推广到最重要的一类磁性材料（即铁磁材料）中。在铁磁材料中，磁矩之间的协同效应非常明显。朗之万理论将有助于我们理解铁磁材料的性质。

习题

5.1 当 $J\to\infty$ 时，布里渊函数与朗之万函数相等。那么当 $J\to 1/2$ 及 $\alpha\to 0$ 时，布里渊函数的极限是多少？

5.2 试计算一理想气体的室温顺磁磁化率。该气体原子满足 $J=1$ 和 $g=2$（理想气体定律为：$pV=nRT$）。实际上，这是分子氧的 J 和 g 值。需要注意的是，结果应该是非常小的正数。

5.3　一个三维自旋晶格模型，其中每个自旋 $S=1/2$。

(a) 每个自旋的磁矩是多少？磁矩 $\boldsymbol{m}_i$ 在某个轴上（如 z 轴）投影的允许值是多少？

(b) 每个自旋的磁能可能是多少？

(c) 假设自旋之间不存在相互作用，当磁场 $\boldsymbol{H}$ 平行于 z 轴方向时，试计算该自旋晶格的磁化强度。[提示：根据统计热力学，自旋的平均磁化强度为 $\langle \boldsymbol{M} \rangle = (1/\boldsymbol{Z}) \sum_i \boldsymbol{m}_i \mathrm{e}^{-E_i/k_\mathrm{B}T}$，其中 $\boldsymbol{m}_i$ 是能量为 E_i 的自旋在磁场方向的磁化强度，$Z=\sum_i \mathrm{e}^{-E_i/k_\mathrm{B}T}$ 为分配函数]

(d) 对于给定大小的磁场 $\boldsymbol{H}$，磁化强度随温度的变化关系是怎样的？请解释 $T \to 0$ 时磁化强度 $\boldsymbol{M}$ 的特征。已知单位体积中自旋的数量为 $3.7\times10^{28}\,\mathrm{m}^{-3}$，计算 $T=0$ 时饱和磁化强度 $\boldsymbol{M}_\mathrm{S}$ 的数值；试解释 $T \to \infty$ 时磁化强度 $\boldsymbol{M}$ 的特征。

(e) 弱磁场条件下（$\boldsymbol{H} \to 0$），$\boldsymbol{M}$ 和 $\boldsymbol{H}$ 之间表现出什么关系？在这种情况下，磁化率 χ 的表达式是什么？磁化率 χ 是如何随温度变化的？计算在室温时磁化率 χ 的数值。

(f) 请评价该自旋系统的计算结果。该系统模型表现出何种磁特性（抗磁、顺磁、反铁磁等）？试证明你的结论。如何修改该模型以使其表现出铁磁性特征？

思考

通过 5.6 节中的绝热退磁工艺获得了低温，那么我们可以采用哪种机制来进一步降低温度？

延伸阅读

B. D. Cullity and C. D. Graham. *Introduction to Magnetic Materials* 2nd edn. John Wiley and Sons，2009，chapter 3.

第6章 铁磁材料中的相互作用

Anyone who is not shocked by quantum theory has not understood it.

Niels Bohr (1885—1962)

在第 2 章我们介绍了铁磁性的概念，学习了铁磁材料随外磁场响应的磁滞回线。磁滞回线非常特别。回顾图 2.3 和图 2.4，可以发现通过施加一个较弱的磁场（几十奥斯特），就可以将铁磁材料从初始磁中性状态磁化至磁化强度为 $1000\mathrm{emu/cm^3}$ 左右的磁饱和状态。

铁磁性磁畴理论解释了为何铁磁体的初始磁化强度为零。该理论由外斯[23] 于 1907 年提出。在下章将详细讨论磁畴理论以及磁畴存在的实验证明。

本章的主题是：为何一个小磁场可以在铁磁材料中产生巨大的磁化强度。在习题 6.2 (b) 中，可以看到 50Oe 的磁场对弱相互作用的磁矩体系几乎没有影响。磁场使磁矩有序化，而热扰动恰好相反。当原子磁矩之间无相互作用时，热扰动占据主导。在铁磁材料中，磁矩之间存在强交换作用。这种强交换作用使磁矩克服了热扰动的影响，而彼此平行排列，并产生自发磁化。在本章中，我们会发现这种交换作用本质上是量子力学的产物。随着内容的深入，我们需要学习更多的量子力学知识，也希望我们可以让整个学习过程变得尽可能轻松。

我们首先学习外斯在 1907 年经典论文[23] 中提出的铁磁学唯像模型。在 6.2 节之前，我们不关注强交换作用的起源，而关注强交换作用对磁性能（如磁化率）的影响。

6.1 外斯分子场理论

在上一章中，我们已经知道外斯分子场理论可以用来解释许多顺磁性材料的特性，包括实验中观察到的居里-外斯定律：

$$\chi=\frac{C}{T-\theta} \tag{6.1}$$

在居里温度 T_C 以上，铁磁性材料转变为顺磁性，其磁化率遵循居里-外斯定律，其中 θ 近似等于 T_C。通过该实验的发现，外斯进一步假设分子场不仅存在于居里温度 T_C 以上的顺磁相中，也同样存在于 T_C 以下的铁磁材料中，并且该分子场非常强，在无外磁场作用时仍可以使材料磁化。

因此，我们可以将铁磁材料看作是内部分子场非常大的顺磁体。这对我们非常有帮助，因为这意味着可以用前一章学习的顺磁性理论来解释铁磁体的性质。

6.1.1 自发磁化

首先，采用外斯理论解释铁磁体的自发磁化特性。顺磁性经典朗之万理论指出，磁化强度为：

$$\boldsymbol{M}=N\boldsymbol{m}L(\alpha) \tag{6.2}$$

式中，$\alpha=mH/k_BT$，$L(\alpha)$ 为朗之万方程。图 6.1 中的实线是以 α 为变量的函数 $\boldsymbol{M}=N\boldsymbol{m}L(\alpha)$ 的曲线。外斯理论又给出了磁化强度 $\boldsymbol{M}$ 的另外一个表达式，即 $\boldsymbol{M}=\boldsymbol{H}_W/\gamma$，其中 γ 为分子场常数。若假定磁场 $\boldsymbol{H}$ 全部来源于分子场，而 $\alpha=mH/k_BT$ 与磁场成正比，则磁化强度 $\boldsymbol{M}=\boldsymbol{H}_W/\gamma$ 必定为 α 的线性函数，如图 6.1 中的线 2 所示。当两条曲线相交时，得到函数的物理解。因此，可以得出两个解：原点（该点对磁化强度的任一微小扰动都不稳定）和 $\boldsymbol{M}_{spont}$ 点，在 $\boldsymbol{M}_{spont}$ 点材料产生了自发磁化。

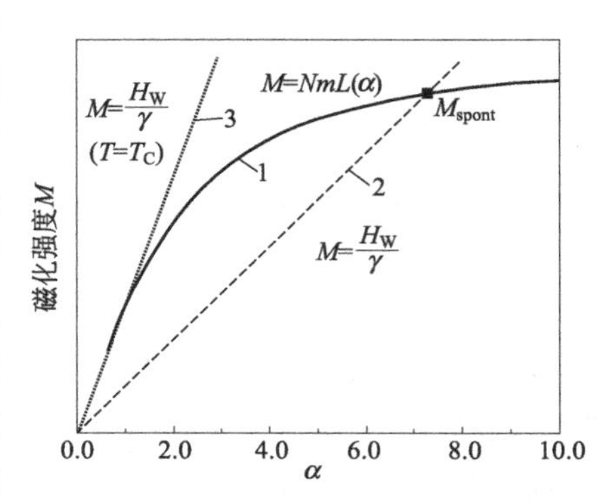

图 6.1 铁磁材料自发磁化的解释

6.1.2 温度对磁化强度的影响

利用函数的物理解，还可以得到自发磁化强度随温度的变化关系。如果再次假定 $\boldsymbol{H}=\boldsymbol{H}_W$，则有

$$\alpha=\frac{mH_W}{k_BT}=\frac{m\gamma M}{k_BT} \tag{6.3}$$

因此

$$\boldsymbol{M}=\frac{k_BT}{\boldsymbol{m}\gamma}\alpha \tag{6.4}$$

磁化强度是 α 的线性函数，其斜率与温度成正比。因此，当温度升高时，虚线的斜率增大。虚线与朗之万函数的交点所对应的自发磁化强度 M_{spont} 降低。

最终，当线 3 与 $\alpha=0$ 处朗之万函数的切线斜率相等时，自发磁化强度为零。该点的温度即为居里温度。在居里温度以上时，函数的唯一解都位于原点。这意味着材料的自发磁化强度消失。磁化强度在 $T=T_C$ 处平稳地降至零，这说明（图 6.2）铁磁到顺磁的转变为二级相变。

令朗之万函数所表示的磁化强度曲线在原点处的斜率（等于$\frac{1}{3}N\boldsymbol{m}$）与分子场所产生的

磁化强度直线的斜率相等，可以求出居里温度：

$$\frac{k_B T_C}{\boldsymbol{m}\gamma}=\frac{1}{3}N\boldsymbol{m} \tag{6.5}$$

因此

$$T_C=\frac{\gamma N m^2}{3k_B} \tag{6.6}$$

分子场常数越大，则居里温度越高。这与我们的直观判断相符：对于相互之间存在强交换作用的磁矩，需要较大的热能才能破坏这种磁有序结构，进而产生从铁磁相到顺磁相的转变。

相反，若已知居里温度的大小，则外斯分子场为：

$$\gamma=\frac{3k_B T_C}{Nm^2} \tag{6.7}$$

$$\boldsymbol{H}_W=\gamma\boldsymbol{M}=\gamma N\boldsymbol{m}=\frac{3k_B T_C}{\boldsymbol{m}} \tag{6.8}$$

（这与我们之前得到的近似表达式相似，只需将磁偶极子能量与热能等同即可。）

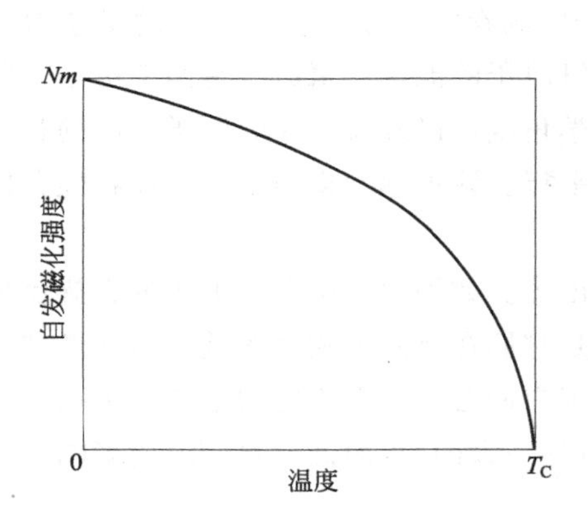

图 6.2　铁磁材料的自发磁化强度随温度的变化关系

（由经典朗之万理论计算得出）

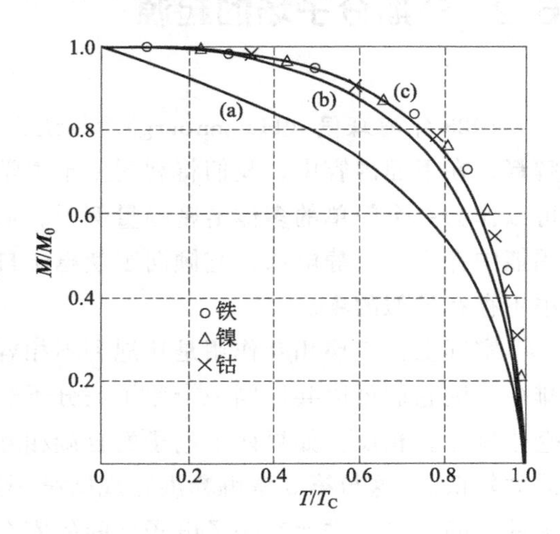

图 6.3　Fe、Co 和 Ni 的相对自发磁化强度随相对温度的变化关系

分别利用经典朗之万方程（a）、布里渊函数取 $J=1$（b）以及取 $J=\frac{1}{2}$（c）时，所计算出的 3 条曲线

摘自文献［24］，F. Tyler，Phil. Mag.，1931，11：596.

利用图像法得到铁磁材料的自发磁化强度随温度的变化曲线，如图 6.2 所示。该曲线很好地再现了实验结果。利用量子力学布里渊函数替代朗之万方程，并取适当的 J 值，可以获得更好的一致性。采用量子力学表达式，分子场常数为：

$$\gamma=\frac{3k_B T_C}{Nm_{eff}^2} \tag{6.9}$$

居里温度为：

$$T_C=\frac{\gamma Nm_{eff}^2}{3k_B} \tag{6.10}$$

式中，$m_{eff}=g\sqrt{J(J+1)}\mu_B$。将式（6.10）乘以 μ_0，可得到 SI 单位制中居里温度 T_C 的表达式。

图 6.3 将 Fe、Co 和 Ni 的相对自发磁化强度随相对温度变化的测量值，与经典朗之万理论的预测曲线以及布里渊函数取 $J=1$ 和 $J=\frac{1}{2}$时的预测曲线进行了比较。显然，外斯理论与实验结果符合得更好，尤其是 $J=\frac{1}{2}$时的量子力学表达式。

6.2 外斯分子场的起源

1928 年海森堡（Heisenberg）[25] 认为"分子场"的存在可以用多体问题的量子力学来解释。在下面内容中，我们将利用量子力学来计算氦原子的能量。氦原子有两个电子，因此可以作为一个简单的多体哈密顿量例子。从量子力学角度可以发现，相邻原子之间的相互作用能中存在一个静电项，它倾向于使电子自旋相互平行。该项称为交换积分，而在经典模型中不存在类似的项。

实际上，交换相互作用是从泡利不相容原理得出的。如果原子中两个电子的自旋反平行排列，则它们可以共用同一个原子或分子轨道。于是它们在空间上相互重叠，从而增加了库仑排斥力。相反，如果两个电子的自旋相互平行，则它们必须占据不同的轨道，因此库仑排斥力较低。（这与第 3 章解释洪特规则第一条的论点是一致的。）因此，自旋取向影响了波函数的空间分布，进而影响了电子之间的库仑作用。

我们对库仑排斥力的数量级做个大致的估算。假设电子间的平均距离约为 1Å，则库仑能为：

$$U=\frac{e^2}{4\pi\varepsilon_0 r}\approx\frac{(1.6\times10^{-19})^2}{(1.1\times10^{-10})\times(1\times10^{-10})}\mathrm{J}\approx2.3\times10^{-18}\mathrm{J} \tag{6.11}$$

其数值为习题 1.3（c）中所计算的磁偶极矩相互作用能的 $10^6\sim10^7$ 倍。因此，即便是电子分布仅产生了微小的改变，它对原子总能量的影响也是非常明显的。这也解释了为何有效分子场是如此的巨大。

6.2.1 He 原子的量子力学

氦原子处于激发态时，一个电子处于 1s 原子轨道，另一个电子处于 2s 轨道。如图 6.4 所示，两个电子分别为平行和反平行排列，下面分别计算氦原子在两种排布情况时的能量。（在示意图中不能采用基态 $1s^2$ 的电子排布进行说明，因为在基态时两个电子只能反平行排布。）电子的哈密顿量 H 是以下 3 项之和：每个电子与原子核的相互作用项，加上电子之间的相互作用项，即：

$$H=H_1+H_2+H_{12} \tag{6.12}$$

式中，H_1 和 H_2 由每个电子的动能加上相应电子和原子核之间的库仑能组成；H_{12} 为两个电子之间的库仑相互作用。其值分别为：

$$H_1=-\frac{\hbar^2}{2m_e}\nabla_1^2-\frac{Ze^2}{4\pi\varepsilon_0 r_1} \tag{6.13}$$

$$H_2=-\frac{\hbar^2}{2m_e}\nabla_2^2-\frac{Ze^2}{4\pi\varepsilon_0 r_2} \tag{6.14}$$

$$H_{12}=\frac{e^2}{4\pi\varepsilon_0 r_{12}} \tag{6.15}$$

式中，r_{12} 为电子间距；Z 为原子序数。

可以用量子力学微扰理论求解这个哈密顿量的薛定谔方程。（如果想要了解详细推导过程，可以参考 Atkins 著作中的讨论[6]。）然而，为了避免被量子力学困扰而失去本节的主线，这里根据泡利不相容原理，仅列出自旋平行和反平行排列情况下的波函数方程。在此需要采用泡利不相容原理的完整表述：根据两个电子之间的交换作用，一个系统的总电子波函数必须是反对称的。可以通过双电子原子的例子来简单地论证为何如此。一方面，如果两个电子占据相同分子轨道，则将它们相互交换应该对波函数的空间部分没有影响。另一方面，为了占据相同分子轨道，电子自旋必须相反。因此，电子的交换会改变自旋部分的符号。总的波函数为自旋和空间部分的乘积，而该乘积总是具有相反的符号。

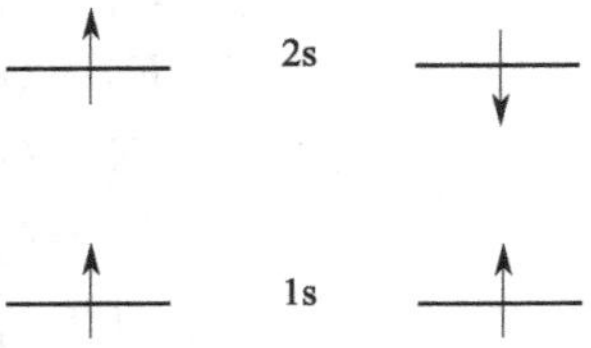

2s
1s
平行　　反平行

图 6.4　He 原子第一激发态中电子自旋的平行与反平行排列

任何自旋坐标交换的反对称态（即自旋反平行）对于空间坐标的交换总是反对称的。满足空间对称性准则的氦原子的波函数具有下述形式：

$$\Psi(\boldsymbol{r}_1,\boldsymbol{r}_2)=\frac{1}{\sqrt{2}}[\phi_{1s}(\boldsymbol{r}_1)\phi_{2s}(\boldsymbol{r}_2)+\phi_{2s}(\boldsymbol{r}_1)\phi_{1s}(\boldsymbol{r}_2)] \tag{6.16}$$

式中，ϕ_{1s} 和 ϕ_{2s} 分别为 1s 和 2s 原子轨道，$\boldsymbol{r}_1$ 和 $\boldsymbol{r}_2$ 分别为电子 1 和电子 2 的位置。（式中 $1/\sqrt{2}$ 是为了将函数归一化。）类似地，自旋坐标交换的对称态（即自旋平行）对于空间坐标交换必须是反对称的。满足该准则的波函数具有如下形式：

$$\Psi(\boldsymbol{r}_1,\boldsymbol{r}_2)=\frac{1}{\sqrt{2}}[\phi_{1s}(\boldsymbol{r}_1)\phi_{2s}(\boldsymbol{r}_2)-\phi_{2s}(\boldsymbol{r}_1)\phi_{1s}(\boldsymbol{r}_2)] \tag{6.17}$$

（如果系统地研究了量子力学，事实上可以找到三个具有空间对称和一个具有空间反对称的波函数的简并解。）

下面根据式（6.12）中的哈密顿量计算各种态的能量。采用狄拉克符号（Dirac bra-ket notation），总能量为：

$$\begin{aligned} E&=\langle\Psi(\boldsymbol{r}_1,\boldsymbol{r}_2)|H|\Psi(\boldsymbol{r}_1,\boldsymbol{r}_2)\rangle \\ &=\frac{1}{2}\langle[\phi_{1s}(\boldsymbol{r}_1)\phi_{2s}(\boldsymbol{r}_2)\pm\phi_{2s}(\boldsymbol{r}_1)\phi_{1s}(\boldsymbol{r}_2)] \end{aligned}$$

$$
\begin{aligned}
&|(H_1+H_2+H_{12})|[\phi_{1s}(\boldsymbol{r}_1)\phi_{2s}(\boldsymbol{r}_2)\pm\phi_{2s}(\boldsymbol{r}_1)\phi_{1s}(\boldsymbol{r}_2)]\rangle \\
=&\frac{1}{2}[\langle\phi_{1s}(\boldsymbol{r}_1)|H_1|\phi_{1s}(\boldsymbol{r}_1)\rangle+\langle\phi_{2s}(\boldsymbol{r}_1)|H_1|\phi_{2s}(\boldsymbol{r}_1)\rangle+ \\
&\langle\phi_{1s}(\boldsymbol{r}_2)|H_2|\phi_{1s}(\boldsymbol{r}_2)\rangle+\langle\phi_{2s}(\boldsymbol{r}_2)|H_2|\phi_{2s}(\boldsymbol{r}_2)\rangle+ \\
&\langle\phi_{1s}(\boldsymbol{r}_1)\phi_{2s}(\boldsymbol{r}_2)|H_{12}|\phi_{1s}(\boldsymbol{r}_1)\phi_{2s}(\boldsymbol{r}_2)\rangle+ \\
&\langle\phi_{2s}(\boldsymbol{r}_1)\phi_{1s}(\boldsymbol{r}_2)|H_{12}|\phi_{2s}(\boldsymbol{r}_1)\phi_{1s}(\boldsymbol{r}_2)\rangle\pm \\
&\langle\phi_{1s}(\boldsymbol{r}_1)\phi_{2s}(\boldsymbol{r}_2)|H_{12}|\phi_{2s}(\boldsymbol{r}_1)\phi_{1s}(\boldsymbol{r}_2)\rangle\pm \\
&\langle\phi_{2s}(\boldsymbol{r}_1)\phi_{1s}(\boldsymbol{r}_2)|H_{12}|\phi_{1s}(\boldsymbol{r}_1)\phi_{2s}(\boldsymbol{r}_2)\rangle] \\
=&E_1+E_2+K\pm J
\end{aligned}
\tag{6.18}
$$

式中，积分采用传统符号表示。“+”号对应反平行自旋，“−”号对应平行自旋。可以发现，当 J 为正时，平行取向自旋的能量比反平行取向自旋少 $2J$。因此，J 为正值时，自旋倾向于平行排列，这正对应铁磁性有序排列。有：

$$E_1=\langle\phi_{1s}(\boldsymbol{r}_1)|H_1|\phi_{1s}(\boldsymbol{r}_1)\rangle=\langle\phi_{1s}(\boldsymbol{r}_2)|H_2|\phi_{1s}(\boldsymbol{r}_2)\rangle \tag{6.19}$$

$$E_2=\langle\phi_{2s}(\boldsymbol{r}_1)|H_1|\phi_{2s}(\boldsymbol{r}_1)\rangle=\langle\phi_{2s}(\boldsymbol{r}_2)|H_2|\phi_{2s}(\boldsymbol{r}_2)\rangle \tag{6.20}$$

$$
\begin{aligned}
K&=\langle\phi_{1s}(\boldsymbol{r}_1)\phi_{2s}(\boldsymbol{r}_2)|H_{12}|\phi_{1s}(\boldsymbol{r}_1)\phi_{2s}(\boldsymbol{r}_2)\rangle \\
&=\langle\phi_{2s}(\boldsymbol{r}_1)\phi_{1s}(\boldsymbol{r}_2)|H_{12}|\phi_{2s}(\boldsymbol{r}_1)\phi_{1s}(\boldsymbol{r}_2)\rangle
\end{aligned}
\tag{6.21}
$$

$$
\begin{aligned}
J&=\langle\phi_{1s}(\boldsymbol{r}_1)\phi_{2s}(\boldsymbol{r}_2)|H_{12}|\phi_{2s}(\boldsymbol{r}_1)\phi_{1s}(\boldsymbol{r}_2)\rangle \\
&=\langle\phi_{2s}(\boldsymbol{r}_1)\phi_{1s}(\boldsymbol{r}_2)|H_{12}|\phi_{1s}(\boldsymbol{r}_1)\phi_{2s}(\boldsymbol{r}_2)\rangle
\end{aligned}
\tag{6.22}
$$

式中，E_1 和 E_2 分别代表 1s 和 2s 轨道在氦原子核磁场中的能量；K 是电子密度 ϕ_{1s}^2 和 ϕ_{2s}^2 之间的库仑相互作用能；J 是交换相互作用能，它在经典模型中没有对应的项。

6.3 铁磁性集体电子理论

外斯分子场理论结合朗之万定域矩理论，对铁磁性材料的许多性质作了很好的描述。自发磁化强度随温度的变化与实验结果符合得很好，铁磁相到顺磁相的转变也得到了很好的解释。然而，定域矩理论在一个重要方面存在局限：它无法解释某些铁磁性材料（尤其是铁磁性金属）中原子磁矩的测量结果。理论和实验之间存在两个显著偏差。首先，根据外斯理论，在铁磁相和顺磁相中原子或离子的磁偶极矩应该相等，然而实际上并非如此。其次，在定域矩理论中，原子或离子的磁偶极矩应为整数，但实验中并未观察到这种情况。为了解释这些现象，需要用到 5.4 节提到的能带理论或集体电子理论。

铁磁性金属中产生磁性的机制，本质是原子中交换能（这里引出了洪特规则）以及前文讨论的分子场。如果所有电子都有相同的自旋，此时交换能最小。电子从低能带（每个能带中分别有一个自旋向上和向下的电子）至高能带时会导致能量增加，这又阻碍了自旋的同向排布。因此，这种能量的增加抑制了简单金属产生铁磁性。

在铁磁过渡金属元素 Fe、Ni 和 Co 中，费米能级位于 3d 和 4s 能带的重叠区域，如图 6.5 所示。假设在第一行过渡元素中 3d 和 4s 能带的结构没有明显的变化，那么任何电子结构的差异都是由费米能的变化引起的。这种近似称为刚性能带模型，并且详细的能带结构计算结果表明该近似是完全合理的。

由于4s和3d能带重叠，价电子只占据部分能带。例如：每个Ni原子具有10个价电子，其中9.46个占据3d能带，0.54个占据4s能带。4s能带较宽，在费米能级处态密度较低。因此，若4s电子跃迁至空位，其自旋将发生反转，需要一定能量。此外，交换能会降低，获得部分能量，但自旋反转所需的能量要大于交换能降低所获得的能量。相反，3d能带较窄，在费米能级处态密度较高。费米能级附近大量的电子减少了自旋反转所需的能量，且交换效应占据主导。如果觉得态密度还不够直观，请进一步参考图6.6。图中，态密度不再是连续值，而是近似为一系列离散的能级。每个原子的s能带[图6.6(a)]仅有1个能级，且能带非常宽。因此，能级间距较大，电子跃迁至相邻能级所需的能量很大。相反，每个原子的d能带[图6.6(b)]有5个能级，且能带非常窄。因此，能级较为接近，则电子跃迁所需的能量非常小。

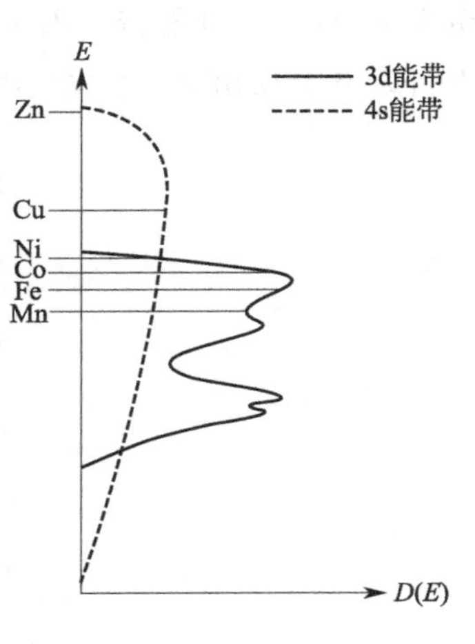

图6.5 过渡金属中3d和4s电子态密度示意图

图中给出了Zn、Cu、Ni、Co、Fe和Mn元素费米能级的位置

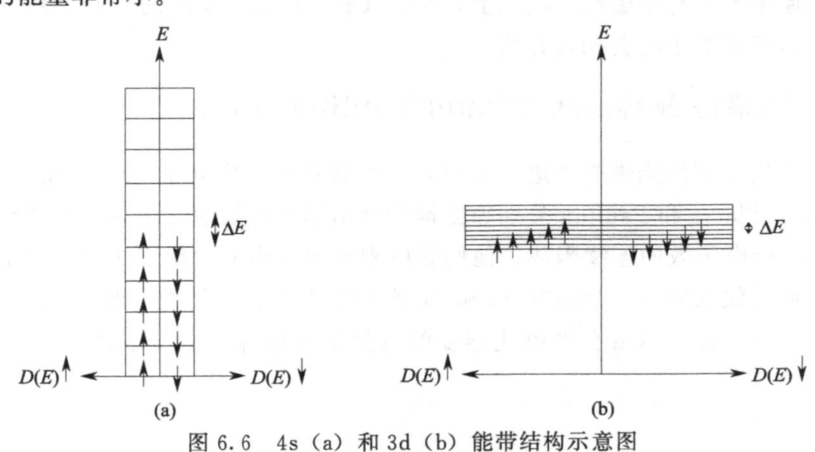

图6.6 4s(a)和3d(b)能带结构示意图

能带由一系列离散的能级构成，而非连续的态密度

将同一自旋方向电子3d能带的能量相对于反向自旋电子的能带进行平移，这有助于构建出交换相互作用的物理图像。位移量的大小与波矢量无关，它给出了单向自旋能带中的电子能态相对于反向自旋电子能态的刚性位移。如果费米能级位于3d能带，则该位移会导致更多的电子处于低能量自旋方向，从而产生一个基态的自发磁矩。所得到的能带结构类似于外磁场中泡利顺磁体的能带结构。区别在于，在这种情况下，交换相互作用导致了能量的变化，且不需要外磁场来诱导磁化。

图6.7给出了相应物理图像中4s和3d能带的态密度。4s能带的交换分裂是可以忽略的，而3d能带是非常明显的。例如，在Ni中交换相互作用位移非常强，以至于一个3d亚能带被5个电子完全填充，而0.54个空位全部处于另一个亚能带中。因此，Ni的饱和磁化强度为$\boldsymbol{M}_S=0.54N\mu_B$，其中，$N$是单位体积中Ni原子的数量。现在我们可以理解为何过渡金属的磁矩不为整数。该模型同样可以解释为何后续过渡金属Cu和Zn不具有铁磁性。在Cu原子中，

费米能级高于 3d 能带。因为两个 3d 亚能带都被填满，而 4s 能带没有交换分裂，所以上、下自旋电子数相等。在 Zn 原子中，3d 和 4s 能带都被完全填充，因此对磁矩没有贡献。

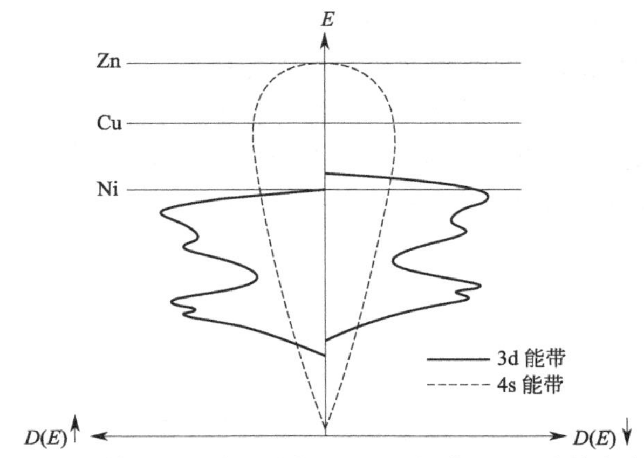

图 6.7 具有交换相互作用的过渡金属中 3d 和 4s 能带上、下自旋态密度分布示意图

对于 Mn、Cr 等轻过渡族元素，交换相互作用较弱，能带能量较大，因此上、下自旋能量保持平衡，原子不具有铁磁性。实际上，Mn、Cr 具有较为复杂的自旋排列，其本质上为反铁磁性。在后续章节中将会深入介绍。

6.3.1 斯莱特-鲍林曲线（Slater-Pauling curve）

集体电子理论和刚性能带模型进一步得到了著名的斯莱特-鲍林曲线的证实[26,27]。在 20 世纪 30 年代末，Slater 和 Pauling 分别独立地计算出第一行过渡元素的饱和磁化强度为单个原子中 3d 和 4s 价电子数的连续函数。他们利用刚性能带模型发现，从 Cr 到 Fe 饱和磁化强度线性增大，而后线性降低，最后在 Ni 和 Cu 之间变为零。他们进一步将 Fe、Co、Ni 铁磁元素及 Fe-Co、Co-Ni、Ni-Cu 合金磁化强度的测量值与计算值进行了比较。图 6.8 给出了

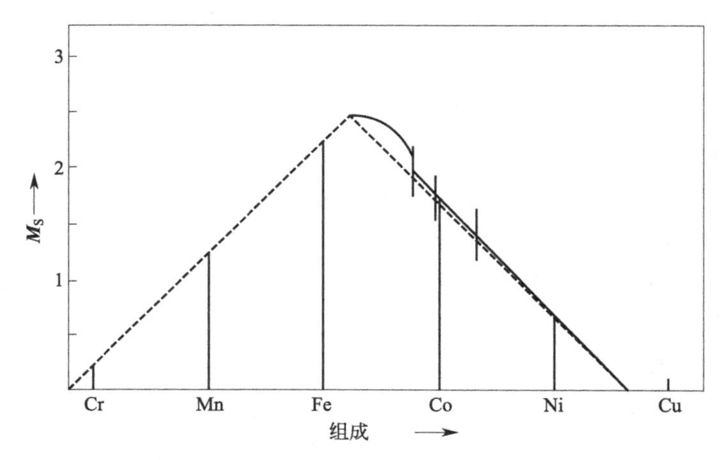

图 6.8 Fe-Co、Co-Ni 和 Ni-Cu 合金中单个原子饱和磁矩的实测值（实线）和理论预测值（虚线）的对比
短的垂直线表示晶体结构的变化，Cr、Mn 及其合金不显示铁磁性
摘自文献[27]，版权所有：1938 年美国物理学会，经许可转载

Pauling 论文中的研究成果。结果发现，测量值与理论值吻合得很好。虽然只有三种纯铁磁性金属，但许多过渡金属合金为铁磁性，且其饱和磁化强度与价电子数呈一定的线性关系。

6.4 小结

在本章（及第 5 章）中，介绍了两种基本磁性理论，并采用两种理论解释相关磁学现象。在定域矩理论中，价电子被原子约束在原子内部，无法在晶格中移动，在原子内产生了磁矩。定域矩理论阐述了铁磁相的自发磁化强度随温度的变化关系，并解释了高于居里温度时的居里-外斯定律。在集体电子理论或能带理论中，产生磁效应的电子脱离了原子的束缚，可以在晶格中移动。能带理论解释了在铁磁金属中所观察到的原子磁矩为非整数值的现象。

尽管每种理论模型都适用于一些材料，但毫无疑问"在实际应用中"两种模型并非都是完全正确的。例如，在稀土元素及其合金中，磁性来源于被紧紧束缚的核心 f 电子，因此适用于定域矩模型。在 Ni_3Al 等材料中，电子是高度巡游的，因此能带理论可以给出精确的结果。过渡金属既表现出局域电子的某些特征，也表现出巡游电子的某些特征。诸如钕铁硼等永磁体难以用某种理论来描述，因为它们同时具有过渡金属和稀土元素的特性。

目前，计算固体磁性最为成功的方法是密度泛函理论（DFT）。DFT 是一种从源头算的多体理论，它包含了（原则上）所有电子之间的所有相互作用。对电子是局域化或是巡游态，不做任何假设。电子只是选择能使系统总能量最低的排布方式。但是，DFT 的计算量庞大，又很困难，尤其是电子之间相互作用能的交换和关联部分的准确形式尚不清楚。例如，直到最近才刚有可能获得正确的铁原子体心立方铁磁基态[28]。（早期研究认为，它应该是非磁性的面心立方结构。）在 2006 年 9 月的 *Bulletin of the Materials Research Society* 中，对密度泛函理论计算磁性材料的相关性质做了精彩的综述。

习题

6.1　镍的居里温度 $T_C=628.3K$，原子磁矩为 $0.6\mu_B$。试利用外斯理论计算分子场。

6.2　在习题 1.3 中，计算了半径为 1Å 的圆形轨道上的电子在距圆心 3Å 位置处所产生的磁场强度。对于过渡金属晶体中的单个原子来说，计算结果为典型值。

(a) 该磁场对应的居里温度是多少？

(b) 同样，在习题 1.3 中已经计算出了电子的磁偶极矩。计算所得的磁矩在外磁场中（例如 50Oe）将受到多大程度的影响？（利用公式 $E=-\boldsymbol{m}\cdot\boldsymbol{H}$，试比较计算结果与室温时的热能 k_BT。）

6.3　复习题

(a) 利用安培环路定理或者毕奥-萨伐尔定律，估算单个 Ni 原子中的价电子在与 Ni 固

体中 Ni-Ni 原子间距相当的位置处所产生的磁场的数量级。(假定磁场由绕原子核运动的未成对电子形成的电流所产生)

(b) 用洪特规则来确定电子结构为 $(4s)^2$ $(3d)^8$ 的孤立 Ni 原子的 S、L 和 J 的值。Ni 原子沿磁场轴方向的磁矩允许值是多少?

(c) 用 (a) 和 (b) 的答案来估算,平行排列和反平行排列 Ni 原子之间磁偶极子能量的差异。

(d) 已知 Ni 的居里温度为 358℃,那么 (c) 中计算所得的磁偶极子能量与 Ni 原子之间铁磁耦合的实际强度相比如何?

(e) 简要解释一下 Ni 中铁磁耦合的真正起源是什么?

(f) 金属镍中磁偶极矩的实际值为 $0.54\mu_B$。为什么该值与电子数的整数倍不对应?(可采用图表的形式来解释)

延伸阅读

B. D. Cullity and C. D. Graham. *Introduction to Magnetic Materials*, 2nd edn. John Wiley and Sons, 2009, chapter 4.

MRS Bulletin, Volume 31, September 2006.

第7章
磁畴

O care! O guilt! -O vales and plains,
Here, ' mid his own unvexed domains,
A Genius dwells...
William Wordsworth, "The Pass
of Kirkstone," *The Complete*

Poetical Works, 1888

磁畴是铁磁材料中磁偶极子相互平行排列的微小区域。在退磁状态下，铁磁材料中不同磁畴内的磁化矢量具有不同的取向，因此宏观磁化强度趋近于零。磁化过程使所有磁畴平行取向。本章将解释材料中为什么会有磁畴，描述磁畴及其边界的结构，并讨论它们如何影响材料的性能。本章首先讨论几个实验，在这些实验中通过简易的设备就可以对磁畴进行直接观测。

7.1 磁畴观测

磁畴通常比较小，无法用肉眼直接看到。有一些比较简单的方法可以观测到磁畴。1931年弗兰西斯·拜特（Francis Bitter）率先提出了一种磁畴观测方法[29]。在该方法中，样品表面覆盖着一种由细小的 Fe_3O_4 磁性胶粒组成的水溶液。在磁畴边界与样品表面的交界处，磁铁矿粒子呈条带状沉积。用显微镜可以看到磁畴的轮廓。图 7.1 摘自 Bitter 1931 年的研究成果，图中浅色线条为放大 16 倍后的镍晶体上的磁铁矿沉积物。

正如本章后面将要讨论的，在磁畴边界处，磁偶极矩的取向发生变化，并且在样品表面形成磁极。在磁极处形成了磁场，该磁场会吸引细小的磁粉。因此需要注意的是，Bitter 方法实际上观测到的是磁畴边界，而非磁畴本身。该技术还可用于观察畴壁运动，因为磁铁矿粒子会随着畴壁与表面的交线移动。当然，首先必须仔细地清洗、抛光样品，以防止磁铁矿颗粒卡在裂缝或杂质周围。

我们也可以利用偏振光来观察磁畴。根据磁光效应（将在第16章详细讨论），当偏振光穿过磁性材料或在材料表面反射时，其偏振面会发生旋转。旋转方向取决于材料的磁化方向。因此，样品中磁化方向相反的区域会使偏振光沿反方向旋转。该方法于20世纪50年代初首次使用[30]。图7.2展示了该技术早期应用于退磁硅钢中的磁畴[31]。

需要注意的是，Bitter技术和磁光技术都对样品表面的磁畴结构非常敏感。表面磁畴结构取决于样品表面磁通闭合的局部状况，并且可能比贯穿整个样品的基本磁畴结构更加复杂。

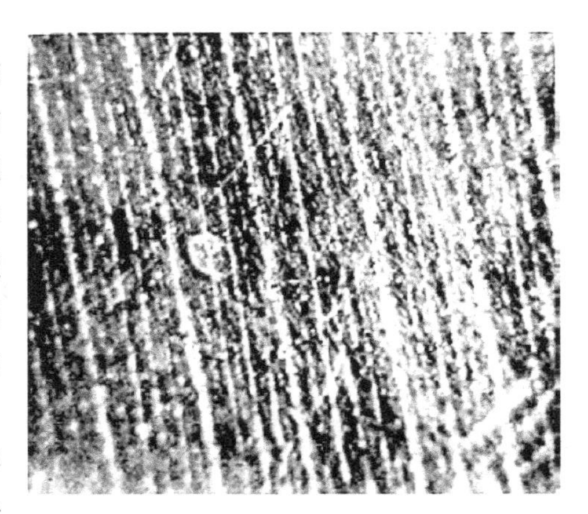

图7.1 镍晶体上的磁铁矿沉积物（浅色线条）
视场宽度3.125mm；摘自文献[29]，版权所有：1931年美国物理学会，经许可转载

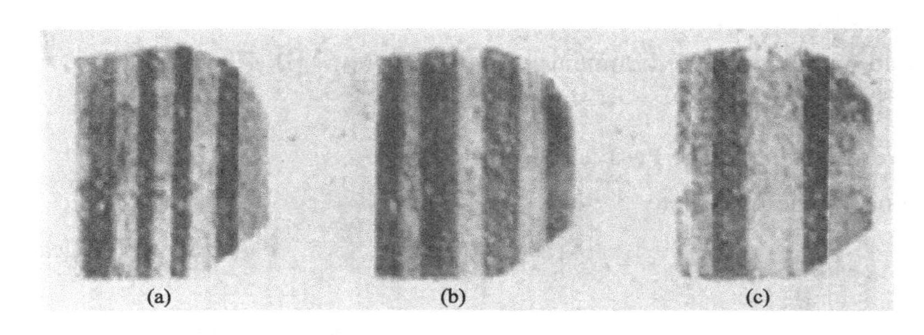

图7.2 退磁硅钢样品中的三种不同磁畴结构
每个样品的宽度约为10mm。样品分别在振幅逐渐衰减的交变磁场中退磁，退磁过程的持续时间从（a）到（c）逐步减少
摘自文献[31]，版权所有：1954年美国物理学会，经许可转载

7.2 磁畴起源

我们已经知道，量子力学产生了一种交换能，该交换能使电子的自旋及其磁偶极矩相互平行，为平行排列提供了强大的驱动力。因此，由此推测铁磁材料应该由单个磁畴组成，且在磁畴中所有磁偶极子同向排列。

虽然单个磁畴确实会最大限度地降低总能量中交换作用的贡献，但磁体的总磁能中还包括许多其他能量。磁畴的形成会使铁磁材料的总磁能降到最低，但交换能仅为总磁能中的一部分。除交换能外，总磁能还包括静磁能、磁晶各向异性能和磁致伸缩能。静磁能是磁畴形成的主要驱动力；磁晶各向异性能和磁致伸缩能影响着磁畴的形状和尺寸。接下来，我们将依次讨论这几种能量，并阐述它们如何影响铁磁材料中磁畴的形成和结构。

7.2.1 静磁能

含有单一磁畴的、磁化后的长方体铁磁材料具有宏观磁化。磁化使该长方体像磁铁一样，在其周围存在磁场。图 7.3(a)为长方形磁体及其周围的磁场分布。从图中可以明显地看出，磁体周围的磁场与自身的磁化方向相反，并对磁体进行反向磁化。因此，该磁场被称为退磁场，用符号 $\boldsymbol{H}_{\mathrm{d}}$ 表示。在第 11 章讨论形状各向异性时，我们将再次讨论退磁场。

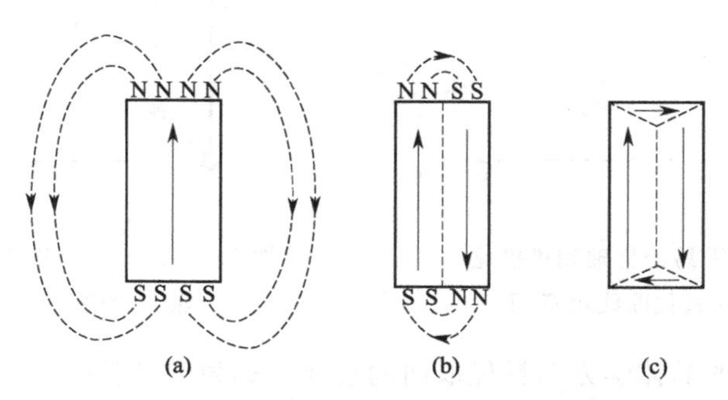

图 7.3　通过铁磁体中磁畴的形成来降低静磁能

退磁场产生了静磁能，该能量取决于样品的形状。正是这种静磁能使磁体能够做功，例如克服重力作用提升另一个磁体。可通过减小外部退磁场来降低静磁能，其中一种方法就是将磁体分割成若干个磁畴，如图 7.3(b)所示。此时静磁能降低，因而磁体能够做的功更少，且（相反地）存储的静磁能更少。当然，位于磁畴之间的边界处的磁矩不再平行取向，因而磁畴的形成使磁体的交换能增加。

为了将静磁能降至零，需要一种磁畴结构，该结构在磁体表面不产生磁极。图 7.3(c)给出了静磁能为零的一种磁畴结构。我们需要了解一些磁晶各向异性能和磁致伸缩能的基本知识，再来判断这种磁畴结构是否有可能存在。

7.2.2 磁晶各向异性能

铁磁晶体的磁化强度倾向于沿着某些特定的晶体学方向择优取向。这些择优方向称为易磁化轴，因为若沿择优方向施加外磁场，则最容易将退磁样品磁化至饱和。图 7.4 为铁磁单晶的磁化曲线示意图，磁场分别沿易磁化轴和难磁化轴方向施加。在这两种情况下都获得了相同的饱和磁化强度，但沿难磁化轴方向达到饱和磁化所需的外加磁场要比沿易磁化轴方向大很多。

不同材料具有不同的易磁化轴。在体心立方（bcc）铁中，易磁化轴为＜100＞方向（立方体棱边）。当然，由于 bcc 铁是立方晶体，所有六个立方体棱边方向（＜100＞、＜010＞、＜001＞、＜$\bar{1}00$＞、＜$0\bar{1}0$＞和＜$00\bar{1}$＞）实际上都是等价的易磁化轴。体对角线是难磁化轴，而其他方向，例如面对角线，则为中间轴。图 7.5 给出了体心立方铁的单胞，其中标记出了易磁化轴、难磁化轴和中间轴。

相比之下，面心立方（fcc）镍的易磁化轴为＜111＞对角线，而密排六方（hcp）钴的易磁化轴为＜0001＞方向。

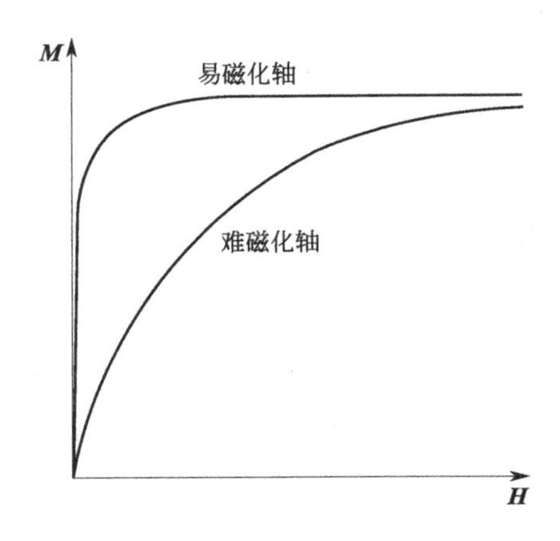

图 7.4 磁场分别沿易磁化轴和难磁化轴取向时磁体的磁化曲线示意图

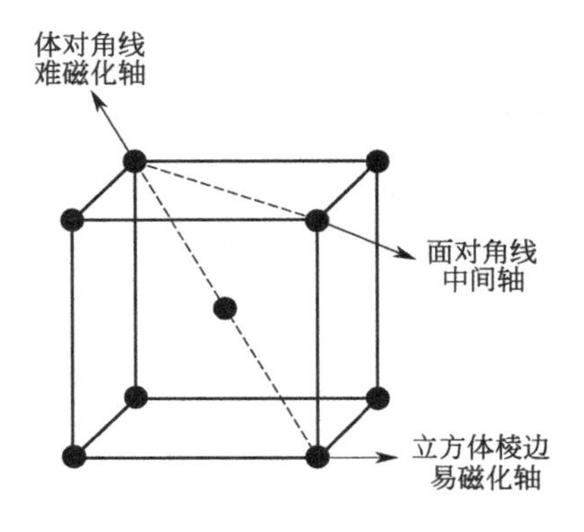

图 7.5 体心立方铁单胞中磁化的易磁化轴、难磁化轴和中间轴方向

磁化强度沿特定的晶体学方向择优取向的现象，称为磁晶各向异性。晶体沿难磁化轴方向磁化时的能量高于沿易磁化轴方向，沿易磁化轴和沿难磁化轴磁化的样品之间单位体积的能量差称为磁晶各向异性能。实际上，图 7.4 中难磁化曲线和易磁化曲线所围的面积即为该材料磁晶各向异性能。在第 11 章中将详细讨论磁晶各向异性，包括它的物理起源、测量方法及其用途。目前，我们感兴趣的是它如何影响磁畴的结构。

为了使磁晶各向异性能最小化，形成磁畴，且磁畴的磁化强度指向晶体学易磁化方向，图 7.3 中的“垂直”轴应对应体心立方铁的棱边。考虑到立方体的对称性，水平方向同样也是体心立方铁的易磁化轴。因此，图 7.3(c)所示的磁畴结构具有较低的磁晶各向异性能。

图 7.3(c)中晶体顶部和底部的水平磁畴称为“闭合畴”。当材料的易磁化轴相互垂直时，闭合畴很容易形成。在这类材料中，这种磁畴结构是非常容易形成的，因为它消除了退磁场，从而在不增加磁晶各向异性能的情况下消除了静磁能。但是，这却引入了一种额外的能量，即磁致伸缩能。我们稍后进行讨论。

还有一点需要注意的是，磁晶各向异性能显著影响磁畴边界的结构。在磁畴之间的区域，磁化方向发生变化，因此无法沿易磁化轴方向排列。因此，与交换能类似，磁晶各向异性能在边界较少的大磁畴中更低。

7.2.3 磁致伸缩能

当铁磁材料被磁化时，其长度会发生变化，称为磁致伸缩。有些材料，如铁，沿磁化方向伸长，称其具有正磁致伸缩。其他材料，如镍，沿磁化方向收缩，故具有负磁致伸缩。对于大多数材料而言，长度的变化非常小（百万分之几十），但足以影响磁畴结构。

在体心立方铁中，磁致伸缩使闭合三角磁畴倾向于水平伸长，而较长的垂直磁畴倾向于垂直伸长，如图 7.6 所示。显然，水平磁畴和垂直磁畴无法同时伸长。在总能量中引入弹性应变能项，其与闭合畴的体积成正比，并可通过减小闭合畴的尺寸使其降低，这反过来又需要更小的主畴。当然，磁畴变小会引入更多的畴壁，相应地增加了交换能和静磁能。通过图

7.7 所示的磁畴结构，可以降低总能量。

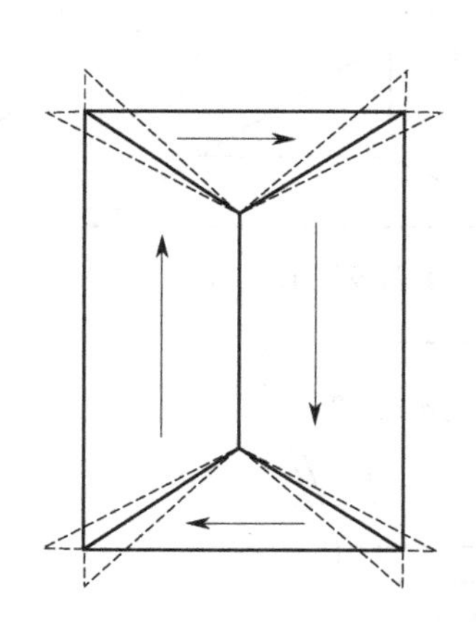

图 7.6 体心立方铁中闭合三角磁畴的磁致伸缩

虚线表示在相邻磁畴不存在的情况下，相应磁畴变形后的形状；磁畴被强制约束在一起（实线）会使能量增加

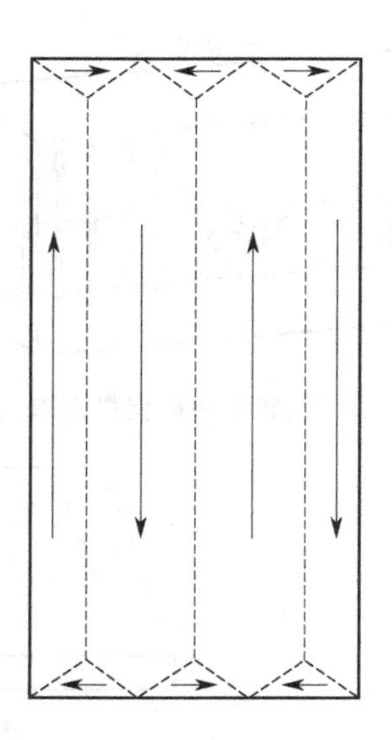

图 7.7 一种将交换能、静磁能、磁晶各向异性能及畴壁能之和降至最低的磁畴结构

7.3 畴壁

在块体铁磁材料中，相邻磁畴之间的边界称为畴壁或布洛赫壁。畴壁厚度约为百万分之四英寸（约为 10μm)，在畴壁尺寸范围内，磁化方向通常会发生 180°或 90°的改变。

畴壁厚度又取决于各种能量之间的竞争平衡。如果相邻磁矩相互平行或接近平行，则交换能最低。这有利于形成宽畴壁，这样相邻原子面之间的磁矩夹角可以降至尽可能小。然而，如果磁矩方向与易磁化轴非常接近，则磁晶各向异性能最低。这有利于在磁畴之间形成快速过渡的窄畴壁，这样过渡区内磁晶各向异性强的磁矩就很少。在实际中，畴壁结构介于这两种情况之间，以使畴壁的总能量最低。

能量最低的畴壁类型是那些不会在材料中产生磁极，从而不会引入退磁场的畴壁。其中一种能量最低的畴壁类型是扭转壁，如图 7.8 所示的 180°畴壁。在这里，磁化强度在整个畴壁中始终平行于磁畴边界❶，因而没有产生磁极或退磁场。图 7.9 所示的 90°倾斜畴壁也是稳定的。磁矩以一定的方式旋转通过畴壁，在旋转过程中磁矩与畴壁法线和表面始终都呈 45°角。

存在于薄膜磁性材料中的另一种畴壁，称为奈尔壁。在奈尔壁中，自旋沿着薄膜表面的法向轴旋转，而不是沿着畴壁的法线旋转。奈尔壁中的自旋旋转如图 7.10 中的平面示意图所示。薄膜中奈尔壁是能量最低的，因为自由磁极形成于畴壁表面而非薄膜表面，因而降低

❶ 原文错误地写为“垂直”，应为“平行”，已订正。——译者注

了静磁能。

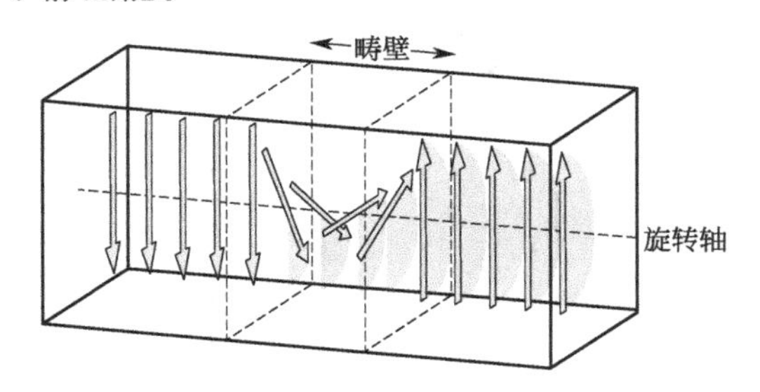

图 7.8　180°扭转壁中磁偶极矩取向的变化

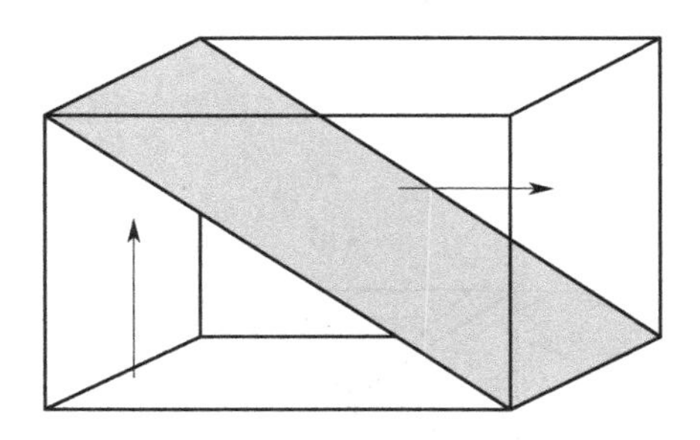

图 7.9　磁偶极矩取向沿 90°倾斜畴壁的变化

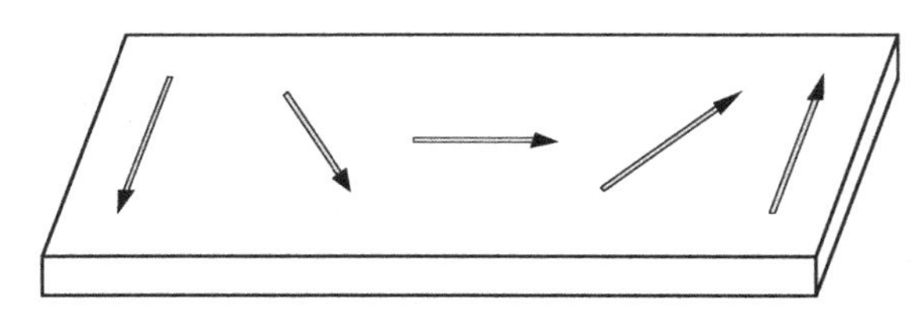

图 7.10　奈尔壁中的自旋旋转

7.4　磁化和磁滞

既然我们已经对磁畴的起源和结构有了一些了解，下面就来看看它们是如何影响铁磁材料的磁化曲线和磁滞回线的。图 7.11 给出了铁磁材料的磁化曲线以及各磁化阶段磁畴结构的示意图。外加磁场与铁磁材料的易磁化轴（图中的水平方向）稍有偏离。在初始退磁状态，磁畴的排列方式使材料的平均磁化强度为零。当施加外磁场时，磁化强度最接近磁场方向的磁畴首先开始生长，同时其他磁化方向的磁畴开始消失。磁畴的生长是由畴壁运动引起的。初始时畴壁运动是可逆的。如果在可逆阶段移除磁场，磁化会沿着原路径返回，并恢复退磁状态。在磁化曲线的这个区域，样品没有磁滞现象。

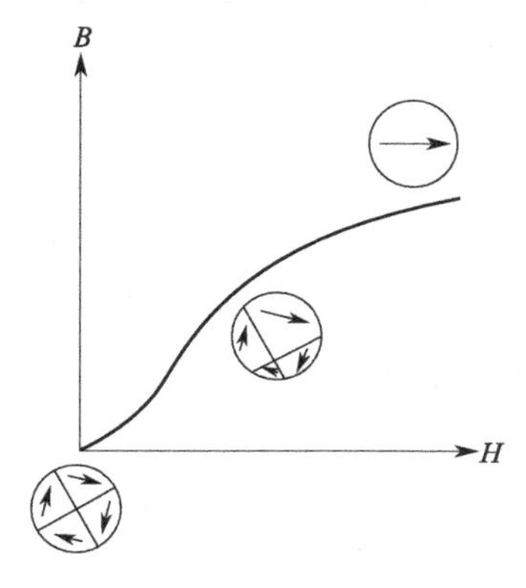

图 7.11　铁磁材料磁化曲线及磁化过程中磁畴结构的变化

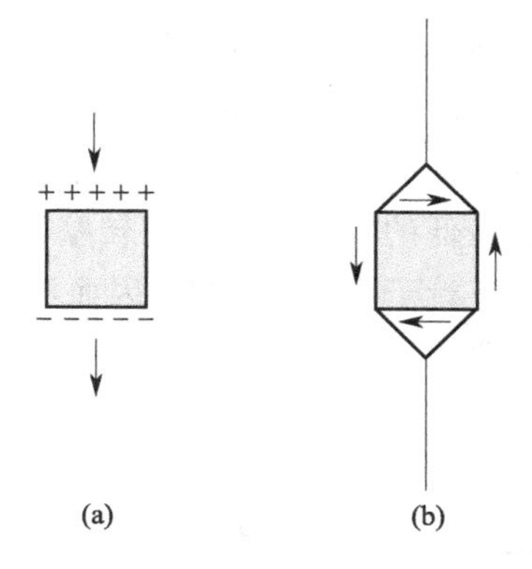

图 7.12　完全封闭在磁畴内的缺陷或空位周围的静磁能（a）和若畴壁与缺陷相交形成闭合畴，则可消除静磁能（b）

一段时间后，移动的畴壁会遇到晶体中的障碍，如缺陷或位错。晶体中的缺陷具有一定的静磁能。然而，当磁畴边界与缺陷相交时，这个静磁能会消失，如图 7.12 所示。磁畴边界与缺陷相交之处为局部能量最小值。因此，磁畴边界倾向于停留在缺陷处，需要一定的能量才能使其越过缺陷。该能量由外磁场提供。图 7.13 给出了含有缺陷的晶体中布洛赫壁能量随位置的典型变化关系。

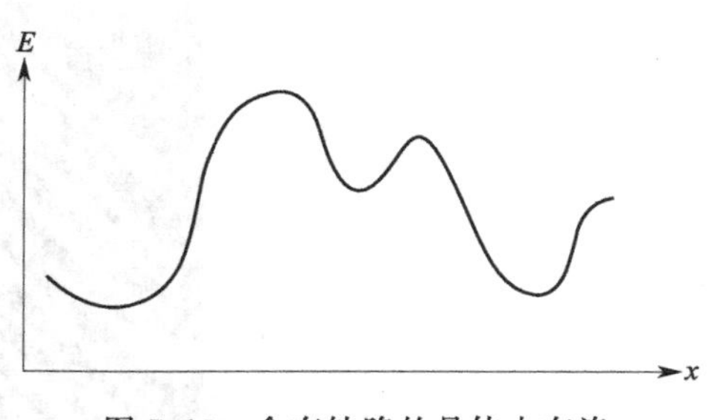

图 7.13　含有缺陷的晶体中布洛赫壁能量随位置的变化关系
当畴壁与缺陷或空位相交时，出现能量最低值

图 7.14 给出了磁畴边界通过缺陷的运动示意图。当边界由于外加磁场的变化而移动时，闭合磁畴紧附着于缺陷形成尖峰畴，当边界受迫向前移动时，磁畴继续拉伸。最终，尖峰畴裂开，边界可以重新自由移动。尖峰畴挣脱缺陷所需的磁场对应于材料的矫顽力。图 7.15 给出了采用粉纹法观测到的硅钢单晶中尖峰畴的照片[32]。

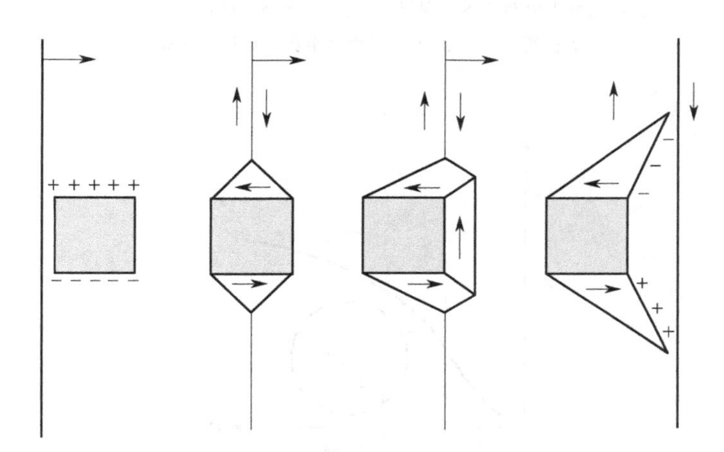

图 7.14　当磁畴边界通过缺陷时尖峰畴的形成过程

当尖峰畴脱离磁畴边界，边界处的不连续跳跃会引起磁通量的急剧变化。在试样周围缠绕线圈并将其连接至放大器和扬声器，可以检测磁通量的变化。即便磁场非常平稳地增加，依然可以听到扬声器中发出的噼啪声。这种现象被称为巴克豪森（Barkhausen）效应。它最早于 1919 年被观测到[33]，并为磁畴的存在提供了首个实验上的证据。图 7.16 为磁化曲线的局部放大示意图，显示了巴克豪森效应造成的磁化强度急剧变化。

最终，磁场增大到可以将所有的畴壁从样品中消除，仅剩下单一磁畴，其磁化强度沿样品最靠近外磁场的易磁化轴取向。只有将磁偶极子由易磁化轴旋转至外磁场方向，才能使磁化强度进一步增加。对于具有强磁晶各向异性的晶体，需要强磁场才能实现饱和磁化。

一旦外磁场被移除，磁偶极子会旋转回到它们的易磁化轴，沿磁场方向的净磁矩减小。由于磁化过程中的磁偶极子旋转过程不涉及畴壁位移，所以它是完全可逆的。接下来，样品中的退磁场引发反磁化畴的生长，使样品部分退磁。然而，畴壁无法完全按原路径返回至其

图 7.15　硅钢单晶中尖峰畴的磁粉图样

浅色区域为磁畴边界，视场宽度为 0.4mm；摘自文献［32］，

版权所有：1949 年美国物理学会，经许可转载

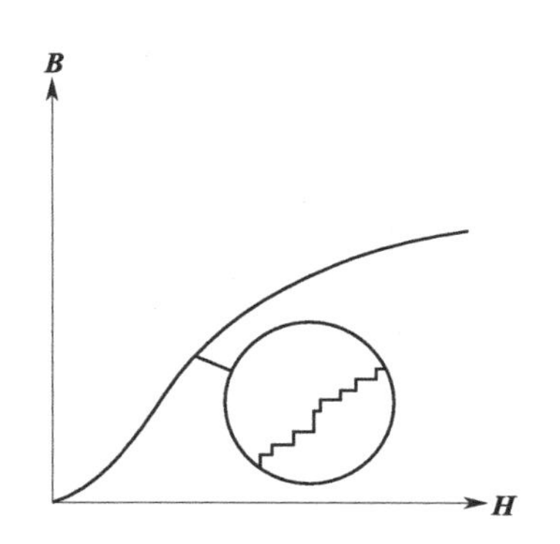

图 7.16　磁化曲线的局部放大示意图

（可以看出巴克豪森噪声）

初始位置。这是因为退磁过程是由退磁场引起的，而非外加磁场驱动的。当畴壁与晶体缺陷相交时，退磁场的强度不足以克服所遇到的能垒，于是磁化曲线表现出磁滞现象。即便是在外磁场被完全移除的情况下，样品中仍存在一定的磁化强度。矫顽场定义为使磁化强度降至零的反向附加磁场。

可见，样品的磁滞特性很大程度上取决于自身纯度和质量。这意味着我们可以针对特定的应用，对材料进行工程设计，优化其性能。比如，具有许多缺陷或杂质的样品需要强磁场才能使其磁化，但当外磁场被移除后，它仍将保留大部分的磁化强度。正如我们在第 2 章中所提到的，具有高剩磁、大矫顽场特征的材料，被称为硬磁材料，这对于永磁体而言是非常重要的。缺陷或杂质极少的高纯材料既容易被磁化也容易退磁，被称为软磁材料。软磁材料可应用于电磁铁和变压器铁芯，此时要求材料的磁化方向能够快速反转。

最后，图 7.17 展示了钆铁石榴石磁畴结构的一些真实照片。图中磁场从零增加至足以形成单畴的强磁场，而后回到零，然后再到反向强磁场[34]。利用磁光法拉第效应（将在第 16 章讨论）得到了明、暗区，它们分别代表磁化方向相反的磁畴。对比第三帧和第六帧照片，可以发现磁滞现象：二者对应的磁场类似（第一帧是在磁场增大的时候，第二帧是在磁场从最大值减小的时候），但显示出完全不同的磁畴结构。

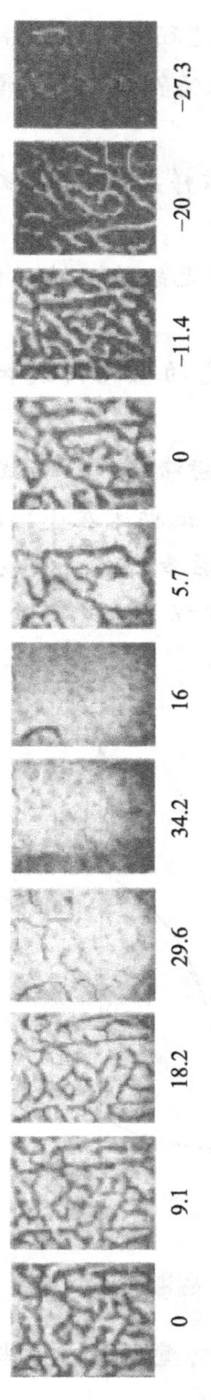

图 7.17　钆铁石榴石中的磁畴结构

图中磁场从零到正向强磁场，而后回到零，然后再到反向强磁场，如此循环；每帧图片下方的数字代表磁场强度，单位为 Oe；每帧图片的宽度为 0.6mm；摘自文献［34］，版权所有：1958 年美国物理学会，经许可转载

习题

7.1 探讨铁磁材料中磁畴与磁化过程之间的关系。

(a) 为什么铁磁性材料中会形成磁畴？铁磁材料的总能量包括哪些组成项？它们如何决定磁畴的大小和形状？

(b) 画图说明铁磁材料的初始退磁样品在从零磁化至饱和的过程中，其磁畴结构是如何变化的。

(c) 具有强磁晶各向异性的完美（无缺陷）铁磁材料的磁化曲线和磁滞回线，应该具有什么特征？为该材料推荐一个应用。

(d) 对于缺陷较多的铁磁材料，它的磁化曲线和磁滞回线应具有什么特征？为该材料推荐一个应用。

(e) 图 7.18 给出了铁磁材料的主磁滞回线（实线）和小磁滞回线（虚线）。我们已经基于磁畴讨论了主磁滞回线的形成过程。试描述在小磁滞回线中磁畴结构的相应变化过程。

(f) 图 7.19 给出了铁磁材料的主磁滞回线（实线），虚线为材料回到未磁化状态的螺旋式路径。试基于磁畴解释路径的形成过程。除此之外，还有什么方法可以将铁磁材料转变为非磁化状态呢？

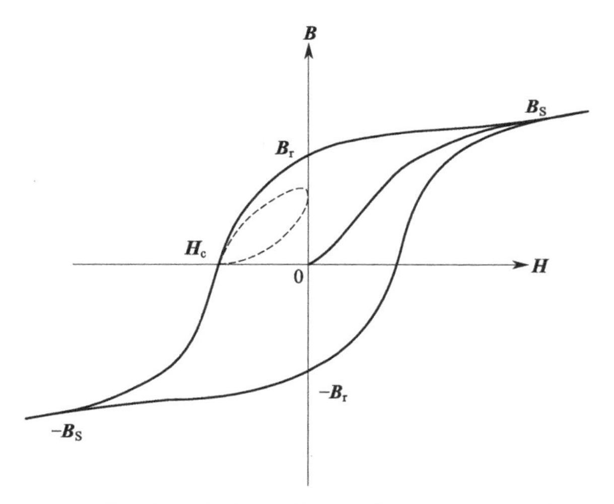

图 7.18 铁磁材料的主磁滞回线（实线）和小磁滞回线（虚线）

7.2 磁畴之间的边界称为畴壁。畴壁内每平方米的交换能 σ_{ex} 为

$$\sigma_{ex}=\frac{k_B T_C}{2}\left(\frac{\pi}{N}\right)^2 N \frac{1}{a^2} \quad (J/m^2) \tag{7.1}$$

式中，$N+1$ 为畴壁中原子层数；a 为原子间距。每平方米的交换能 σ_A 为

$$\sigma_A=KNa \quad (J/m^2) \tag{7.2}$$

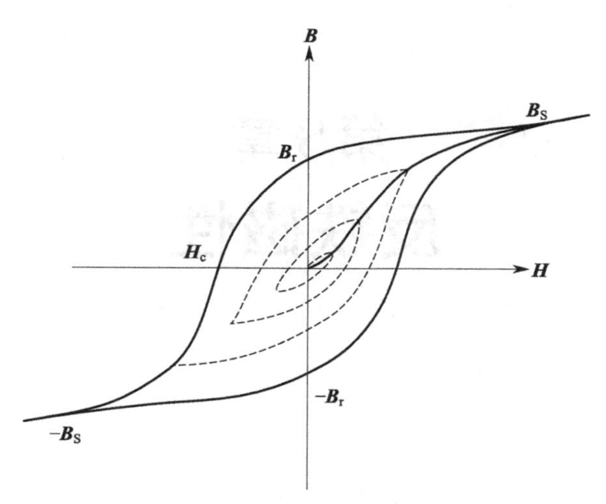

图 7.19　铁磁材料主磁滞回线（实线）和恢复到未磁化状态的路径（虚线）

式中，K 为磁晶各向异性常数，其表示部分原子的排列偏离易磁化轴所带来的能量增加。

（a）试画出铁的交换能、各向异性能以及这两种能量之和随畴壁厚度变化的曲线，其中 $K=0.5\times10^5\text{J/m}^3$，$a=0.3\text{nm}$，$T_C=770℃$。

（b）假定交换能和各向异性能为畴壁能的主要贡献，试推导畴壁中原子层数的表达式，它是居里温度、各向异性常数和原子间距的函数。

（c）试计算铁中畴壁的厚度。在铁的 1m^2 畴壁中存储了多少能量？

延伸阅读

C. Kittel and J. K. Galt. *Ferromagnetic domain theory*. Solid State Physics，3：437，1956.

E. A. Nesbitt. *Ferromagnetic Domains*. Bell Telephone Laboratories，1962.

B. D. Cullity and C. D. Graham. *Introduction to Magnetic Materials*，2nd edn. John Wiley and Sons，2009，chapter 9.

D. Jiles. *Introduction to Magnetism and Magnetic Materials*. Chapman & Hall，1996，chapters 6 and 7.

第8章 反铁磁性

A large number of antiferromagnetic materials is now known; these are generally compounds of the transition metals containing oxygen or sulphur. They are extremely interesting from the theoretical viewpoint but do not seem to have any applications.

Louis Néel, *Magnetism and the Local Molecular Field*,

Nobel lecture, December 1970

学习了铁磁材料的协同有序现象后，这章将学习反铁磁性。在反铁磁材料中，磁矩之间的相互作用往往使相邻磁矩相互反平行排列。反铁磁体可以看作是包含两组相互贯穿、等价的磁性粒子亚晶格，如图 8.1 所示。一组磁性离子在某个临界温度（称为奈尔温度，T_N）以下自发磁化，但另一组会在相反方向产生同样强度的自发磁化。因此，反铁磁体没有净自发磁化，并且在某个确定温度时，它对外磁场的响应与顺磁体类似：在外加磁场中磁化强度呈线性，磁化率小而正。在奈尔温度以上，磁化率随温度的变化关系也类似于顺磁体，但在奈尔温度以下，磁化率随温度的降低而降低，如图 8.2 所示。

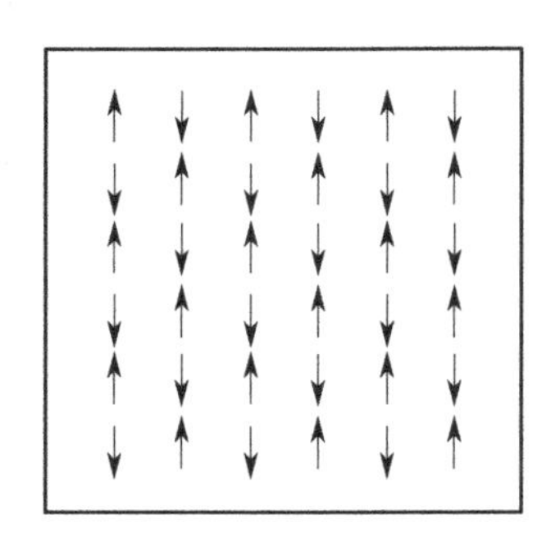

图 8.1　反铁磁晶格中磁性离子的有序性

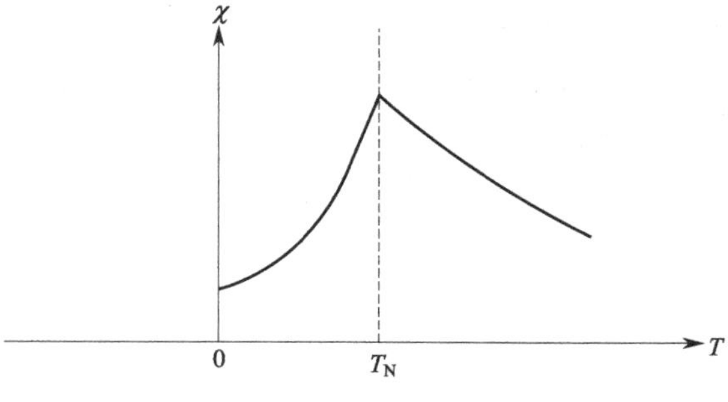

图 8.2　反铁磁体中磁化率随温度的典型变化规律

中子衍射实验首次提供了反铁磁体磁结构的直接图像。本章首先介绍中子衍射的物理机制，并展示一些中子衍射应用的成功案例。然后基于定域矩理论，讨论所观察到的反铁磁体磁化率随温度的变化规律。尽管反铁磁体与顺磁体一样，不能使磁通高度聚集，但其理论分析同样适用于亚铁磁体。亚铁磁体具有反铁磁有序排列且具有净磁化，我们将会在下一章进行讨论。最后，通过分析磁性离子之间化学键的本质，解释一些代表性磁性材料中的反铁磁有序的起源。

8.1 中子衍射

1949年，Shull和Smart[35]获得了氧化锰MnO的中子衍射谱，为反铁磁有序的存在提供了首个直接证据。数据表明，Mn^{2+}的自旋分成两组，其中一组与另外一组反平行。在此突破性发现之前，反铁磁性的唯一证据是：实验所观测到的磁化率随温度的变化规律与用居里-外斯理论预测的曲线之间存在一致性。在本节我们将介绍中子衍射的基础知识及其在磁结构研究中的应用。更详细的介绍请参考文献［36］。

中子衍射能够确定磁性材料的磁有序结构，这是因为中子具有磁矩，从而会被电子的磁矩散射。这与X射线截然不同。X射线是被电子云散射，因而对磁有序结构不敏感。所有的衍射方法对材料的对称性都很敏感，与磁矩随机取向的同一材料相比，磁有序结构降低了材料的对称性。因此，在高于、低于奈尔温度时，反铁磁体的中子衍射花样是不同的。

与X射线一样，衍射中子的波长λ也遵循布拉格方程：

$$n\lambda = 2d\sin\theta \tag{8.1}$$

布拉格衍射的几何结构如图8.3所示。每个原子面都将入射波散射到各个方向，且大部分散射波干涉相消。衍射峰只能在满足布拉格方程的方向上观测到，在这些方向上，散射波之间的波程差为波长的整数倍，并发生相长干涉。

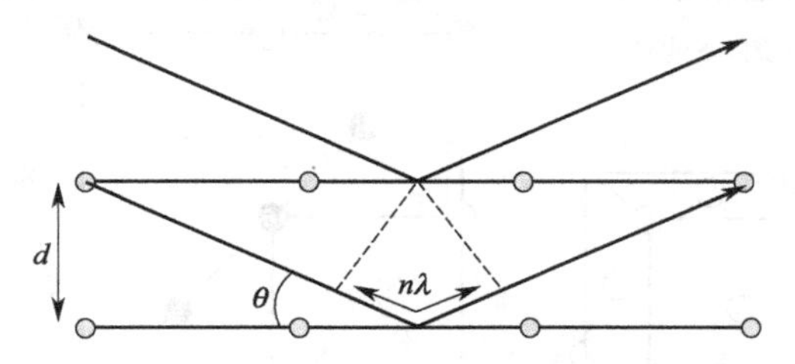

图8.3　原子面上的布拉格衍射

只有在满足布拉格方程的方向上才能观察到衍射峰

然而，由于晶体的对称性，在衍射花样中实际观测到的衍射线可能比布拉格方程的预测值要少。图8.4中体心立方晶格的（100）反射说明了这一点。原子面（1）和（3）为（100）面，原子面（2）为含有体心原子的中间面。假设晶体的取向使原子面（1）和（3）的散射波在布拉格条件下处于同一相位，那么它们的散射波之间的波程差必须为波长的整数倍，即$n\lambda$。从图中可以明显看出，平面（1）和（2）或平面（2）和（3）的散射波之间的波程差刚好是平面（1）和（3）的一半，即波长的半整数倍。因此，平面（2）的反射波刚好与平面（1）和（3）位相不一致。因此，衍射波发生相消干涉，（100）衍射线消失。

如果平面（2）中的原子与平面（1）和（3）不同，则平面（2）与平面（1）和（3）上

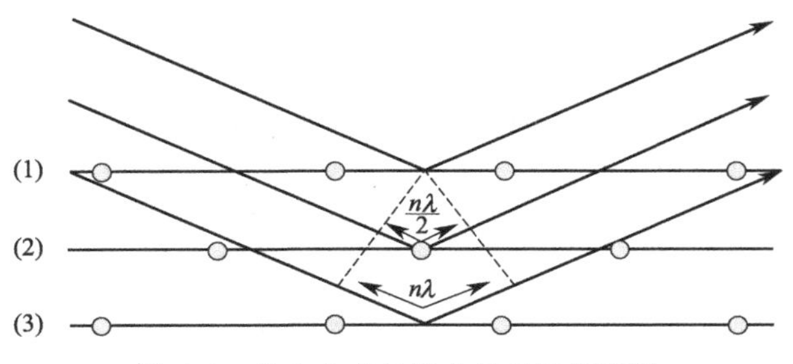

图 8.4　体心立方晶格中的布拉格衍射

散射波的振幅不同，衍射波将不再相消。在这种情况下，可以观测到（100）衍射线。对于中子散射，磁矩的不同取向会产生不同的散射振幅。因此，如果材料的磁矩排列顺序为：奇数面上的原子都是自旋向上，而偶数面上都是自旋向下。那么，（100）衍射线就会出现。所以，当反铁磁体冷却至奈尔温度以下时，中子衍射花样中会出现附加谱线。这些谱线表示出现了磁有序结构，被称为超晶格线。

MnO 为面心立方岩盐结构，其中 Mn^{2+} 的排列如图 8.5(a)所示（为清楚起见，略去氧离子）。在奈尔温度以下，（111）面内的原子磁矩相互平行排列，而相邻的（111）面上原子磁矩的方向相反。这种磁有序结构如图 8.5(b)所示。对于面心立方晶格，实际上只有当密勒指数 h、k 和 l 全为奇数或全为偶数时，才会出现与（hkl）面对应的衍射线。图 8.6(b)给出了 MnO 在奈尔温度以上的中子衍射花样，正如所预期的那样，（100）和（110）峰消失。在奈尔温度以下，单胞尺寸增大了一倍，图谱中出现更多的谱线，如图 8.6(a)所示。详细的图谱分析证实了图 8.5 中的磁有序结构。

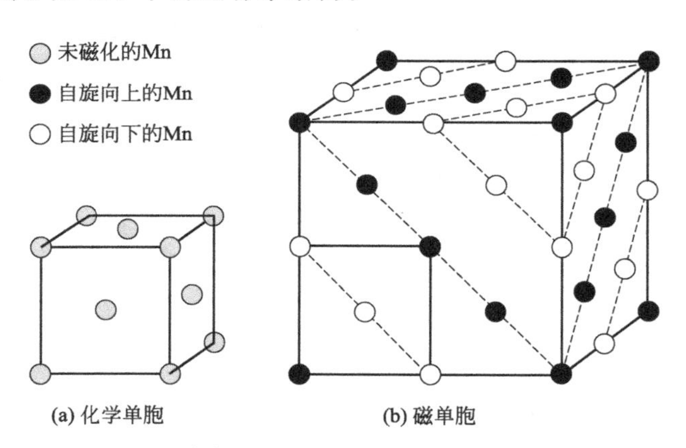

图 8.5　奈尔温度上（a）下（b）MnO 的结构

中子衍射除了对磁有序结构具有敏感性之外，与更常见的衍射技术（如 X 射线衍射）相比，它还具有许多其他优点。首先，中子衍射的幅值随原子序数呈不规则的变化。因此，能够区分元素周期表中的相邻元素，比如 Fe 和 Co。这在磁性合金有序化研究中具有重要意义（相比之下，X 射线衍射振幅与原子序数成正比）。此外，中子波的波长近似等于原子在室温时的特征间距。根据德布罗意关系（de Broglie relation），波长与动量之间的关系式为 $\lambda = h/p$，其中 h 为普朗克常数。一个中子具有三个平移自由度，因此其动量 p 由式 $p^2/$

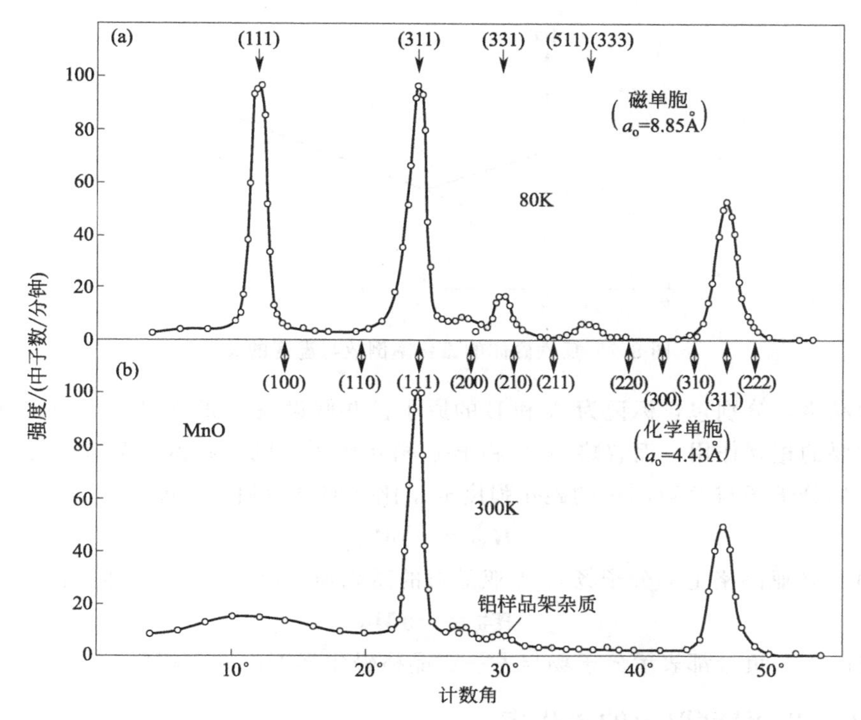

图 8.6　MnO 在 80K（a）和室温（b）条件下的中子衍射花样

摘自文献［35］，版权所有：1949 年美国物理学会，经许可可转载

$2m_N=3k_BT$ 确定，其中 m_N 为中子质量。根据这两个公式可以得出，在 20℃时中子波长为 1.49Å。

8.2　外斯反铁磁理论

外斯定域矩理论可应用于反铁磁体，其形式与顺磁体和铁磁体类似。奈尔首先推导出反铁磁理论的表达式[37]。他指出，所观测到的磁化率随温度的变化关系可以通过我们现在所熟知的反铁磁有序磁结构来解释。实际上，外斯理论对反铁磁体的适用性非常好，因为大多数反铁磁材料都是具有局域磁矩的离子盐。

在奈尔的经典论文发表之前，实验上已经发现，反铁磁体的磁化率取决于温度，如图 8.7 所示。在奈尔温度 T_N 以上，磁化率的表达式为

$$\chi=\frac{C}{T-(-\theta)} \tag{8.2}$$

磁化率随温度的变化满足居里-外斯定律，但 θ 为负值。我们知道 θ 与分子场常数有关（参考 5.2 节），即 $\theta\propto\gamma$。因此，θ 为负值意味着存在负外斯分子场，该分子场使磁矩反平行排列。反铁磁相变发生在 T_N 温度，在该温度以下，磁化率随温度降低而略有下降。

举一个最简单的例子来分析外斯定域场理论是如何解释这种特性的。将晶格分为两个结

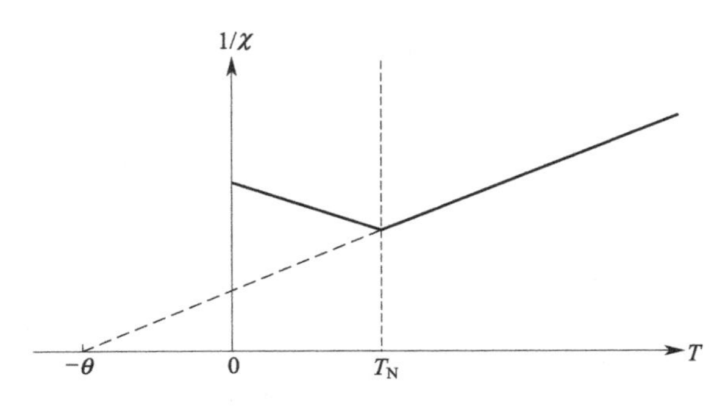

图 8.7　反铁磁体的磁化率倒数与温度的关系

构相同的亚晶格，分别包含标记为 A 和 B 的原子，并假设最近邻 A-B 原子对之间的相互作用是唯一重要的相互作用，而忽略 A-A 和 B-B 相互作用。则存在两个外斯分子场。作用于 A 亚晶格上的分子场与 B 亚晶格的磁化强度成正比，但方向相反。即

$$\boldsymbol{H}_{\mathrm{W}}^{\mathrm{A}}=-\gamma \boldsymbol{M}_{\mathrm{B}} \tag{8.3}$$

同样，作用于 B 亚晶格上的分子场与 A 亚晶格的磁化强度成正比，且方向相反：

$$\boldsymbol{H}_{\mathrm{W}}^{\mathrm{B}}=-\gamma \boldsymbol{M}_{\mathrm{A}} \tag{8.4}$$

在这两种情况下，负号都表示分子场与另一亚晶格磁化强度的方向相反。

8.2.1　T_N 温度以上的磁化率

在 T_N 温度以上，可以利用居里定律来得到磁化率的表达式，就像在 5.2 节中对非理想顺磁体以及 6.1 节中对铁磁体的分析一样。居里定律告诉我们，$\chi=\boldsymbol{M}/\boldsymbol{H}=C/T$，所以 $\boldsymbol{M}=\boldsymbol{H}C/T$。那么对于亚晶格 A，

$$\boldsymbol{M}_{\mathrm{A}}=\frac{C'(\boldsymbol{H}-\gamma \boldsymbol{M}_{\mathrm{B}})}{T} \tag{8.5}$$

对于亚晶格 B，

$$\boldsymbol{M}_{\mathrm{B}}=\frac{C'(\boldsymbol{H}-\gamma \boldsymbol{M}_{\mathrm{A}})}{T} \tag{8.6}$$

式中，$\boldsymbol{H}$ 为外加磁场。总磁化强度 $\boldsymbol{M}=\boldsymbol{M}_{\mathrm{A}}+\boldsymbol{M}_{\mathrm{B}}$。求解式(8.5)和式(8.6)，可得

$$\boldsymbol{M}=\frac{2C'\boldsymbol{H}}{T+C'\gamma} \tag{8.7}$$

因此，

$$\chi=\frac{\boldsymbol{M}}{\boldsymbol{H}}=\frac{2C'}{T+C'\gamma} \tag{8.8}$$

$$=\frac{C}{T+\theta} \tag{8.9}$$

这就是居里-外斯定律，其中 θ 为负值，与我们所预期的一样。

8.2.2　在 T_N 温度的外斯定律

在奈尔温度时，如果没有外加磁场，则式(8.5)变为

$$\boldsymbol{M}_{\mathrm{A}}=\frac{-C'\gamma\boldsymbol{M}_{\mathrm{B}}}{T_{\mathrm{N}}} \tag{8.10}$$

$$=\frac{-\theta\boldsymbol{M}_{\mathrm{B}}}{T_{\mathrm{N}}} \tag{8.11}$$

但是我们知道 $\boldsymbol{M}_{\mathrm{A}}=-\boldsymbol{M}_{\mathrm{B}}$，因此

$$\theta=T_{\mathrm{N}} \tag{8.12}$$

在外斯理论中，奈尔温度等于从磁化率倒数与温度的关系图中得到的 θ 值。在实践中，我们发现 θ 略大于 T_{N}。这并非定域矩模型的错误，而是由于推导过程中没有包括次近邻相互作用。

8.2.3　T_{N} 温度以下的自发磁化

在奈尔温度以下，每个亚晶格在零磁场中都会受另一个亚晶格的分子场作用而自发磁化。正如 6.1.2 节中分析铁磁体的方法一样，我们可以写出自发磁化强度的表达式。同样，求解磁化强度的最简单方法是图解法。图 8.8 用图解法得到每个亚晶格的自发磁化强度随温度的变化关系。在所有温度下，净自发磁化强度都为零。

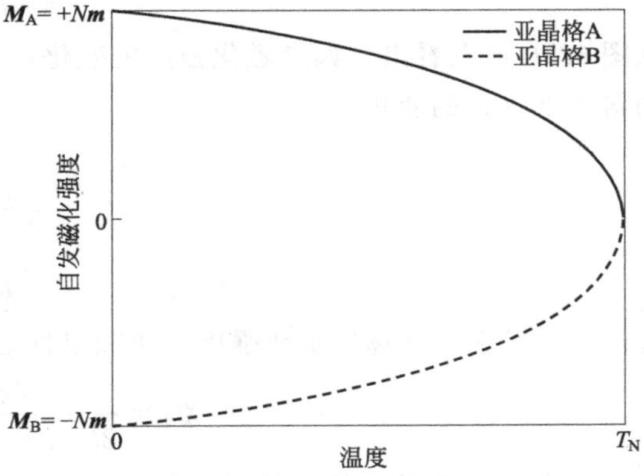

图 8.8　T_{N} 温度以下，反铁磁材料中 A 和 B 亚晶格的自发磁化强度

8.2.4　T_{N} 温度以下的磁化率

T_{N} 温度以下的磁化率，取决于亚晶格自发磁化方向与外加磁场方向之间的夹角。这又是一个磁各向异性的例子。我们曾在前章介绍过磁各向异性，并将在第 11 章详细讨论。存在两种极端情况：外磁场平行或垂直于磁化方向，如图 8.9 所示。

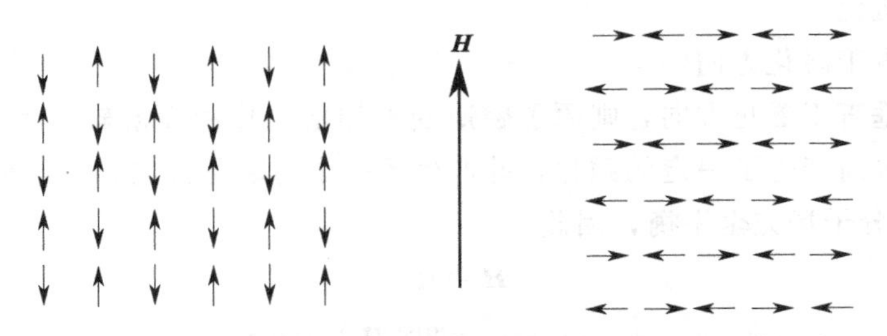

图 8.9　外磁场与反铁磁材料磁化方向之间的两种可能取向

(1) 磁场平行于磁化方向

A、B 亚晶格的自发磁化强度 $\boldsymbol{M}_{\mathrm{A}}$、$\boldsymbol{M}_{\mathrm{B}}$，与 $\boldsymbol{H}$ 和 T 满足朗之万函数（或布里渊函数）关系，如图 8.10 所示（与前相同，$\alpha=mH/k_{\mathrm{B}}T$，其中 m 和 H 分别代表磁矩大小和磁场大小）。如果外磁场平行于 A 亚晶格的磁化方向，则 A 亚晶格的磁化强度增加 $\delta\boldsymbol{M}_{\mathrm{A}}$，B 亚晶格的磁化强度增加 $\delta\boldsymbol{M}_{\mathrm{B}}$。材料的磁化强度不再为零，而是

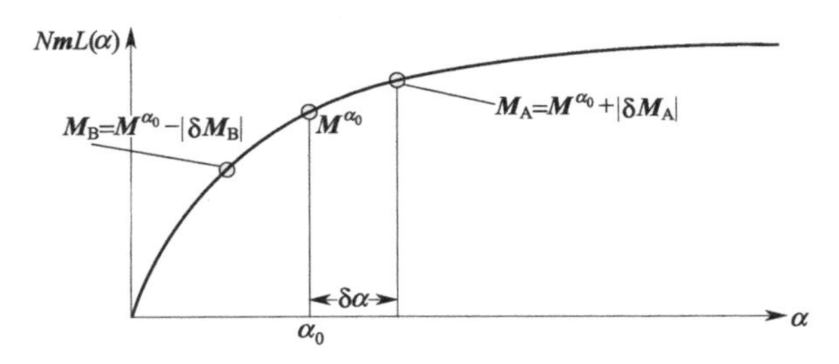

图 8.10 **H** 平行于 **M** 时，反铁磁体磁化率的计算过程示意

$$\boldsymbol{M}=\boldsymbol{M}_{\mathrm{A}}-\boldsymbol{M}_{\mathrm{B}} \tag{8.13}$$

$$=|\delta \boldsymbol{M}_{\mathrm{A}}|+|\delta \boldsymbol{M}_{\mathrm{B}}| \tag{8.14}$$

从图 8.10 可以看出，如果磁化强度的变化不是太大，磁化强度的变化量就等于布里渊函数的斜率乘以 α 的变化量。又

$$\delta\alpha=\frac{m}{k_{\mathrm{B}}T}\delta H \tag{8.15}$$

$$=\frac{m}{k_{\mathrm{B}}T}(H-\gamma|\delta M_{\mathrm{B}}|) \tag{8.16}$$

通过数学求解，计算出磁化强度，再除以外磁场，得到下面磁化率的表达式：

$$\chi_{\parallel}=\frac{2Nm^2B'(J,\alpha)}{2k_{\mathrm{B}}T+Nm^2\gamma B'(J,\alpha)} \tag{8.17}$$

式中，N 为单位体积的原子数，$B'(J,\alpha)$为布里渊函数对 α 的导数，它是在与每个亚晶格的自发磁化强度相对应的 α_0 点处求出的。

在 0K 时，磁化率趋近于零，因为在该温度下亚晶格完全反向排列，并且没有热扰动。因此，外磁场无法在磁矩上施加任何力矩。有趣的是，铁磁材料在低于其居里温度时，磁化率也遵循该表达式。然而，与铁磁体的自发磁化强度相比，外加磁场引起的磁化强度变化可忽略不计，只有在非常大的外磁场下才能检测到。这种由强外磁场引起的铁磁体磁化强度的增加，称为强制磁化。

(2) 磁场垂直于磁化方向

如果外磁场垂直于磁化方向，则原子磁矩受外加磁场作用而旋转，如图 8.11 所示。磁矩的旋转在外场方向产生了一定的磁化，并产生了一个与磁化方向相反的分子场。在平衡态时，外磁场 **H** 与分子场完全平衡，因此

$$\boldsymbol{H}=\boldsymbol{H}_{\mathrm{W}} \tag{8.18}$$

$$=2\times\boldsymbol{H}_{\mathrm{W}}^{\mathrm{A}}\sin\theta \tag{8.19}$$

$$=2\gamma\boldsymbol{M}_{\mathrm{A}}\sin\theta \tag{8.20}$$

$$=\gamma\boldsymbol{M} \tag{8.21}$$

因为 $\boldsymbol{M}=2\boldsymbol{M}_{\mathrm{A}}\sin\theta$，所以磁化率为

$$\chi_{\perp}=\frac{\boldsymbol{M}}{\boldsymbol{H}}=\frac{1}{\gamma} \tag{8.22}$$

可以看出，在奈尔温度以下垂直磁化率 $\chi_{\perp}$ 为常数。

（3）粉末样品

在没有晶体择优取向的粉末或多晶样品中，其磁化率为所有取向磁化率的平均值。则

$$\chi_{\mathrm{p}}=\chi_{\parallel}\langle\cos^2\theta\rangle+\chi_{\perp}\langle\sin^2\theta\rangle \tag{8.23}$$

$$=\frac{1}{3}\chi_{\parallel}+\frac{2}{3}\chi_{\perp} \tag{8.24}$$

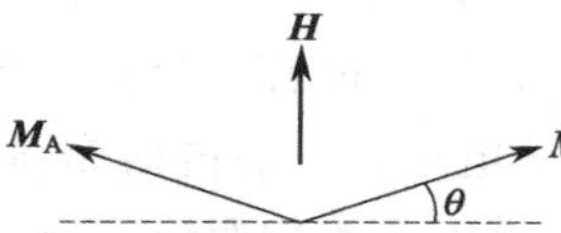

图 8.11　受垂直于反铁磁体磁化方向的磁场作用，磁矩产生旋转

图 8.12 给出了 $\chi_{\parallel}$、$\chi_{\perp}$ 和 χ_{p} 的理论值。在所有温度下，$\chi_{\parallel}$ 都小于 $\chi_{\perp}$，因此样品更倾向于使其磁矩垂直于外加磁场。

实际上，χ 与 T 曲线的形状也取决于外加磁场的大小，这也是由磁各向异性导致的。各向异性倾向于将自旋钉扎在易磁化轴方向，而较高的磁场可以更好地克服这种钉扎作用。

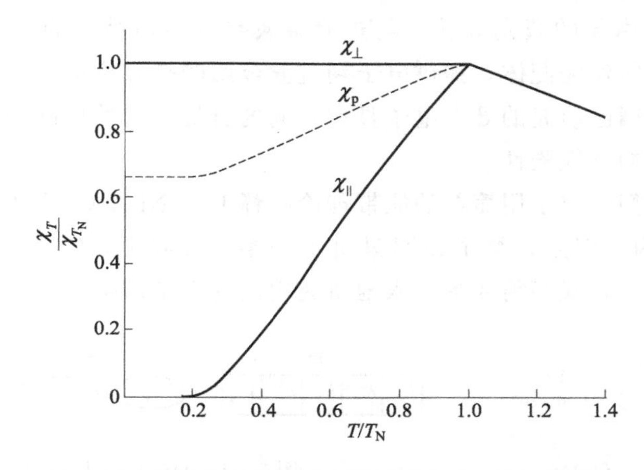

图 8.12　反铁磁体的磁化率随温度变化的理论曲线

$\chi_{\parallel}$ 曲线取 $J=1$ 进行计算；摘自文献 [38]，经培生教育出版集团（Pearson Education）许可转载

8.3　负分子场的产生

在第 6 章，我们发现外斯分子场源于量子力学交换积分 J。相对于反平行自旋，正交换积分降低了平行自旋的能量。我们曾定性地讨论过这一点，认为具有相同自旋对称的电子不能具有相同的空间对称性（基于泡利不相容原理）。所以它们不会占据相同的位置空间，因而库仑排斥力较低。

基于这个观点，读者可能会认为反铁磁态应该始终都是不稳定的。对于 He 原子的简单例子，交换积分 J 永远不能为负值。然而，在实际材料中通常有 2 个以上电子。稳定态是使系统总能量最低的状态，并且只有在包含所有多体相互作用的情况下，才能预测出稳定态。

（1）超交换

接下来，我们将介绍如何用简单的价键参数来预测一些最常见的反铁磁体（即磁性氧化物）的反铁磁有序，以 MnO 为例。

MnO 中的化学键主要是离子键，Mn^{2+} 和 O^{2-} 组成的线型链贯穿整个晶体。沿着链的每个方向，都有一个 O^{2-} 的 p 轨道沿 Mn-O-Mn 轴取向，如图 8.13 所示。每个 Mn^{2+} 包含 5 个 3d 电子，它们占据 3d 轨道，每个轨道各一个电子，其自旋相互平行。

接下来我们假设，Mn^{2+} 和 O^{2-} 上的价电子形成一定程度的共价键，最有利于降低系统能量。由于 O^{2-} 具有满电子壳层，只能通过将电子从 O^{2-} 注入 Mn^{2+} 的空轨道来实现杂化。假设最左边的 Mn^{2+} 是自旋向上的，如图 8.14 所示。由于所有的 Mn 轨道都已经包含一个自旋向上的电子，邻近的氧只有提供向下自旋的电子才能形成共价键。这就在氧的 p 轨道上留下了 1 个自旋向上的电子，该电子可以提供给链上相邻的 Mn^{2+}。同理，只有相邻的 Mn^{2+} 上的电子是自旋向下的，共价键才会形成。我们看到，这种氧介导的相互作用导致了 Mn^{2+} 间的整体反铁磁排列，而不需要负交换积分。

需要注意的是，由氧的填充 p 轨道与过渡金属空 d 轨道耦合的轨道对，也具有反铁磁性。在这种情况下，氧作为配体，提供电子到过渡金属的空 d 轨道，并且根据洪特规则，提供的电子应与过渡金属已填充的 d 态电子具有相同的自旋。这种机制如图 8.15 所示。

（2）过渡金属中的反铁磁性

在第 6 章中，我们学习了用简单的能带理论解释 Fe、Ni 和 Co 具有铁磁性，以及 Cu 和 Zn 没有铁磁性的原因。但是，整个原因只讲了一半。实际上，Cr 和 Mn 具有复杂的反铁磁结构，要理解这一点，我们需要更深入地研究它们的电子结构。

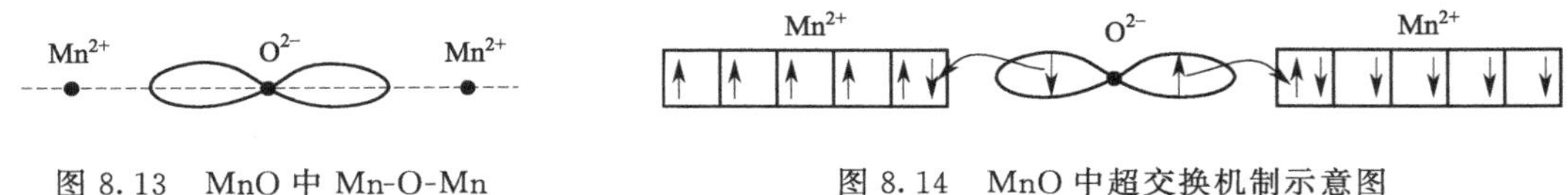

图 8.13　MnO 中 Mn-O-Mn 链示意图

图 8.14　MnO 中超交换机制示意图

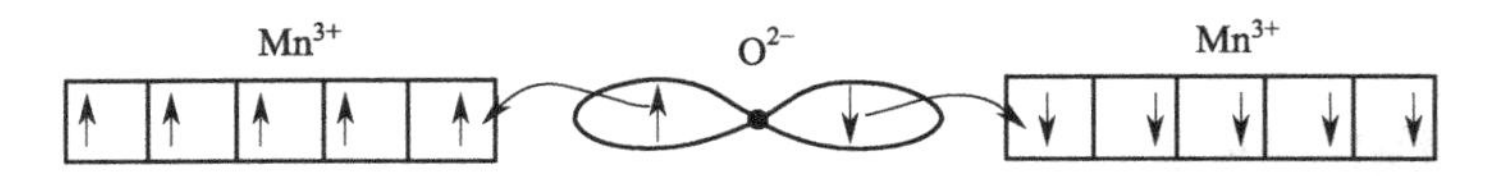

图 8.15　两个空的 3d 轨道之间的超交换导致了 Mn 磁矩的反铁磁耦合

在第 5 章中，我们介绍了费米面，也就是费米能级 E_F 在 $\boldsymbol{k}$ 空间中的位置所对应的面。对于自由电子，费米面为球形，因为 $E_F=\hbar^2/2m_e k_F^2$。对于过渡金属，其 d 和 s 能带都与费米能级相交，费米面要复杂得多。例如，参考文献［39］中用原子轨道线性合并的方法计算出了铬的费米面，如图 8.16 所示。图中显示，费米面包括很多区域，其中有两个比较平坦的表面相互平行。当出现这种情况时，会产生一个振荡的自旋密度，其波数取决于两个表面之间的波数差。如果该波数与原子间距相当，可以得到反铁磁有序结构。对于非公度波数，会导致更加复杂的自旋波排列。

（3）RKKY 理论

在稀土金属中，或在磁性离子分散于非磁性金属基体所形成的合金中，磁性离子之间相距太远，无法直接相互作用。然而，通过非磁性传导电子，会产生长程相互作用。本质上，磁性离子会使其周围传导电子产生极化，由于电子是非局域化的，极化电子会将其极化转移

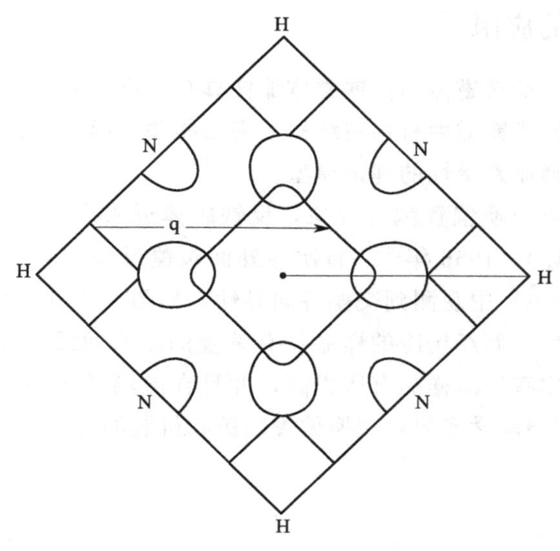

图 8.16 体心立方布里渊区的（001）截面

它显示了 Cr 的费米面；摘自文献［39］，版权所有：1973 年美国物理学会，经许可转载

到另一个远处的磁性离子上。磁性离子间所产生的相互作用可以是铁磁性的，也可以是反铁磁性的，这取决于离子间的距离。这种相互作用称为 RKKY 相互作用（以 Ruderman、Kittel、Kasuya 和 Yosida 的名字命名[37-39]），它最初是用来解释由导电电子引起的原子核磁矩的间接交换耦合的。在 0K 时，点磁矩周围的自由电子费米气体的 RKKY 磁化强度如图 8.17 所示。

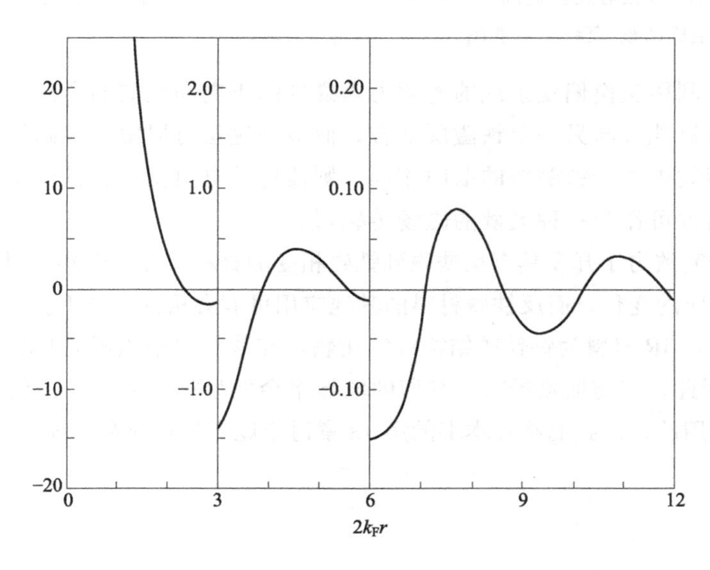

图 8.17 根据 RKKY 理论，在原点处的点磁矩周围的自由电子的磁化强度

水平轴为 $2k_Fr$，其中 k_F 为费米波矢；垂直轴与点源在 $r=0$ 处的磁化强度成正比；

摘自文献［21］，版权所有：1995 年约翰威立国际出版公司（John Wiley &Sons），经许可转载

8.4 反铁磁体的应用

由于没有自发磁化，反铁磁体不像铁磁体那样具有广泛的应用。然而，它们与下一章将要学习的具有自发磁化的亚铁磁性材料在结构上密切相关。因此，它们提供了更简单的结构系统，来检验将用来解释亚铁磁性的理论模型。

基于交换各向异性或交换偏置耦合现象，反铁磁体近来广泛应用的一个领域是自旋阀(将在第 15 章中详细描述)。1956 年[40] 首次在外面包覆反铁磁 CoO 的 Co（铁磁性）单畴颗粒（直径为 100～1000Å）中观测到交换各向异性，如图 8.18 所示。经零场冷的 Co/CoO 样品具有正常的磁滞特性，而经场冷的样品具有偏置的磁滞回线，如图 8.19 所示。总的来说，场冷样品的矫顽力比零场冷样品有所提高，并且在磁场增大和减小时矫顽力大小不同。我们将在第 14 章中介绍当前学术界对交换偏置起源和机制的理解。

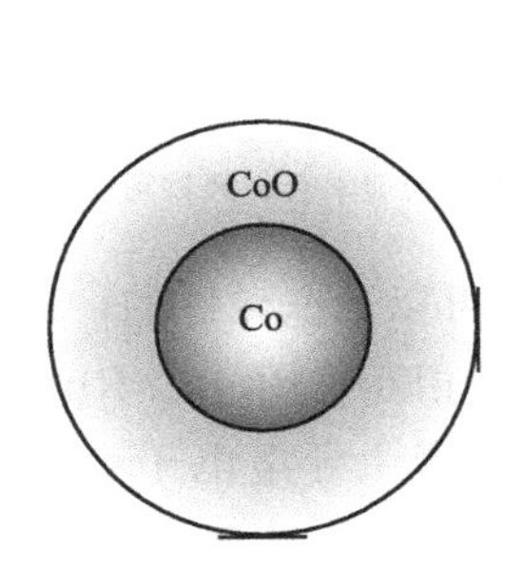

图 8.18 由铁磁性 Co 核心及其周围反铁磁性 CoO 壳层组成的核-壳粒子示意图

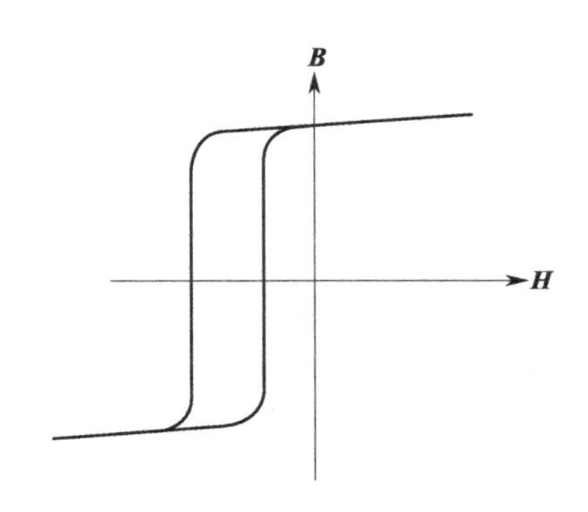

图 8.19 交换各向异性系统中的磁滞回线示意图

在自旋阀中，利用交换偏置系统的矫顽力因磁场的正向和反向而异的特性，来钉扎铁磁层的磁化方向。将钉扎层与另一个铁磁层耦合，而该铁磁层可以随外加磁场的变化而改变其磁化方向。若自旋阀中两个铁磁层的取向相同，则器件的电阻低；若铁磁层取向相反，则电阻高。因此，该器件可作为一种灵敏的磁场传感器。

目前大量的研究致力于开发具有反铁磁到铁磁相变的材料，在这个转变过程中材料结构和磁性能也会发生相应的变化，而反铁磁材料的其他应用可能会从其中产生。这类材料包括庞磁阻（CMR）材料。CMR 材料为钙钛矿结构锰氧化物，在该材料中铁磁到反铁磁转变伴随着金属-绝缘体转变。因此，在施加磁场时，它们的电导率会发生很大变化，这使其在磁场传感器方面具有潜在的应用前景。我们将在本书的第 13 章讨论庞磁阻材料和其他磁电阻材料。

习题

8.1 式(8.17)描述了平行于磁化方向施加磁场时样品的磁化率，试说明该式是如何在高温时简化为居里-外斯表达式[式(8.9)]，以及在0K时变为零的。

8.2 考察一种在奈尔温度 T_N 时磁化率为 χ_0 的反铁磁材料。假设最近邻离子A和B之间的交换相互作用远大于A-B和B-B对之间的交换作用，试计算在 $T=0$、$T=T_N/2$ 和 $T=2T_N$ 温度下，施加垂直于磁化方向的磁场时，所测得的磁化率值。

思考

我们发现超交换机制导致反铁磁性。你认为可能存在铁磁性氧化物吗？想想看，如果有一个 Mn^{3+} 和一个 Mn^{4+} 被一个氧离子分开，会发生什么情况。更多信息请参考13.3节。

延伸阅读

B. D. Cullity and C. D. Graham. *Introduction to Magnetic Materials*, 2nd edn. John Wiley and Sons, 2009, chapter 5.

第9章
亚铁磁性

To interpret the magnetic properties, I assumed that the predominant magnetic interactions were exerted between the ions placed at sites A and ions placed at sites B, and that they were essentially negative.

Louis Néel, *Magnetism and the Local Molecular Field*,
Nobel lecture, December 1970

我们一直在讨论最重要的几类磁序，现在终于到了最后一章。在本章，我们将讨论亚铁磁性。亚铁磁体的特性与铁磁体类似，在某个临界温度 T_C 以下，即便是在没有外磁场的情况下，也会表现出自发磁化。然而，典型的亚铁磁磁化曲线与铁磁磁化曲线明显不同，如图 9.1 所示。

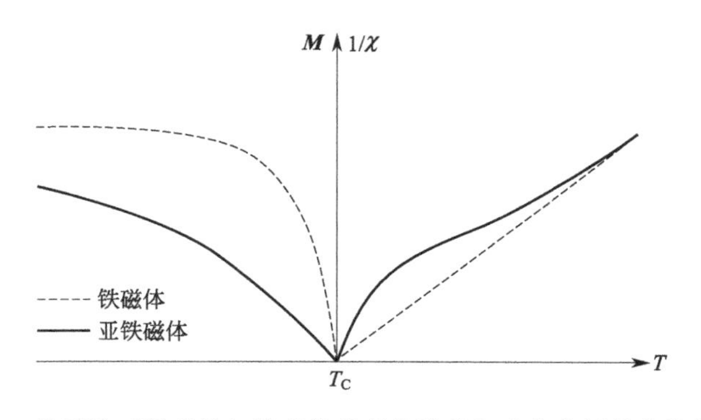

图 9.1 典型的亚铁磁体与铁磁体的磁化强度与磁化率倒数曲线的对比

实际上，亚铁磁体也与反铁磁体有关联，相邻磁性离子间的交换耦合会导致局域磁矩的反平行排列。其中一个亚晶格的磁化强度大于反向亚晶格的磁化强度，因此整体上具有磁化。图 9.2 为亚铁磁体中磁性离子有序结构的示意图。在下一节中我们可以发现，亚铁磁体的磁导率和磁化强度的测量值可以通过外斯分子场理论重现。实际上，定域矩模型可以很好地适用于亚铁磁性材料，因为大多数亚铁磁性材料都是具有大量局域化电子的离子晶体。

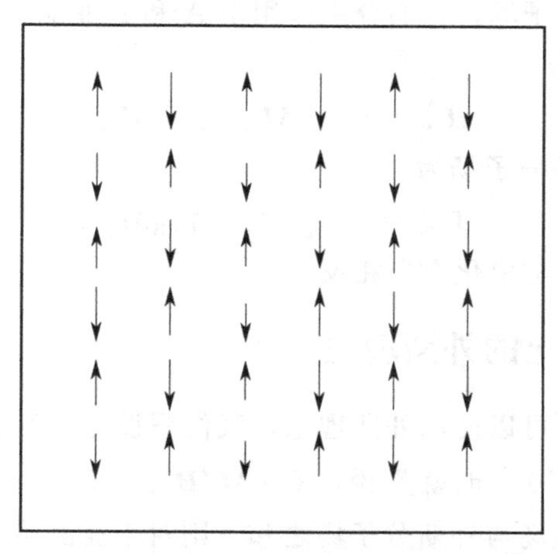

图 9.2 亚铁磁性晶格中磁性离子的有序结构

亚铁磁体为离子晶体，这意味着它们是电的绝缘体，而大多数铁磁体是金属。这就使得亚铁磁体在一些需要磁性绝缘体的场合中具有重要应用。在 9.2 节和 9.3 节，我们将介绍一些在技术上相关的亚铁磁性材料（即铁氧体和石榴石）的性质。在本章的最后，为了增加趣味性，我们将讨论一类已经被理论预测但仍未合成的新材料：即半金属反铁磁体，它实际上是净磁化强度为零的反常亚铁磁体。

9.1 亚铁磁性的外斯理论

在阐述反铁磁理论的同一篇经典论文中，奈尔阐明了亚铁磁性理论[37]。亚铁磁体的定域矩物理图像比反铁磁体还要稍微复杂一些。在亚铁磁体中，A 和 B 亚晶格在结构上不完全相同，必须至少考虑三种相互作用才能重现实验所观测到的特性。它们分别是：最近邻 A-B、A-A 和 B-B 三种相互作用。其中，最近邻 A-B 对相互作用使两个亚晶格中的磁矩倾向于反平行排列。这里，A 和 B 既可以代表不同的原子，也可以代表在不同对称位置的相同离子。

能够重现亚铁磁性特征的最简单模型，必须包括 A-A、B-B 和 A-B 离子对之间的相互作用。假设 A-B 相互作用主导了反平行排列，而 A-A 和 B-B 相互作用都是铁磁性的。在下面的推导中，n 为单位体积的磁性离子数；α 为 A 离子所占的比例；β 为 B 离子所占的比例 ($\beta=1-\alpha$)，μ_A 为某一温度 T 时 A 离子沿磁场方向的平均磁矩，μ_B 为 B 离子的平均磁矩。

则 A 亚晶格的磁化强度为

$$\boldsymbol{M}_A=\alpha n\mu_A \tag{9.1}$$

B 亚晶格的磁化强度为

$$\boldsymbol{M}_B=\beta n\mu_B \tag{9.2}$$

因此，总磁化强度为

$$\boldsymbol{M}=\boldsymbol{M}_A+\boldsymbol{M}_B=\alpha n\mu_A+\beta n\mu_B \tag{9.3}$$

同样，存在两个外斯分子场，它们分别作用于 A 和 B 亚晶格，但它们的大小不再相等。作用于 A 亚晶格的分子场为

$$\boldsymbol{H}_{\mathrm{W}}^{\mathrm{A}}=-\gamma_{\mathrm{AB}}\boldsymbol{M}_{\mathrm{B}}+\gamma_{\mathrm{AA}}\boldsymbol{M}_{\mathrm{A}} \tag{9.4}$$

类似地，作用于 B 亚晶格的分子场为

$$\boldsymbol{H}_{\mathrm{W}}^{\mathrm{B}}=-\gamma_{\mathrm{AB}}\boldsymbol{M}_{\mathrm{A}}+\gamma_{\mathrm{BB}}\boldsymbol{M}_{\mathrm{B}} \tag{9.5}$$

负号表示其对分子场的贡献与磁化方向相反。

9.1.1 T_{C} 温度以上的外斯理论

为了在居里温度以上也可以使用外斯理论，我们假设每个亚晶格都符合居里定律（现在应该对这种方法非常熟悉了）。也就是说，$\chi=\boldsymbol{M}/\boldsymbol{H}_{\mathrm{tot}}=C/T$，因此 $\boldsymbol{M}=\boldsymbol{H}_{\mathrm{tot}}C/T$，其中 $\boldsymbol{H}_{\mathrm{tot}}$ 为总磁场，它是外加磁场与外斯分子场之和。则对于亚晶格 A

$$\boldsymbol{M}_{\mathrm{A}}=\frac{C(\boldsymbol{H}+\boldsymbol{H}_{\mathrm{W}}^{\mathrm{A}})}{T} \tag{9.6}$$

对于亚晶格 B

$$\boldsymbol{M}_{\mathrm{B}}=\frac{C(\boldsymbol{H}+\boldsymbol{H}_{\mathrm{W}}^{\mathrm{B}})}{T} \tag{9.7}$$

其中 $\boldsymbol{H}$ 为外加磁场。

求解 $\boldsymbol{M}=\boldsymbol{M}_{\mathrm{A}}+\boldsymbol{M}_{\mathrm{B}}$，除以磁场得到磁化率，有

$$\frac{1}{\chi}=\frac{T+C/\chi_0}{C}-\frac{b}{T-\theta} \tag{9.8}$$

这里

$$\frac{1}{\chi_0}=\gamma_{\mathrm{AB}}\left(2\alpha\beta-\frac{\gamma_{\mathrm{AA}}}{\gamma_{\mathrm{AB}}}\alpha^2-\frac{\gamma_{\mathrm{BB}}}{\gamma_{\mathrm{AB}}}\beta^2\right) \tag{9.9}$$

$$b=\gamma_{\mathrm{AB}}^2C\alpha\beta\left[\alpha\left(1+\frac{\gamma_{\mathrm{AA}}}{\gamma_{\mathrm{AB}}}\right)-\beta\left(1+\frac{\gamma_{\mathrm{BB}}}{\gamma_{\mathrm{AB}}}\right)\right]^2 \tag{9.10}$$

并且

$$\theta=\gamma_{\mathrm{AB}}C\alpha\beta\left(2+\frac{\gamma_{\mathrm{AA}}}{\gamma_{\mathrm{AB}}}+\frac{\gamma_{\mathrm{BB}}}{\gamma_{\mathrm{AB}}}\right) \tag{9.11}$$

图 9.3 中绘出了式(9.8)所描述的曲线。它是条双曲线，与温度轴相交于顺磁居里点 θ_{p}。在高温下，$1/\chi$ 表达式中的第二项变小，因此，式(9.8)简化为居里-外斯定律：

$$\chi=\frac{C}{T+(C/\chi_0)} \tag{9.12}$$

该居里-外斯方程如图 9.3 中的虚线所示。

除了在居里点附近，居里-外斯定律都与实验符合得很好。图 9.4 给出了镁铁氧体的磁化率倒数的测量值[41]，及其与奈尔理论预测值的对比[37]。实验曲线与温度轴交点称为铁磁居里温度 θ_{f}，这是磁化率转变并产生自发磁化的温度。θ_{f} 的实测值与预测值稍有不同，这是因为存在短程磁有序，即使在 T_{C} 温度以上它也能维持几度。

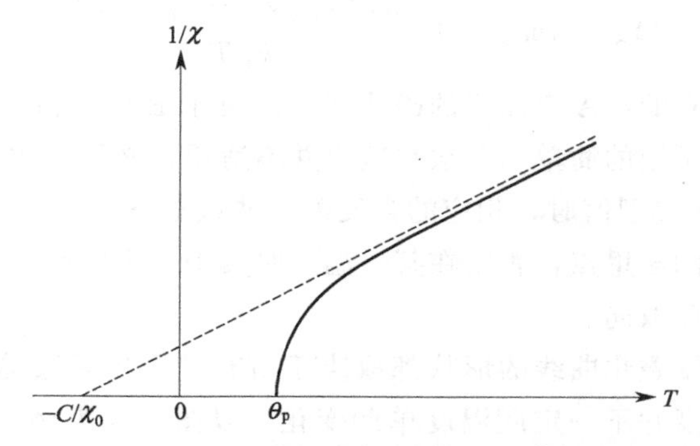

图 9.3　使用外斯理论计算得出的亚铁磁材料的磁化率倒数与温度的函数

摘自文献［38］，经培生教育出版集团许可转载

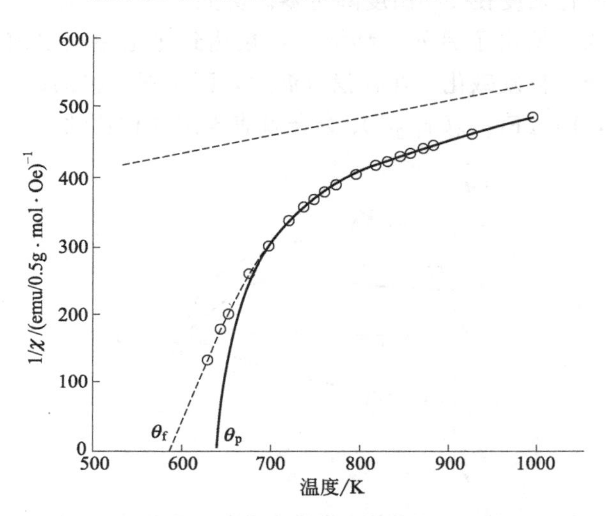

图 9.4　镁铁氧体磁化率倒数的测量值和预测值

摘自文献［38］，经培生教育出版集团许可转载

9.1.2　T_C 温度以下的外斯理论

在居里温度以下，每个亚晶格都会自发磁化，并且可以观察到净磁化

$$\boldsymbol{M}=|\boldsymbol{M}_A|-|\boldsymbol{M}_B| \tag{9.13}$$

每个亚晶格都遵循布里渊函数磁化曲线，因此（就像铁磁体一样）

$$\boldsymbol{M}_A=N\boldsymbol{m}_A B\left(J,\frac{m_A H_W^A}{k_B T}\right) \tag{9.14}$$

以及

$$\boldsymbol{M}_B=N\boldsymbol{m}_B B\left(J,\frac{m_B H_W^B}{k_B T}\right) \tag{9.15}$$

这里 $\boldsymbol{m}_A$ 和 $\boldsymbol{m}_B$ 分别为 A 和 B 离子沿磁场方向的磁矩。代入 $\boldsymbol{H}_W^A$ 和 $\boldsymbol{H}_W^B$，有

$$\boldsymbol{M}_A=N\boldsymbol{m}_A B\left[J,\frac{m_A(\gamma_{AA}M_A-\gamma_{AB}M_B)}{k_B T}\right] \tag{9.16}$$

$$\boldsymbol{M}_{\mathrm{B}}=N\boldsymbol{m}_{\mathrm{B}}B\left[J,\frac{m_{\mathrm{B}}(\gamma_{\mathrm{BB}}M_{\mathrm{B}}-\gamma_{\mathrm{AB}}M_{\mathrm{A}})}{k_{\mathrm{B}}T}\right] \tag{9.17}$$

这些方程并不是独立的：A 亚晶格的磁化强度取决于 B 亚晶格的磁化强度，反之亦然。因此，在反铁磁材料中所用的简单图解法在这里并不适用，必须用数学法求解方程组。

γ_{AB}、γ_{AA} 和 γ_{BB} 取典型值时，相应的自发磁化曲线如图 9.5 所示。需要注意的是，两个亚晶格必须具有相同的居里点，否则在某一温度时其中一个亚晶格的磁矩为零，则无法使另一亚晶格中的磁矩有序取向。

由于每个亚晶格自发磁化曲线的形状都取决于所有分子场常数的值，以及 A 和 B 离子的分布，因此净磁化强度并不一定随温度单调变化。以图 9.5 为例，其中 A 亚晶格的磁化强度随温度升高而减小的速度小于 B 亚晶格。因此，净自发磁化强度随温度升高而增大，经历一个最大值后，磁化强度在 T_{C} 温度降至零。例如，立方尖晶石结构的 $NiO \cdot Cr_2O_3$ 就表现出这种特性。图 9.6 给出了另外一种情况：在达到居里温度之前，自发磁化强度降至零，然后在相反方向产生自发磁化。在补偿点温度，两个亚晶格的磁化强度刚好平衡，则净磁化强度为零。例如，$Li_{0.5}Fe_{1.25}Cr_{1.25}O_4$ 合金就表现出这种特性。

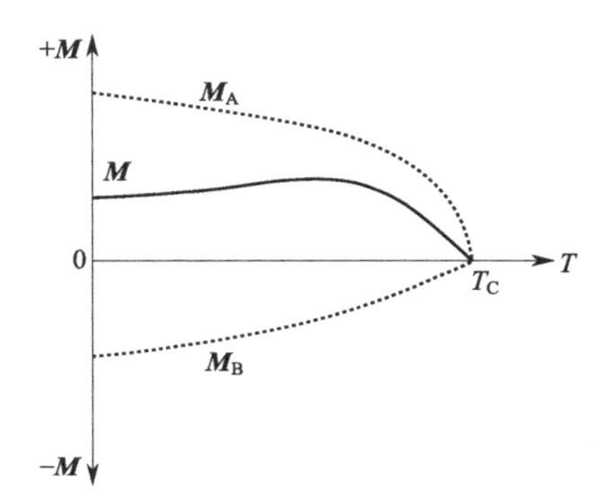

图 9.5　典型的亚铁磁性材料中，A 和 B 亚晶格自发磁化强度（虚线）与相应的总磁化强度（实线）示意图

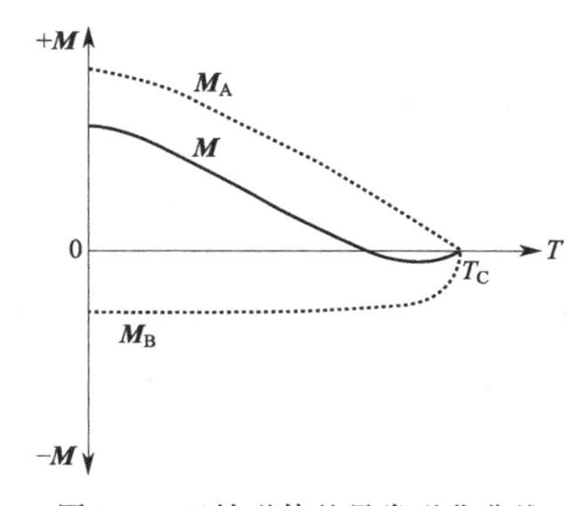

图 9.6　亚铁磁体的异常磁化曲线

如果材料中包含两个以上亚晶格，则磁化强度与温度之间的关系可能更加复杂，其中补偿点可能不止一个。最近新合成的$(Ni_{0.22}Mn_{0.60}Fe_{0.18})_3[Cr(CN)_6]$就是一个例子[42,43]，它是一种普鲁士蓝结构相，其中过渡金属阳离子形成一个由氰化物阴离子连接的面心立方阵列。这种材料是亚铁磁性的，居里温度为 63K，并在 53K 和 35K 时存在两次磁化强度反转，

如图 9.7 所示。三元外斯分子场理论很好地描述了这些性质。

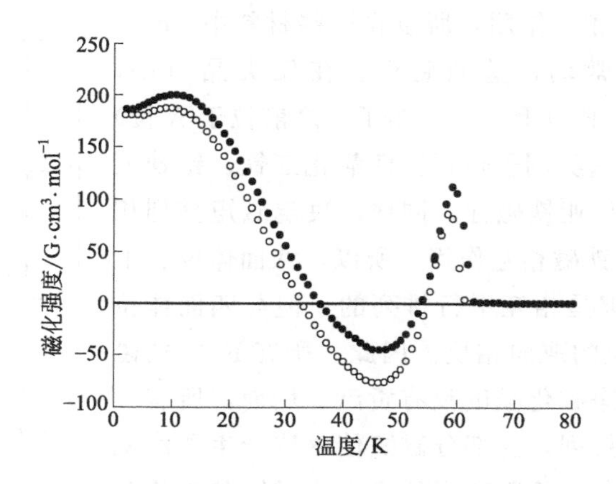

图 9.7 $(Ni_{0.22}Mn_{0.60}Fe_{0.18})_3[Cr(CN)_6]$的实测磁化曲线

实心圆代表在 10G 外磁场中降温得到的场冷磁化强度；空心圆代表在 10G 外磁场中首次降温后再升温得到的剩余磁化强度；摘自文献［43］，版权所有：1999 年美国物理学会，经许可转载

9.2 铁氧体

在技术上最重要的亚铁磁体是铁氧体材料。铁氧体是亚铁磁性过渡金属氧化物，具有电绝缘性。因此，大多数铁磁材料所具有的导电性在有些场合是有害的，而铁氧体可以应用于这些场合。例如，交流磁场不会在绝缘材料中产生有害的涡流，因此它们被广泛应用于高频场合。

铁氧体通常采用陶瓷加工技术进行生产。例如，为了生产 $NiO \cdot Fe_2O_3$，将粉状的 NiO 和 Fe_2O_3 混合在一起，压制成型，然后加热处理。这种方法的优点是，通过选择合适的模具可以方便地控制磁体的形状。

存在两种具有不同结构对称性的常见铁氧体：立方晶系铁氧体和六角晶系铁氧体。

9.2.1 立方晶系铁氧体

立方晶系铁氧体的通式为 $MO \cdot Fe_2O_3$，其中 M 是二价离子，如 Mn^{2+}、Ni^{2+}、Fe^{2+}、Co^{2+} 或 Mg^{2+}。在技术上最早应用的磁性材料磁铁矿，就是立方晶系铁氧体。磁铁矿的表达式为 $FeO \cdot Fe_2O_3$，是天然磁石中所含的磁性矿物。历史上首个导航罗盘就是用天然磁石制成的。

立方晶系铁氧体为尖晶石结构（以尖晶石矿 $MgO \cdot Al_2O_3$ 命名）。氧阴离子形成面心立方排列，在阴离子间存在两类间隙：四面体配位（A）和八面体配位（B）。阳离子占据这些间隙位，但仅有 1/8 的四面体间隙和 1/2 的八面体间隙被占据。尖晶石结构如图 9.8 所示。

在正尖晶石结构铁氧体中，二价 M^{2+} 全部位于 A 位，Fe^{3+} 占据八面体 B 位。这类铁氧体的例子包括 $ZnO \cdot Fe_2O_3$ 和 $CdO \cdot Fe_2O_3$。决定铁氧体中磁矩排列相互作用的主要是 A

位和 B 位阳离子间的反铁磁相互作用。但是，由于 Zn^{2+} 和 Cd^{2+} 没有磁矩来产生磁相互作用，所以在这些材料中 Fe^{3+}-Fe^{3+} 的净相互作用非常弱，呈顺磁性。在反尖晶石中，Fe^{3+} 平均分布在 A 位和 B 位上，二价离子（之前位于 A 位）转移到剩余的 B 位上。这类例子包括：四氧化三铁、钴铁氧体和镍铁氧体，它们都呈亚铁磁性。同样，决定磁矩排列相互作用的主要为 A-B 反铁磁相互作用。所以，八面体位置上所有 Fe^{3+} 的自旋磁矩都是相互平行排列的，但与四面体位置上 Fe^{3+} 离子自旋磁矩的取向相反。因此，所有 Fe^{3+} 的磁矩相互抵消，对固体的净磁化强度没有贡献。然而，所有二价离子的磁矩相互平行排列，这部分磁矩使磁体产生了净磁化强度。所以，可通过各二价阳离子的净自旋磁矩与二价阳离子浓度的乘积，来计算亚铁磁体的饱和磁化强度。

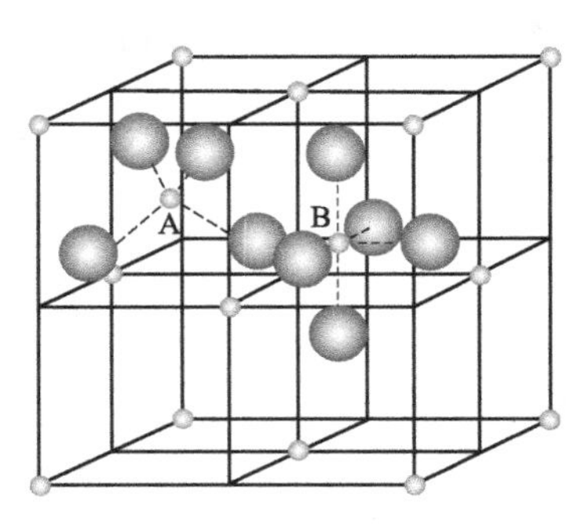

图 9.8 尖晶石结构示意图

氧阴离子（大球）形成密排（111）面，四面体和八面体间隙分别被 A 和 B 阳离子占据

图 9.9 给出了一系列立方晶系铁氧体的磁化曲线。很明显，不同化合物之间的饱和磁化强度和居里温度存在明显的差异。另外，将铁氧体混合后很容易形成固溶体，可以根据具体应用精确调控其性能。

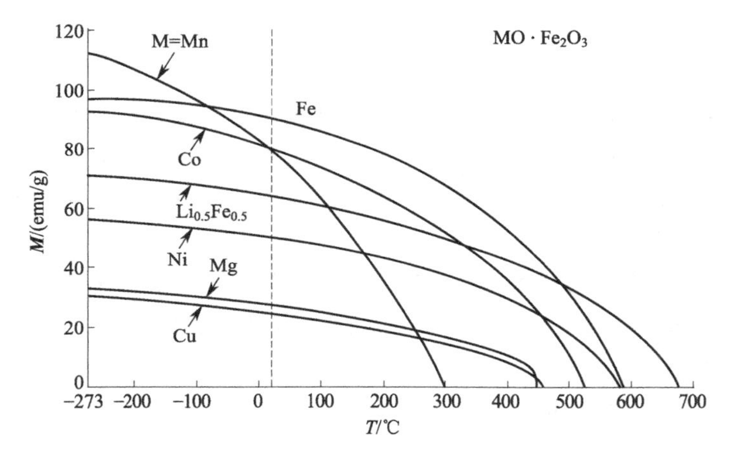

图 9.9 一些立方晶系铁氧体的磁化曲线

摘自文献［38］，经培生教育出版集团许可转载

立方晶系铁氧体是软磁性的，因此易于磁化和退磁。它同时具有高磁导率、高饱和磁化强度以及低电导率的特点，因此特别适合作为高频感应线圈的磁芯。立方晶系铁氧体的高磁导率使磁通密度集中在线圈内，提高了电感，其高电阻率减少了有害涡流的形成。

在晶体管随机存取存储器广泛应用于计算机之前，存储器是由铁氧体磁芯通过导线网络连接而成的。铁氧体磁芯的生产是一个重要的产业。仅在 1968 年，磁芯产量就超过 150 亿个。图 9.10 为这种铁氧体磁芯存储器的示意图，其中灰色的矩形斑点为铁氧体磁芯，黑线为连接磁芯的导线。每个磁芯都能用来存储一个比特信息，这是因为它有两个稳定的磁状态，分别对应于剩余磁通密度的两种相反排列。让特定节点的磁芯反转需要两个电流重合，每个单独的电流都无法超过磁芯磁滞回线中的反转阈值。

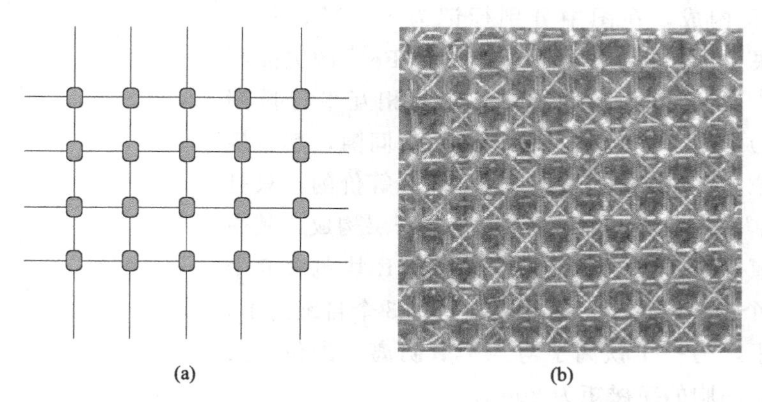

图 9.10 铁氧体磁芯存储器的示意图（a）和铁氧体磁芯存储器的照片（b）

铁氧体最重要的特征是方形磁滞回线，因此特别适用于存储领域。方形磁滞回线源于较大的磁晶各向异性，我们将在第 11 章详细讨论。铁氧体的典型磁滞回线如图 9.11 所示。方形磁滞回线的优点是剩余磁化强度接近饱和磁化强度，并且略高于矫顽场的外加磁场就可以改变磁化方向。

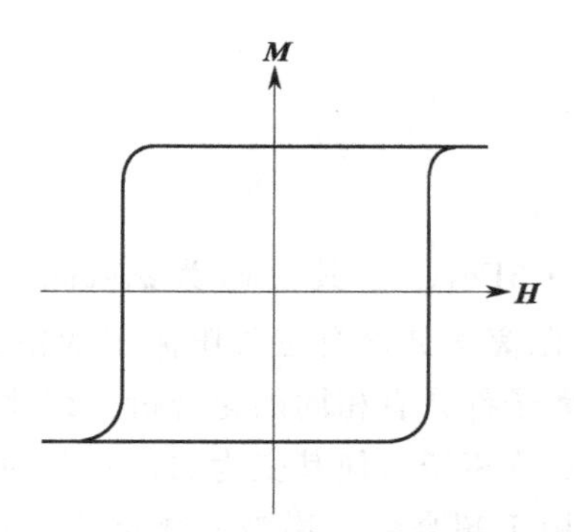

图 9.11 立方晶系铁氧体典型的方形磁滞回线

对于磁存储而言，其他所需的特性还包括：转换时间 τ 短、温度系数小（因此需要高居里温度 T_C）、机械强度好（能够生产小磁芯）以及磁致伸缩低。$Mg_{0.45}Mn^{2+}_{0.55}Mn^{3+}_{0.23}Fe_{1.77}O_4$ 是一种广泛使用的材料，其特性如表 9.1 所示。

表 9.1 $Mg_{0.45}Mn^{2+}_{0.55}Mn^{3+}_{0.23}Fe_{1.77}O_4$ 的重要特性参数

矫顽力	H_c	72A/m
剩余磁感应强度	B_r	0.22Wb/m^2
饱和磁感应强度	B_S	0.36Wb/m^2
居里温度	T_C	300℃
转换时间	τ	0.005μs/(A/m)

9.2.2 六角晶系铁氧体

最重要的六角晶系铁氧体为钡铁氧体 $BaO \cdot 6Fe_2O_3$。钡铁氧体为六角磁铅石结构（图

9.12)。磁铅石结构的单胞中包含10个氧原子层，它由四个基本块体单元构成，在图中分别标记为S、S*、R和R*。S和S*块为含有2个氧原子层和6个Fe^{3+}的尖晶石结构。4个Fe^{3+}位于八面体间隙，其自旋相互平行排列(比如自旋向上)，另外2个Fe^{3+}处于四面体间隙，其自旋方向与八面体位置铁离子相反。S和S*块是等价的，只是彼此旋转了180°。R和R*块都由3个氧离子层构成，其中中间层的一个氧阴离子被钡离子取代。每个R块包含6个Fe^{3+}，其中5个铁离子位于八面体间隙，有3个自旋向上，有2个自旋向下，另一个铁离子与5个氧阴离子配位，其自旋向上。单位晶胞的净磁矩为$20\mu_B$。

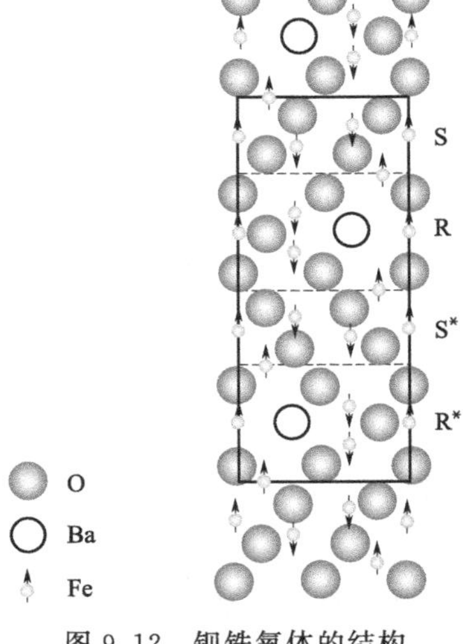

图9.12　钡铁氧体的结构

六角晶系铁氧体广泛应用于永磁体。它们是硬磁性的(不像立方晶系铁氧体是软磁性的)，矫顽力的典型值约为200kA/m。与立方晶系铁氧体一样，采用陶瓷工艺生产的成本很低，并且可以很容易地制成粉末并形成任何所需的形状。

9.3　石榴石

石榴石的化学式为$3M_2O_3 \cdot 5Fe_2O_3$，其中M为钇或镧系中靠右侧的小尺寸重稀土元素(Gd～Lu)。与那些既含有二价阳离子又含有三价阳离子的铁氧体不同，石榴石中所有的阳离子均为三价。由于所有的阳离子都具有相同的化合价，因此电子在材料中传输［比如，从二价离子（使其变为三价）到三价离子（使其变为二价）］的可能性非常低，因此石榴石的电阻率非常高。因此，它们被用于超高频（微波）领域中，在该频率下即使是铁氧体也会导电。

石榴石具有较弱的亚铁磁性。例如，在钇铁石榴石中，钇没有磁矩（因为它没有任何f电子），因此净磁矩完全是由Fe^{3+}在上、下自旋位置的不均匀分布造成的。亚铁磁超交换相互作用导致每两个下自旋电子对应三个上自旋电子，单位化学式晶胞的净磁矩为$5\mu_B$。由于单位化学式晶胞尺寸非常大，所以单位体积的磁化强度很小。在稀土石榴石中，R^{3+}的磁矩也有贡献，这会在磁化曲线上产生补偿点。

由于稀土元素易于相互替代，并且Fe^{3+}很容易被Al^{3+}或Ga^{3+}取代，因此可以根据具体应用调整补偿点、饱和磁化强度、各向异性和晶格常数。

9.4　半金属反铁磁体

半金属反铁磁体是一类在理论上已经被预测[44,45]但尚未合成的材料。我们在这里讨论它，一方面是为了消遣，另一方面也是为了说明在寻找性能新颖、具有应用前景的新型磁性材料方面，仍有巨大潜力。

半金属材料是指那些在一个自旋方向（比如自旋向下）绝缘但在另一个自旋方向（自旋向上）导电的材料。因此，对于下自旋电子，费米能处于能带间隙，但对于上自旋电子，费米能处于有限态密度区域。半金属性导致单位晶胞的自旋磁化通常为玻尔磁子的整数倍。在半金属反铁磁体中，该整数为零，因此没有净磁化。半金属反铁磁体实际上是亚铁磁体，其中两个不同亚晶格的磁化强度完全抵消。

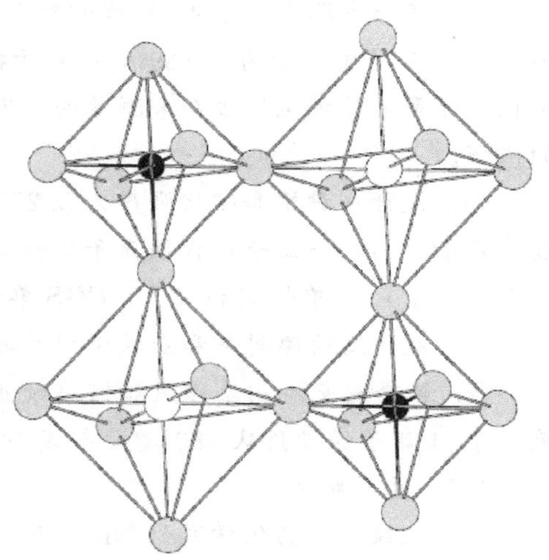

图 9.13　双钙钛矿晶体结构示意图
黑球和白球为过渡金属离子（此例中为 Mn^{3+} 和 V^{3+}），被灰色氧阴离子八面体包围，La^{3+} 阳离子（未显示）位于八面体之间；不同过渡金属阳离子周围的八面体大小不同；摘自文献 [45]，版权所有：1998 年美国物理学会，经许可可转载

半金属反铁磁体的性质不同寻常。它们是非磁性金属，并且费米能附近电子的电流是完全自旋极化的。然而，尽管电流是完全磁化的，但由于内部没有净磁化，半金属反铁磁体不会产生磁场。这是一种特别理想的特性，例如在自旋极化扫描隧道显微镜中，它可以使人们获得自旋分辨信息的原子尺度图像。目前，由于磁性表面附近存在一个永磁磁头（用于产生自旋极化电子），这类实验变得很复杂。此外，还有人提出了一种新型的超导类型。

双钙钛矿结构是最有希望获得半金属反铁磁性的材料，如图 9.13 所示。计算表明，La_2VMnO_6 具有理想的能带结构。在这里，Mn^{3+} 具有低自旋 d^4 构型，产生 $2\mu_B$ 的净磁矩，V^{3+} 为 d^2 构型，因此也有 $2\mu_B$ 的磁矩。预计最稳定的状态是，V^{3+} 和 Mn^{3+} 亚晶格呈反铁磁排列。在实验上实现半金属反铁磁体，仍然极具挑战性。

习题

9.1　复习题 1

(a) 概述铁磁材料和亚铁磁材料之间的主要异同。

(b) 外斯测量了磁铁矿 Fe_3O_4 自发磁化强度 $\boldsymbol{M}$（除以饱和磁化强度 $\boldsymbol{M}_S$ 进行归一化）的近似值随 T/T_C 的变化，如下表所示：

$\boldsymbol{M}/\boldsymbol{M}_S$	0.92	0.88	0.83	0.77	0.68	0.58	0.43	0.32	0.22	0.03
T/T_C	0.23	0.33	0.43	0.54	0.66	0.78	0.89	0.94	0.95	0.98

将这些值画成图，并将所绘曲线与图 6.3 所示的朗之万-外斯铁磁理论得出的曲线进行比较。请解释对比结果。

(c) 计算磁铁矿 Fe_3O_4 的饱和磁化强度，假设每个立方单胞包含 8 个 Fe^{2+} 和 16 个 Fe^{3+}，并且单胞边长为 0.839nm。对于铁氧体，可以假设轨道角动量是完全淬灭的。另外，磁化强度是沿外加磁场方向来测量的，因此当计算单个原子的磁矩时，应当关注沿磁场方向的磁矩。

(d) 设计一种饱和磁化强度为 5.25×10^5 A/m 的立方混合铁氧体材料。(假设用第一行过渡元素中的某一离子取代铁离子不会显著改变晶格常数。) 该材料的饱和磁通密度是多少？分别用（ⅰ）SI 单位制和（ⅱ）CGS 单位制给出结果。

(e) 概述反铁磁材料和亚铁磁材料之间的主要异同。

(f) 解释超交换相互作用如何导致亚铁磁材料中磁性离子间的反铁磁耦合。当阳离子-氧离子-阳离子的键角从 180°增大或减小时，请预测超交换相互作用的强度会如何变化？

9.2 复习题 2

立方镍铁氧体的化学式为 $NiO\cdot Fe_2O_3$。该结构由氧阴离子的密排面组成，镍离子占据四面体间隙位置，铁离子均匀分布于四面体和八面体间隙位置。每个单胞包含八个化学式单位的原子。

(a) 镍和铁离子的电荷和电子结构是什么？

(b) 占据四面体间隙位置的阳离子与占据八面体间隙位置的阳离子的自旋方向相反。简要解释为什么会发生这种情况。所描述的理论名称是什么？由于该亚铁磁有序排列，铁离子贡献了多少净磁矩？

(c) 镍铁氧体的单胞边长为 8.34Å，其饱和磁化强度是多少？

(d) 对金属元素镍的霍尔效应测量表明，每个 Ni 原子的自由电子数为 0.54。基于该结果，在金属镍中单个原子有多少 d 电子？(提示：只有 s 电子是自由电子，有助于导电。因此，所有剩余的价电子一定是 d 电子)

(e) 在铁磁材料中，d 电子能带分裂为一个被上自旋电子占据的低能带和一个被下自旋电子占据的高能带。只有 d 电子对磁矩有贡献，磁矩的大小取决于上、下自旋电子数之差。在 Ni 中，所有五个向上自旋的 d 能带都被填满了，（ⅰ）充填了多少个下自旋 d 能带？画出铁磁性镍的态密度。（ⅱ）单个 Ni 原子的磁矩大小是多少？

(f) 元素镍为 fcc 晶体结构，立方单胞边长为 3.52Å。每个单胞中有多少原子？每个单胞的磁矩是多少？Ni 元素的饱和磁化强度是多少？

(g) 对比镍铁氧体和镍的饱和磁化强度的计算结果，说明两种材料的可能应用。

第10章 基础知识概要

现在我们已经讨论了所有重要的磁序类型，并讨论了磁矩的微观排列以及影响它们的物理和化学因素，还描述了在每种情况下所产生的宏观特性。在继续学习之前，我们先总结一下迄今为止所学到的基础知识。

10.1 磁序类型回顾

我们已经介绍了四类主要的磁性材料：顺磁体、反铁磁体、铁磁体和亚铁磁体。在图10.1中，我们再现了曾在第2章中介绍过的各类材料的局部磁序和磁化曲线。它们的特性可总结为：

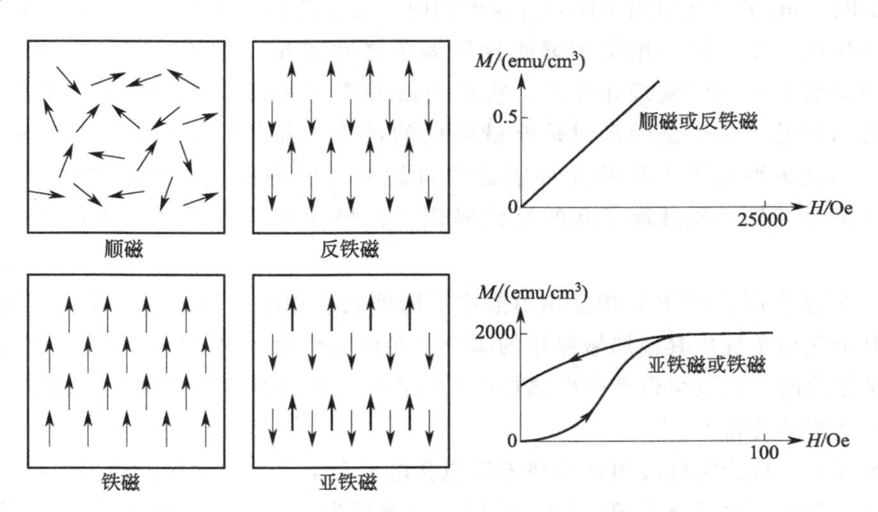

图10.1 主要类型磁性材料中磁偶极矩的排序，以及相应的磁化强度与磁场的变化关系

顺磁体。单个原子或离子都具有磁矩，但这些磁矩是无序的，因此没有净磁化。磁化率为正，因为外磁场的作用使磁矩沿外场部分取向；磁化率很小，因为与使磁矩沿外场取向的磁能相比，使磁矩无序取向的热能更大。

反铁磁体。单个原子或离子的磁矩相互反平行排列，因此整体上磁矩相互抵消。与顺磁体一样，反铁磁体没有自发磁化，且磁化率小而正；但是，需要注意的是它们的微观结构完全不同。

铁磁体。在铁磁体中，磁矩相互平行排列，产生较大的净磁化强度。磁化率可以非常大，并且通常是滞后的，因为磁化过程是通过畴壁运动而逐步推进的。

亚铁磁体。亚铁磁体在微观上与反铁磁体类似，因为它们由两个亚晶格组成，亚晶格内磁矩平行排列，而两个亚晶格彼此反平行排列。然而，在两个亚晶格中磁矩的大小不同，存在净磁化。因此，它们在宏观特性上类似于铁磁体，具有较大的正磁化率和磁滞现象。

10.2 决定磁序类型的物理机制回顾

我们还讨论了不同类型磁序的基本起源。反过来，这也让我们对各种材料的磁特性类型有了直观的认识。驱动磁矩形成特定排序的根本因素是物理和化学因素。我们根据磁现象而不是磁序类型对磁特性进行分类。

交换作用。两个电子之间的量子力学交换能 J 的正式定义是，两个电子对称和反对称双体波函数之间能量差的两倍。我们在第 6 章指出，它可表示为

$$J=\langle \phi_1(\boldsymbol{r}_1)\phi_2(\boldsymbol{r}_2)|H_{12}|\phi_2(\boldsymbol{r}_1)\phi_1(\boldsymbol{r}_2)\rangle$$

其中，$\boldsymbol{r}_1$ 和 $\boldsymbol{r}_2$ 描述了两个电子的位置，每个电子都可能占据 ϕ_1 或 ϕ_2 轨道。当 J 为正时，通常也就是电子-电子相互作用是库仑排斥作用时，交换能使电子自旋平行并产生铁磁性。

超交换作用。超交换作用是近邻磁性阳离子之间的相互作用，它是通过一个中间阴离子（通常是氧）由化学键来介导的。它是由磁性离子和阴离子上的电子之间所形成的部分共价键引起的：由于键的形成是能量降低的过程，并且只能在特定自旋取向的电子之间发生，因此磁性离子中那些允许成键的自旋取向更易形成超交换作用。我们在第 8 章指出，这通常会导致磁性离子间的反铁磁耦合；稍后我们将看到它也可以引起铁磁相互作用。

RKKY 相互作用。RKKY 相互作用描述了局域磁矩和电子气之间经相互交换形成的相互作用。电子气与系统中其他局域磁矩的耦合会在局域磁矩之间产生一个有效相互作用。耦合的符号是振荡的，它既可以产生铁磁性也可以产生反铁磁性，这取决于局域磁矩间的距离和电子气中载流子的密度。

自旋密度波。自旋密度波出现在费米面包含电子和空穴之间的平行边界的材料中。如果平行边界被一个嵌套向量 $\boldsymbol{q}$ 分开，则会形成一个波长为 $2\pi/q$ 的自旋密度波，这是因为它在费米面上打开了缺口，降低了系统的能量。典型的例子是 Cr，尽管它是一种过渡金属，在费米面具有高密度的 3d 态，但它不存在净磁化强度。

双交换。双交换是另外一种我们尚未讨论过的重要相互作用，但为了完整起见，我们要在这里提一下。（我们将在过渡金属氧化物一节进行详细描述。）它发生在混合价材料中，电子从高价离子到低价离子的离域过程在能量上是有利的，因为它降低了系统的动能。然而，只有当两个离子取向相同时，它们才能满足洪特规则。与 RKKY 一样，双交换是一种载流子介导的交换相互作用，尽管在双交换的情况下磁矩之间的相互作用总是铁磁性的。

现在，我们将继续研究在诸多磁现象中这些磁序是如何发挥重要作用的，而这正是本书第 2 篇的主要内容。

第 2 篇

磁现象

第11章
各向异性

...could it work so much upon your shape As it hath much prevail’d on your condition, I should not know you, Brutus.

William Shakespeare, *Julius Caesar*

“磁各向异性”是指磁性能与测量方向的关系，其大小和类型影响磁性材料的磁化强度和磁滞曲线等性能。因此，磁各向异性是决定磁性材料是否适合某种特定应用的一个重要因素。材料的各向异性可能是由其晶体化学或形状产生的内禀特性，也可能是由制备方法而感生的。本章我们将详细讨论内禀各向异性和感生各向异性。

11.1 磁晶各向异性

在第7章中，我们介绍了磁晶各向异性的概念，它描述的是磁化强度沿特定晶体学方向取向的倾向。磁晶各向异性能定义为沿易磁化轴和难磁化轴磁化的样品单位体积的能量差。如图11.1所示，从单晶材料上切割出一个沿{110}面的圆盘，并测量圆盘内三个高对称性晶体学方向（[110]、[111]以及[001]）的 M-H 曲线，就可以测得磁晶各向异性能。

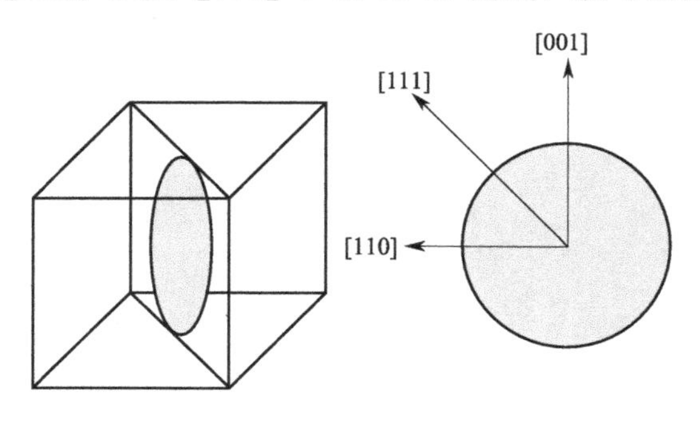

图11.1 测量磁晶各向异性能的样品制备

图 7.4 给出了铁和镍等铁磁性金属单晶样品的磁晶各向异性示意图。体心立方铁的易磁化轴为<100>方向；在面心立方结构的镍中，易磁化轴为<111>方向。需要注意的是，只要磁场强度足够大，无论沿哪个轴向施加磁场，最终样品饱和磁化强度的大小都是一样的，但在不同情况下达到饱和值所需的磁场大小明显不同。

11.1.1 磁晶各向异性的起源

使磁畴的自旋系统旋转偏离易磁化方向的能量，实际上就是克服自旋-轨道耦合作用所需的能量。当一外加磁场试图改变电子自旋方向时，轨道方向同样也会被改变，因为自旋和轨道分量之间存在耦合作用。然而，轨道与晶格之间通常也存在强烈的耦合，因此自旋轴的旋转会受到阻碍。图 11.2 为耦合过程示意图。图 11.2(a) 中，磁矩沿着易磁化轴（垂直方向）取向，由于自旋-轨道耦合作用，轨道分量不是球形的，其长轴沿水平轴排列。对于这类晶体，这种轨道排布是能量最低的。图 11.2(b) 中，通过施加外磁场，自旋磁矩沿水平轴取向。轨道分量之间或轨道与晶格之间，不再相互重叠。

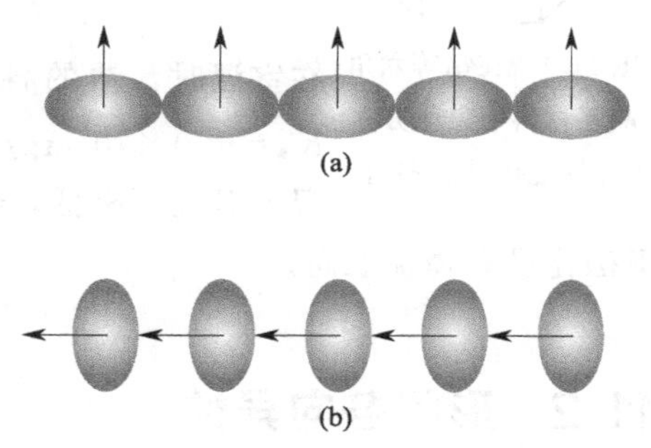

图 11.2 自旋和轨道自由度之间的相互作用

在大多数材料中，自旋-轨道耦合作用比较弱，因此磁晶各向异性不会特别强。然而，在稀土材料中，稀土元素原子序数很大，因此自旋-轨道耦合作用很强。一旦被磁化，为了克服各向异性并使磁化反转，就必须沿与磁化强度相反的方向施加一个强磁场。因此，稀土材料常用于永磁体等需要高矫顽场的场合中。

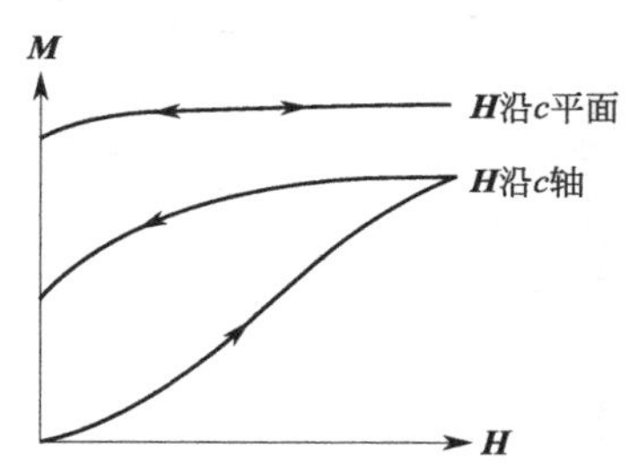

图 11.3 沿平行易磁化轴和垂直易磁化轴的方向施加磁场时，Tb 的磁化曲线示意图

六角晶系铽 Tb 的易磁化轴在 c 平面内，其磁化曲线示意图如图 11.3 所示。当磁场垂直于易磁化轴时，即使是在高达 400kOe 的磁场中，所获得的磁化强度也只有自发磁化强度的 80%左右。这是因为强磁晶各向异性阻碍了磁化强度从易磁化轴偏转。由于强自旋-轨道耦合会导致大磁致伸缩，所以尽管磁化强度是由磁矩的可逆旋转引起的，但仍可观察到磁滞现象。这种磁致伸缩会沿磁化方向产生形变孪晶，并且在磁化弛豫前孪晶边界必须重新取向。

铽未填满的 4f 壳层有 8 个电子，因此其总轨道量子数为 $L=3$。它的相邻元素钆 Gd 有 7 个 4f 电子，因此 $L=0$。因此，Gd 没有自旋-轨道耦合，也不会表现出磁晶各向异性。

11.1.2 磁晶各向异性的对称性

磁晶各向异性的对称性与晶体结构的对称性相同。因此，在立方结构铁中，各向异性能 E 可以写成饱和磁化强度相对于晶轴的方向余弦 α_i 的级数展开式：

$$E=K_1(\alpha_1^2\alpha_2^2+\alpha_2^2\alpha_3^2+\alpha_3^2\alpha_1^2)+K_2(\alpha_1^2\alpha_2^2\alpha_3^2)+\cdots \tag{11.1}$$

式中，K_1、K_2 等被称为各向异性常数。在室温时，铁的各向异性常数的典型值为

$K_1=4.2\times10^5\,erg/cm^3$ 和 $K_2=1.5\times10^5\,erg/cm^3$。能量 E 是指，当对各向异性“力”做功使磁化强度偏离易磁化方向时，在晶体中存储的能量。需要注意的是，各向异性能为方向余弦的偶函数，当 α_i 相互交换时，各向异性能不变。

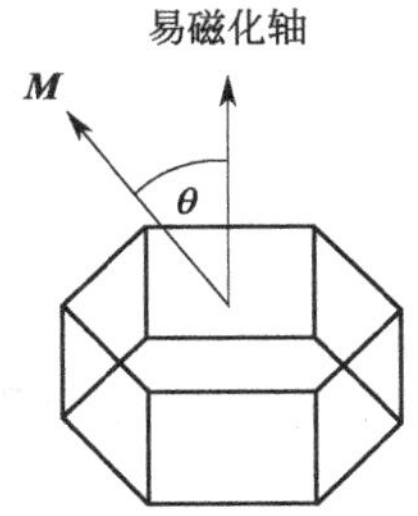

钴为六方晶体，其易磁化轴沿着六角（c）轴。这种对称性产生单轴各向异性能，它的角度相关性仅取决于磁化方向与六角轴之间的夹角 θ（图 11.4）。

易磁化轴

M

θ

图 11.4　在钴等六角晶系材料中磁化方向与易磁化轴的夹角

在这种情况下，各向异性能可以展开为：

$$E=K_1\sin^2\theta+K_2\sin^4\theta+\cdots \tag{11.2}$$

在室温时，钴的各向异性常数的典型值为 $K_1=4.1\times10^6\,erg/cm^3$ 和 $K_2=1.0\times10^6\,erg/cm^3$。需要注意的是，在所有材料中，各向异性都随温度升高而降低，各向异性在 T_C 附近趋近于零，这是因为在顺磁状态下磁化没有择优取向。

11.2 形状各向异性

尽管大多数材料都表现出一定的磁晶各向异性，但在多晶样品中，如果晶粒没有择优取向，则不存在宏观磁晶各向异性。然而，只有当样品是完美球形的时候，样品沿各个方向被相同磁场磁化的程度才会相同。如果样品不是球形，它更容易沿长轴方向被磁化。这种现象称为形状各向异性。图 11.5 为多晶 Co 长椭球体的形状各向异性常数与 c/a（轴向比）的函数关系。需要注意的是，各向异性常数随轴向比的增加而增大，并且对于典型的轴向比，形状各向异性常数与磁晶各向异性常数在相同的数量级（约为 $10^6\,erg/cm^3$）。

为了理解形状各向异性的起源，首先需要引入退磁场的概念。

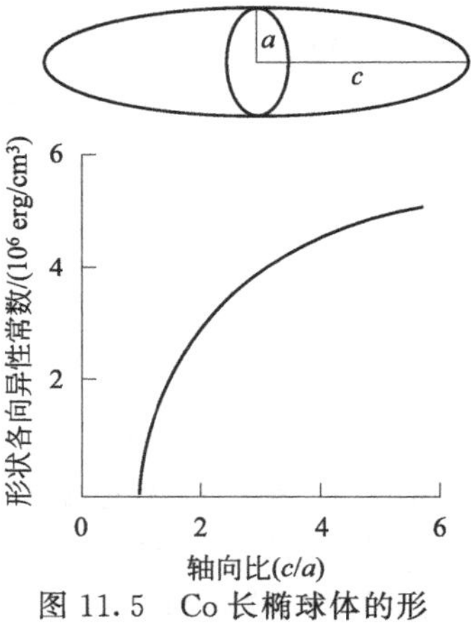

a

c

形状各向异性常数/(10^6 erg/cm^3)

6

4

2

0

2

4

6

轴向比(c/a)

图 11.5　Co 长椭球体的形状各向异性常数与轴向比的函数关系

11.2.1 退磁场

退磁场的概念很容易混淆，因此这里将从磁极的角度定性地进行介绍。假设图 11.5 中的长椭球体被一个从右向左施加的外磁场磁化了。结果，北极在长椭球体的左端，而南极在右端。根据定义，磁力线从北极出发回到南极，因此形成图 11.6 所示的磁力线。从图中可以看出，样品内部的磁场是从左到右的，也就是说，该磁场与外加磁场（$\boldsymbol{H}_{applied}$）的方向相反。这个内部磁场倾向于使磁体退磁，因此我们称之为退磁场 $\boldsymbol{H}_d$。

退磁场是由样品的磁化强度产生的，并且实际上退磁场的大小与磁化强度的大小成正比。二者之间关系为：

$$\boldsymbol{H}_d=N_d\boldsymbol{M} \tag{11.3}$$

式中，N_d 称为退磁因子，由样品的形状决定。尽管我们在这里不讨论细节，但不同形状的 N_d 值是可以计算出来的（详细情况，请参见文献[38]）。计算结果表明，对于细长样品，沿长轴方向的 N_d 值最小，沿短轴方向的 N_d 值最大。各向异性随纵横比增加而增强，当磁极间距→∞时，N_d→0。

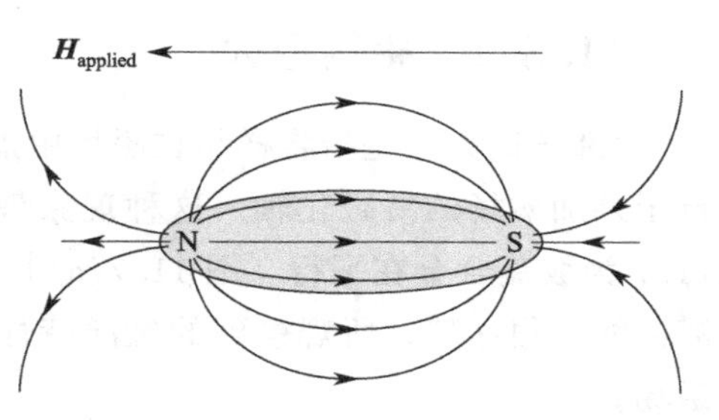

图 11.6　长椭球体周围的磁场

此外，作用于材料内部的有效场 $\boldsymbol{H}_{eff}$ 小于外加磁场，其差值等于退磁场，即

$$\boldsymbol{H}_{eff}=\boldsymbol{H}_{applied}-\boldsymbol{H}_d \tag{11.4}$$

因此，沿长轴方向，N_d 很小，

$$\boldsymbol{H}_{eff}=\boldsymbol{H}_{applied}-N_d\boldsymbol{M}\approx\boldsymbol{H}_{applied} \tag{11.5}$$

外加磁场大部分都用于磁化样品。相反，沿短轴方向，N_d 很大，因此

$$\boldsymbol{H}_{eff}=\boldsymbol{H}_{applied}-N_d\boldsymbol{M}\ll\boldsymbol{H}_{applied} \tag{11.6}$$

外加磁场大部分都用于克服退磁场。因此，样品更容易沿长轴方向磁化。针状粒子具有这种单轴磁响应特性，因而广泛用于磁记录系统中的磁记录介质。我们将在第 15 章中详细讨论磁记录的应用。

退磁因子非常重要，即便是材料的磁化率很大，具有大退磁因子的样品也需要强磁场来使其磁化。以坡莫合金球体为例，它是一种 Ni-Fe 合金，其矫顽场为 $\boldsymbol{H}_c=2\text{A/m}$，饱和磁化强度为 $\boldsymbol{M}_S=1.16\text{T}$。对于球体来说，在所有方向上 $N_d=\frac{1}{3}$。因此，退磁场 $\boldsymbol{H}_d=N_d\boldsymbol{M}\mu_0$（在 SI 单位制中）的值为 $3.08\times10^5\text{A/m}$。因此，为使球体的磁化强度达到饱和，我们实际上需要施加一个比矫顽场大 10^5 倍的外磁场。

需要注意的是，论文中发表的磁化曲线通常都已经根据退磁效应进行了修正，因此它们代表了样品的内禀特性，而不受其形状的影响。

11.3　感生磁各向异性

顾名思义，感生磁各向异性不是材料的内禀特性，而是通过某种具有方向性的处理方式（如退火）产生的。由于各向异性的大小和易磁化轴都可以通过适合的处理方式而进行改变，因此通过这类处理方式来改造材料的磁性能具有巨大的潜力。

可以感生磁各向异性的材料大多数都是多晶合金。根据定义，如果多晶材料中的晶粒存在择优取向（我们称之为“织构”），就会存在各向异性。在某种程度上，择优取向既取决于物理法则（这是我们无法改变的），也取决于样品的制备过程。因此，通常可以利用铸造、轧制或拉丝等技术，来控制择优取向的程度和方向。下面我们将详细讨论两种方法：磁场退火各向异性和轧制各向异性，对其他一些方法也略有提及。

11.3.1 磁场退火

“磁场退火”是指将样品在磁场中加热并缓慢冷却。在金属合金中，磁场退火形成了平行于外加磁场的易磁化轴。这种现象最早是于20世纪50年代在坡莫合金中观察到的。图11.7为坡莫合金在平行[图11.7(a)]和垂直于测量场[图11.7(b)]的磁场中冷却时的磁滞回线。很显然，所观察到的磁滞特性来源于感生单轴各向异性，其易磁化轴平行于退火磁场。

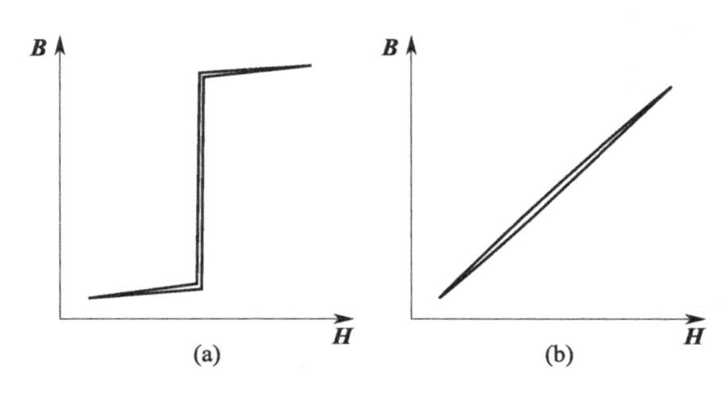

图11.7 坡莫合金在纵向磁场（a）和横向磁场（b）中退火、冷却后的磁滞回线示意图

磁场退火感生了各向异性，这是因为它引起了方向有序。尽管尚不清楚具体的物理机制，但我们仍将在下节讨论轧制各向异性后，通过示意图来分析磁场退火感生各向异性的机理。

11.3.2 轧制各向异性

Fe-Ni合金的冷轧工艺也会产生较大的磁各向异性。例如，isoperm™是一种50∶50的Fe-Ni合金，可以进行冷轧，轧制面为（001）面，轧制方向为［100］晶向；按惯例写为（001）［100］。再结晶后，将合金轧制至原厚度的50%，会产生较大的单轴各向异性，其易磁化轴在轧制面内，并且垂直于轧制方向。因此，平行于轧制方向的磁化完全是通过磁畴旋转来实现的，从而得到了线性**B-H**曲线，并且磁导率在很大磁场范围内基本保持恒定。冷轧工艺、磁化方向及磁化曲线如图11.8所示。

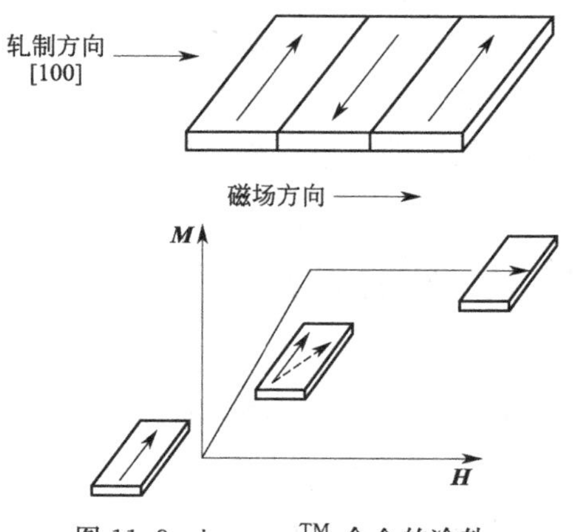

图11.8 isoperm™合金的冷轧工艺及其磁化曲线

11.3.3 感生磁各向异性的机理

磁场退火和冷轧都会产生磁各向异性，这是因为它们产生了方向有序。坡莫合金中的铁原子和镍原子都可以进行迁移（尤其是沿着滑移面等缺陷方向），因而没有形成随机固溶体，而是沿磁场方向（在磁场退火工艺中）或垂直于轧制方向（在冷轧工艺中）形成越来越多的Fe-Fe或Ni-Ni原子对，如图11.9所示。为什么会形成这种有序结构，为什么会产生易磁化轴，

目前尚不清楚其原因，但一般认为它是源于自旋-轨道相互作用。

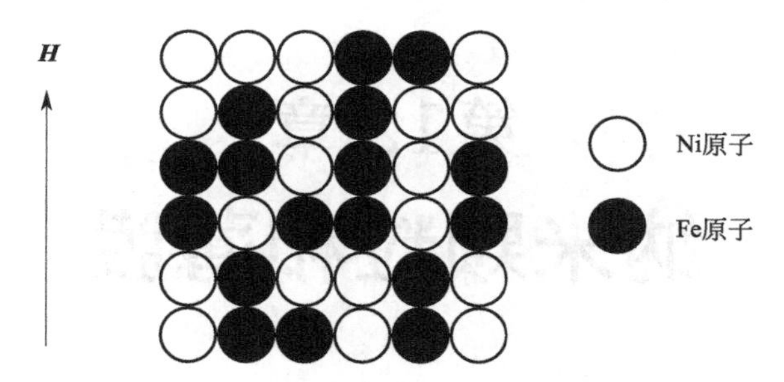

图 11.9　由磁场退火或冷轧产生的方向有序

11.3.4　产生感生磁各向异性的其他方法

如果在沿样品［100］方向施加的磁场中，用中子轰击 Ni-Fe 合金，就会感生各向异性，其易磁化轴平行于［100］方向，难磁化轴平行于［110］方向。这种磁辐射产生了缺陷，引起了方向有序。同样，在电磁场辐射中退火会引起光致磁各向异性，并且应力退火也会引起各向异性。由于薄膜中存在各种各样的外在现象，而这些现象又可能会导致磁各向异性，因此许多磁性合金薄膜都表现出显著的磁各向异性。

习题

11.1　假设球形铁磁样品具有以下特征，请画出相应的磁畴结构：

(a) 零磁晶各向异性；

(b) 大单轴各向异性；

(c) 大磁致伸缩；

(d) 样品尺寸非常小。

11.2　对于平均磁晶各向异性很小的单畴铁磁颗粒，它的磁滞回线有什么特点？请为这种材料推荐一种应用。我们将在下一章中详细介绍这类材料。

第12章
纳米颗粒和薄膜

“It is hard to be brave,” said Piglet, sniffling slightly, “when you're only a Very Small Animal.”

A. A. Milne, *Winnie the Pooh*

12.1 小尺寸粒子的磁性

在一定的临界尺寸下，单个粒子中仅包含一个磁畴，因此小尺寸粒子的磁性会受到影响。第7章中提到，畴壁的宽度取决于交换能（倾向于形成较宽的畴壁）和磁晶各向异性能（倾向于形成较窄的畴壁）之间的平衡。这种平衡所形成的典型畴壁宽度约为1000Å。因此，可以定性地推测：如果粒子尺寸小于1000Å，则颗粒内部无法容纳畴壁，因此将形成单畴粒子。

通过观察静磁能和畴壁能之间的平衡关系，我们可以更好地估算单畴颗粒的大小（图12.1）。

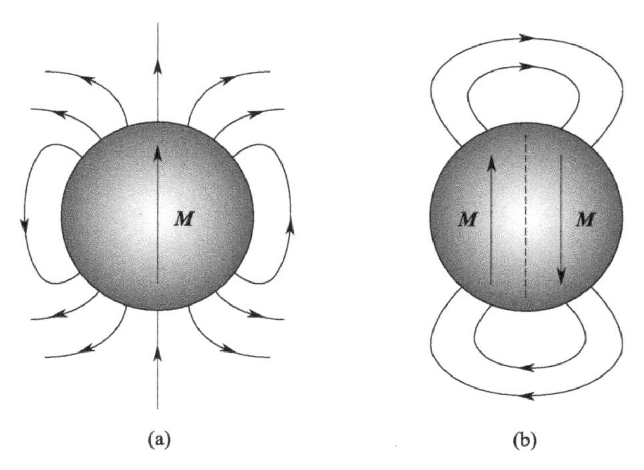

图12.1 单畴颗粒和多畴颗粒中静磁能和畴壁能之间的平衡关系

(a) 具有高静磁能的单畴颗粒；(b) 具有较低静磁能和较高畴壁能的多畴颗粒

单畴颗粒［图 12.1(a)］具有较高的静磁能，但无畴壁能，而多畴颗粒［图 12.1(b)］具有较低的静磁能以及较高的畴壁能，畴壁的引入降低了磁化能，但增加了交换能。事实证明，静磁能的降低量与粒子的体积成正比（即 r^3，其中 r 为粒子半径），畴壁能的增加量与畴壁的面积 r^2 成正比。静磁能和交换能取决于粒子半径，如图 12.2 所示。在临界半径 r_c 以下，从能量的角度不利于畴壁的形成，因而形成了单畴粒子。

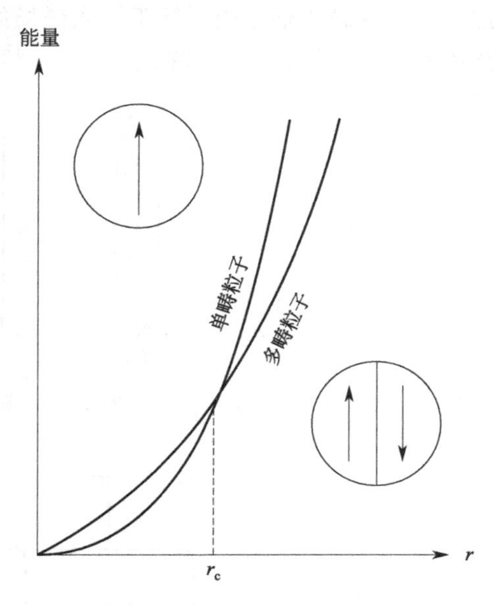

图 12.2　单畴粒子与多畴粒子的相对稳定性

如果畴壁能较大（例如，由强磁晶各向异性所引起的）则不利于畴壁形成，如果饱和磁化强度较低则静磁能较小，都会形成大尺寸单畴粒子。

12.1.1　单畴颗粒的实验证据

早在小尺寸粒子被证明仅包含单个磁畴之前，人们就知道它具有很大的矫顽力。在 20 世纪 50 年代，Kittel 等[46] 就已经在一篇开创性论文中证明了，小尺寸粒子的大矫顽力是由单畴引起的，而不是因为应力阻碍了畴壁运动。作者将少量球形 Ni 粒子分散在石蜡中制成复合样品，并在 200Å（小于 r_c）和 80000Å（大于 r_c）两种粒径条件下，测量了样品被磁化至饱和所需的磁场。他们发现，将小尺寸样品磁化至饱和所需的磁场为 550Oe，只比克服磁晶各向异性所需的磁场大了一点点。因此他们得出结论，这些粒子是由单畴组成的。相比之下，将大尺寸粒子磁化至饱和所需磁场为 2100Oe，略高于 Ni 的退磁场。两种情况对应于不同的饱和磁化场，这清楚地表明，大尺寸粒子的磁化机制（实际上是通过畴壁位移和磁畴旋转来实现）与小尺寸粒子不同。大尺寸多畴粒子只有在高于退磁场的磁场中，才能保持饱和磁化状态；而小尺寸单畴粒子始终处于饱和状态，其自发磁化方向在整个颗粒中是相同的。将单畴粒子磁化所需的外加磁场必须克服各向异性，而不是退磁场。

12.1.2　磁化机制

在施加外磁场前，单畴粒子的磁化强度沿着易磁化方向［图 12.3(a)］，该易磁化方向是由形状各向异性和磁晶各向异性所决定的。沿相反方向施加外磁场时，粒子无法通过畴壁位移作出响应，而磁化必须经由难磁化方向［图 12.3(b)］旋转至新的易磁化方向［图 12.3(c)］。将磁化强度维持在易磁化方向的各向异性力很强，因此矫顽力很大。我们将在第 15 章中讨论，这种高矫顽力是如何促进小尺寸粒子应用于磁性介质领域中的。

应用于磁性介质的小尺寸粒子的另一个显著特征是：沿易磁化方向施加磁场时，会产生方形磁滞回线；存在两种方向相反的稳定磁化状态，并且这两种磁化状态反转所对应的磁场大小是确定的。外加磁场平行于易磁化方向时，典型的磁滞回线如图 12.4(a) 所示。沿难磁化方向施加磁场时，沿外磁场方向最初不存在磁化分量。外磁场迫使样品的磁化强度向磁场方向旋转，而一旦移除外磁场，它就会转回到易磁化方向。因此，不存在磁滞现象，

M-H 曲线近似为线性，如图 12.4(b) 所示。因此，对于存储介质，所有的粒子都必须有序排列，其易磁化轴必须平行于写入磁场的方向。与理想排列方式的任何偏离，都会导致样品整体 ***M-H*** 曲线方形度的降低。

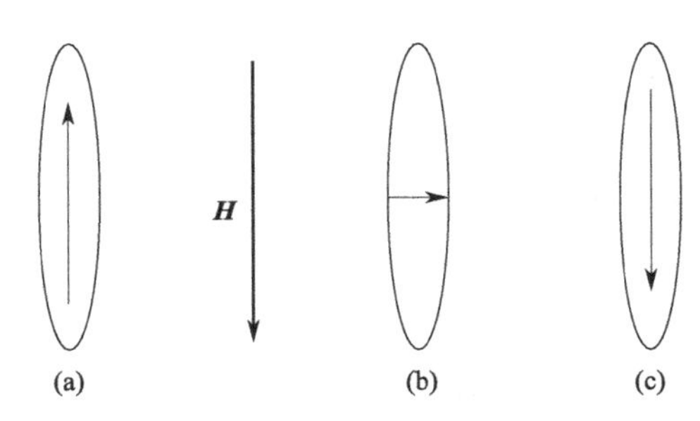

图 12.3 单畴小尺寸粒子的磁化机制

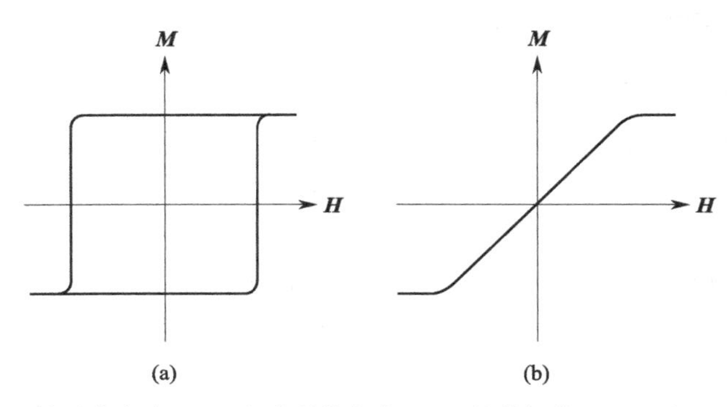

图 12.4 在平行于易磁化方向（a）和难磁化方向（b）的外场作用下，小尺寸粒子的磁滞特性

12.1.3 超顺磁性

图 12.5 给出了小尺寸粒子的矫顽力随粒径变化的示意图。如上所述，当样品尺寸从块体降低时，最初由于单畴粒子的形成，矫顽力会逐渐增大。但在某个临界半径以后，矫顽力逐渐减小，最终降至零。

在很小的粒径下，各向异性能随尺寸相应地减小，从而降低了矫顽力。将磁化维持在易磁化方向的各向异性能，是各向异性常数 K 与颗粒体积 V 的乘积。当体积减小时，各向异性能 KV 与热能 k_BT 相当。因此，热能可以克服各向异性“力”，并自发地将粒子磁化从一个易磁化方向反转至另一个方向，即便在没有外加磁场的情况下也是如此。这种现象被称为“超顺磁性”。这是因为，各向异性能与热能之间的竞争使得这些小尺寸粒子整体上表现出的磁特性，在性质上类似于具有局域磁矩的顺磁材料，但磁矩要大得多。然而，这两种磁特性在数量级上显著不同，因为 50Å 大小的粒子典型磁矩约为 $10000\mu_B$，而磁性原子的磁矩为几个玻

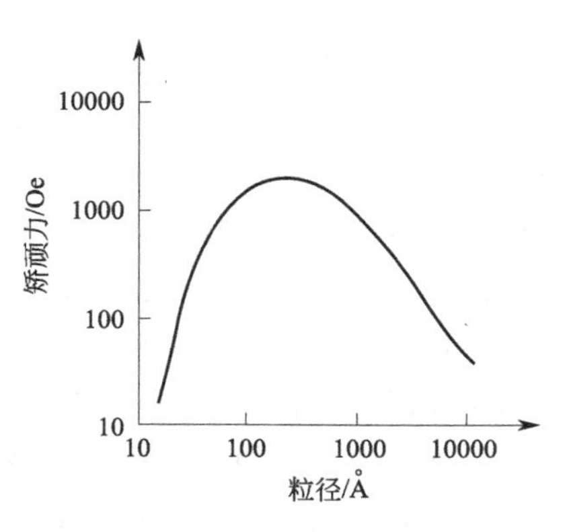

图 12.5 矫顽力随颗粒尺寸的变化关系

尔磁子。在这两种情况下，外磁场都倾向于使磁矩有序取向，而热能倾向于使磁矩无序排列。然而，由于超顺磁粒子的磁矩远大于原子磁矩，因此粒子在较小的磁场下就可以实现有序排列。

如果各向异性为零，则每个粒子的磁矩都可以任意取向，利用经典的顺磁理论可以很好地重现粒子的这种磁特性。磁化强度可以用朗之万方程描述，如 5.1 节所示：

$$\boldsymbol{M} = N\boldsymbol{m}\left[\coth\left(\frac{mH}{k_{\mathrm{B}}T}\right) - \frac{k_{\mathrm{B}}T}{mH}\right] \tag{12.1}$$

$$= N\boldsymbol{m}L(\alpha) \tag{12.2}$$

式中，$\alpha = mH/k_{\mathrm{B}}T$，$L(\alpha) = \coth(\alpha) - 1/\alpha$。然而，在超顺磁情况下，由于单位粒子的磁矩 m 较大，α 也相应较大，因此即使在中等强度磁场下，也很容易观察到上至饱和阶段的完整磁化曲线。（请注意，对于常规的顺磁性材料，研究整个磁化曲线需要非常高的磁场以及极低的温度。）

如果每个粒子的各向异性的大小是有限的，并且有序取向，其易磁化轴相互平行且都平行于外磁场方向，则磁矩方向是量子化的，存在两个允许的方向。在这种情况下，可用 $J=\frac{1}{2}$时的布里渊函数的特殊情况来描述磁化强度，即

$$\boldsymbol{M} = N\boldsymbol{m}\tanh(\alpha) \tag{12.3}$$

同样，即使是在中等强度磁场下，也可以得到整条磁化曲线。

在一般情况下，粒子并不会完全有序取向，并且这两个理想方程都不能准确描述实验中所观察到的磁化曲线。而且，在大多数样品中，粒子尺寸并不完全相同，每个粒子的磁矩也不是恒定的，这都进一步偏离了理想状态。然而，在所有情况下，超顺磁性材料都不存在磁滞现象（也就是说，矫顽力和剩磁都为零），因此它不适合用作记录介质。通过降低温度、增大颗粒尺寸或增加各向异性，使得 $KV > k_{\mathrm{B}}T$，则可以破坏超顺磁性。

图 12.6 为直径为 44Å 的铁粒子的磁化曲线，它是超顺磁性领域最早的研究工作之一[47]。在 200K 和 77K 温度下，粒子表现出典型的超顺磁特性，不存在磁滞现象。同样需要注意的是，在相同外磁场下，77K 时的感生磁化强度要高于 200K 时，正如我们根据朗之万理论所预测的那样。然而，在 4.2K 时，粒子没有足够的热能来克服沿外加磁场方向取向所带来的能量增加，因此可以观察到磁滞现象（图中只给出了半个磁滞回线）。在实际器件中，4.2K 的工作温度显然是不合适的，因此这些粒子不能用于磁介质。

粒子间相互作用：在实验中已经观察到，当小尺寸粒子的各向异性主要来源于形状各向异性时，矫顽场随着堆积密度的增大而减小。这是粒子之间相互作用的结果。我们可以通过分析某个磁性粒子作用于其相邻粒子上的磁场，来定性地理解这种效应，如图 12.7 所示。最初所有粒子都是向上磁化的。从图中可以看到，粒子 A 作用于粒子 C 上的磁场是向下的。因此，当外磁场反转向下时，粒子 A 作用于粒子 C 上的磁场与外加磁场产生了协同作用，因此粒子 C 在一个比孤立状态时更低的磁场下，反转了自身的磁化强度。总的来说，样品的矫顽力比一组孤立粒子要低。（当然，从图中可以看到，在粒子 B 处产生了相反的效果，也就是说，由粒子 A 产生的磁场与反向外加磁场的作用相反。实际情况比我们想象的要复杂得多。）随着堆积密度的增大，粒子间相互作用增强，矫顽力进一步降低。

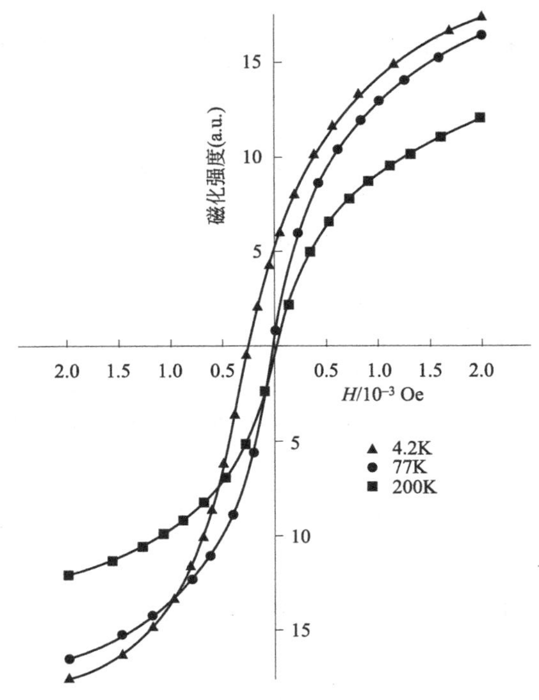

图 12.6　铁粒子在高于和低于超顺磁转变温度时的磁化曲线

摘自文献［47］，版权所有：1956 年美国物理学会，经许可可转载

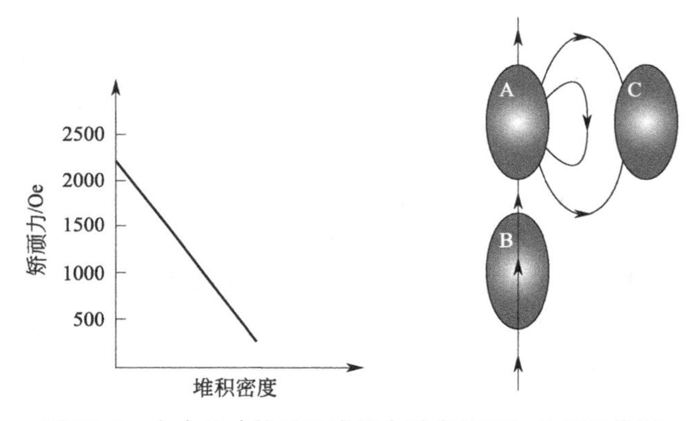

图 12.7　由小尺寸粒子组成的介质中粒子间的相互作用

12.2　薄膜的磁性

在技术应用中，磁性薄膜非常重要，因为大多数利用磁特性的电子设备都采用薄膜结构。不仅在技术应用中具有举足轻重的作用，而且随着尺寸和维度的降低，薄膜所表现出的新颖的物理特性也令人感兴趣。在这里，我们总结了薄膜与块体在磁性方面的几个不同之

处。最近有许多关于这个方面的综述；其中文献［48］和［49］做了非常好的概述。

12.2.1 结构

磁性薄膜通常采用分子束外延或脉冲激光沉积等逐层技术进行生长。在理想情况下，原子将逐层沉积在基体上。因此，通过这类技术可以在薄膜中获得一些原本在块体中不存在的新相或改性相。

首先，如果材料和基体具有近似的晶格常数（在百分之几以内），那么材料在界面内的晶格常数通常与基体的晶格常数相匹配。这种共格生长导致体系处于应变状态，这会在许多方面改变材料的磁特性。当应变使原本在块体中非稳或亚稳的新结构相在薄膜中稳定时，变化最为显著。这些新结构相很可能与块体中的稳定相具有不同的磁性能。局域键长和配位环境的变化也会引起自旋态之间的转变。例如，较小的笼状配合物倾向于高自旋态，而较大的笼状配合物倾向于低自旋排布，在大笼配合物中电子之间的库仑排斥作用更大，因此体积更大。由于低自旋和高自旋组态通常具有不同的局域磁矩，因此磁性能会发生巨大变化。改变过渡金属氧化物的键角可以改变磁有序化温度，甚至可以转换铁磁有序态和反铁磁有序态，而这些有序态取决于不同的相互作用取向。最后，通过曾在第 7 章中讨论过的磁致伸缩/磁弹性耦合作用，应变可以与磁性产生耦合。

其次，一些合金的原子排列可人为调控，可以通过逐层生长技术进行设计。例如，我们可以在合金中获得 Fe 和 Ni 的交替分布层，而非传统 Fe/Ni 合金中的原子随机排布。与原子随机分布的合金相比，这种层状排列显然具有更大的各向异性。包含非磁性材料的异质结构还会引起全新的物理现象，例如将在下章讨论的巨磁电阻（GMR）效应。

12.2.2 界面

界面的存在，无论是表面与空气或真空的界面，还是薄膜底部与衬底之间的界面，都会引起剧烈的性能变化。在第 8 章中曾提及的交换偏置耦合，也许是一种最重要的界面邻近效应。我们会在第 14 章详细讨论交换偏置。界面上的化学键以及表面成键原子的缺失，都会显著地影响磁性能。特别是，在薄膜表面或界面处的磁化强度值通常由其块体的磁化强度值修正而来。对此，有一个简单明了的解释：例如，块体铁的磁化强度相当于每个铁原子 $2.2\mu_B$，而单个孤立铁原子有 4 个未成对的 d 电子，因此仅自旋磁矩就有 $4\mu_B$。当材料体系的配位介于块体配位和孤立原子配位之间时，磁化强度存在一个中间值。最终，界面上对称性的变化会产生全新的物理现象。例如，一种原本为中心对称的材料在界面位置处失去其对称中心，这会使磁电效应（第 18 章）等物理现象变得对称容许[50]。

12.2.3 各向异性

根据第 11 章中对形状各向异性的讨论，可以预测薄膜的磁化方向应始终在平面内，以使退磁场最小化。然而，如前所述，在磁性薄膜的表面位置处近邻原子的缺失显著地影响了体系的磁晶各向异性。这会使磁矩倾向于垂直于表面排列，这种现象称为表面各向异性。在第 15 章中将会发现，这种垂直排列对于现代磁记录工业是至关重要的。形状各向异性和表面各向异性之间的竞争，会导致磁矩方向随薄膜厚度变化产生重取向转变。在非常薄的薄膜中，表面原子所占的比例较大，磁化通常为垂直取向。实际上，表面各向异性通常用于定义磁性膜转变为磁性薄膜的临界尺度。

12.2.4 多薄才算薄？

在传统上，磁性薄（有时又称为超薄）膜的定义为某一极限，在该极限下，表面各向异性（倾向于使表面自旋垂直于平面排列）与交换作用（倾向于使所有自旋平行排列）共同作用，使样品中所有磁矩整体上垂直排列。

对于较厚的样品，静磁能大于表面各向异性能，自旋在平面内排列以减小退磁场。尽管转变厚度对交换能、表面各向异性能、静磁能以及表面或界面粗糙度等外部因素敏感，但薄膜特性的转变通常发生在 20～30 个原子层左右。

12.2.5 二维极限

需要注意的是，尽管通常将薄膜通俗地称为二维材料，但这并非正式的正确称谓。实际上，真正的二维特性出现在极薄的薄膜中。如果能够获得极薄的薄膜，将发生巨大的磁性变化。特别是，在 20 世纪 60 年代，理论表明具有有限程相互作用的各向同性二维系统在有限温度下不应具有长程磁有序[51]。然而在实验中发现，尽管磁性单层膜的居里温度低于相应的块体，但在其中仍可以观测到长程磁有序。永久磁有序可能来源于各向异性和/或长程偶极相互作用，而这些都没有包括在原始推导中。这两个因素都抑制了有限的温度涨落，增强了有序化倾向。当然，即使是单层原子，磁矩也在一定程度上垂直于原子层，而不是纯粹的二维特性。

延伸阅读

D. L. Mills and J. A. C. Bland, eds. *Nanomagnetism: Ultrathin Films, Multilayers and Nanostructures*. Elsevier, 2006.

J. A. C. Bland and B. Heinrich, eds. *Ultrathin Magnetic Structures*. Springer, 2005. 该系列包含四个部分，介绍得非常全面：

Ⅰ：*An Introduction to the Electronic, Magnetic and Structural Properties*

Ⅱ：*Measurement Techniques and Novel Magnetic Properties*

Ⅲ：*Fundamentals of Nanomagnetism*

Ⅳ：*Applications of Nanomagnetism*

A. P. Guimaraes. *Principles of Nanomagnetism*. Springer, 2009.

A. Rettori and D. Pescia. *Fundamental Aspects of Thin Film Magnetism*. World Scientific, 2010.

第13章
磁 电 阻

Magnetoresistance in metals is hardly likely to attract attention except in rather pure materials at low temperatures.

Sir A. B. Pippard, F. R. S. Magnetoresistance in Metals, 1989

磁电阻（MR）是指，在施加磁场时材料电阻的变化。磁电阻比定义为施加磁场时的电阻变化与零场电阻之比，即：

$$MR_{比}=\frac{R_H-R_0}{R_0}=\frac{\Delta R}{R} \quad (13.1)$$

因此，如果一种材料在磁场中的电阻比没有磁场时的电阻大，则定义其具有正的磁电阻，而如果磁场降低了电阻，则其磁电阻为负。

磁电阻现象已经成为最近研究的热点，并且磁电阻材料目前已应用于许多商用技术中，如磁传感器、磁记录头中的读取元件以及磁存储器。在本章，我们将描述常规金属中磁电阻的本质和起源，而后讨论铁磁性金属的各向异性磁电阻、金属多层膜的巨磁电阻以及钙钛矿结构锰氧化物的庞磁电阻。

13.1 常规金属中的磁电阻

在没有外磁场的情况下，电子在相邻散射点之间以直线穿过固体，如下所示：

对于自由电子气，即使在外磁场中也是如此。虽然外加磁场在电子上产生了一个力（洛伦兹力），使它们偏离其路径，但位移电子所产生的电场刚好平衡了洛伦兹力，在平衡状态时，电子会像没有外磁场时一样沿着相同的直线路径传输。这是霍尔效应的物理原理，如图13.1所示。在图中，在沿 z 方向施加的磁场 H 的作用下，沿 x 方向以速度 v 移动的电子最

初向 y 方向偏转。由于洛伦兹力和感生电场 E_y 之间的精确平衡，电子重新回到直线轨迹，理想自由电子气的磁电阻为零。

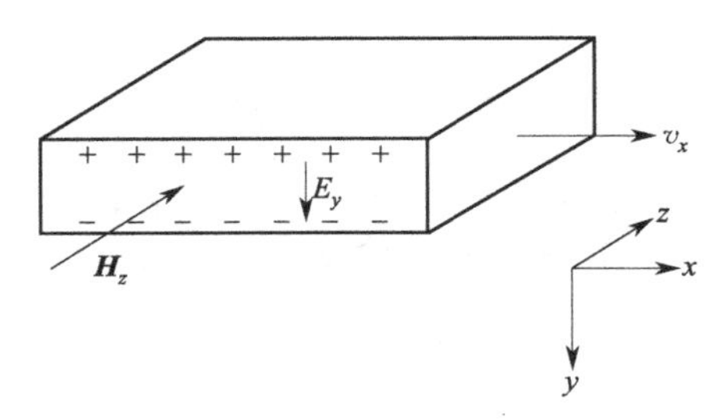

图 13.1　自由电子气中的霍尔效应

然而，在“真实”的金属中，传导电子的平均速度不同。尽管总体上横向霍尔电场与磁场完全平衡，但单个电子沿曲线路径传输，如下所示：

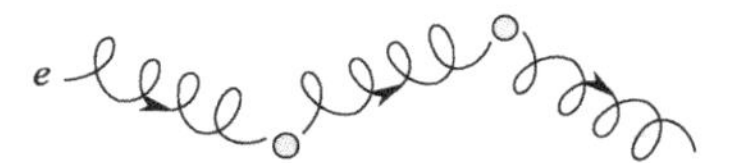

由于洛伦兹力 $e\boldsymbol{v}\times\boldsymbol{B}$ 使电子运动轨迹卷曲成轨道，它们运动距离更远，受到的散射更多，因此有磁场时的电阻大于没有磁场时的电阻。因此，常规金属的磁电阻是正的。然而，这种磁电阻效应非常弱，在技术上没有应用。

13.2　铁磁性金属中的磁电阻

13.2.1　各向异性磁电阻

在铁磁性金属及其合金中，观察到了较大的磁电阻效应，约为 2%。由于在平行和垂直于电流方向施加磁场时，所产生的电阻变化不同，所以这种现象被称为各向异性磁电阻（AMR）。在 19 世纪 50 年代，W. Thomson（也就是开尔文勋爵）首次报道了这种电阻随磁场取向的变化关系，并创造了“磁电阻”一词[52]。

如图 13.2 所示，施加外磁场时，平行于磁场方向电流的电阻率 $\rho_{平行}$ 增加，而垂直于磁场方向电流的电阻率 $\rho_{垂直}$ 减小大致相同的量。即使在小磁场中，该效应也非常显著。实际上，在 20 世纪 90 年代的大部分时间里，各向异性磁电阻材料被广泛用于磁头的读取单元。需要注意的是，磁电阻在大约 5～10Oe 的外加磁场中就会饱和。

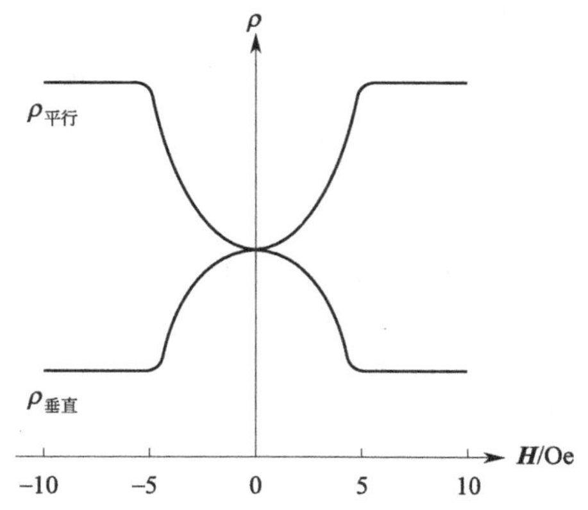

图 13.2　坡莫合金等铁磁金属中的各向异性磁电阻
图中分别给出了磁场平行和垂直于电流方向时相应的电阻率 ρ

AMR 起源于自旋-轨道耦合，Kondo[53] 在

20 世纪 60 年代初首次解释了这一现象。他认为，起传导作用的 s 电子被 3d 电子轨道角动量中未猝灭的部分散射。有实验证据支持这一假设，实际上所观察到的磁电阻与旋磁比偏离其纯自旋取值 2 相关。当磁化方向随外加磁场旋转时，3d 电子云发生变形，改变了传导电子的散射量。这个过程如图 13.3 所示：当磁化方向垂直于电流方向时，散射截面比零磁场时小；而当磁化方向平行于电流方向时，散射截面增大。

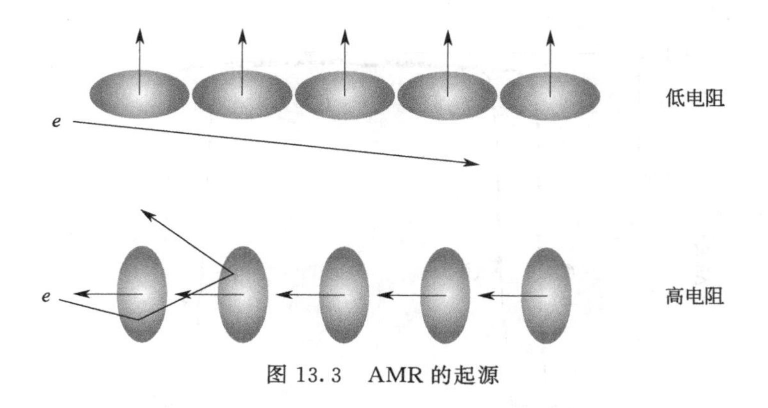

图 13.3　AMR 的起源

13.2.2　自发磁化引起的磁电阻

在常规非磁性金属中，电阻率随温度的降低而平稳下降。这是由于原子热振动的降低使晶格更加有序，进而减少了传导电子的散射。在铁磁有序温度以下，与常规金属相比，铁磁性金属的电阻率存在额外的下降。这种电阻率的额外降低是由于磁矩方向有序度的增大，这也减少了传导电子的散射[54]。图 13.4 为非磁性 Pd 和磁性 Ni 的电阻率随温度变化的示意图(曲线已经归一化，因此设定两种金属在 Ni 的居里温度时的电阻率相等)。

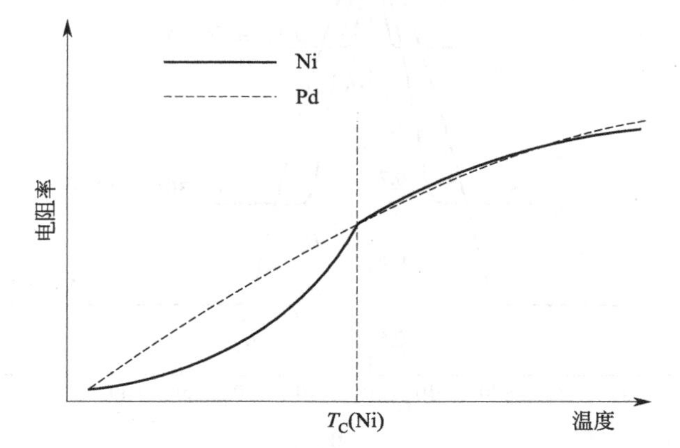

图 13.4　非磁性 Pd 和磁性 Ni 的电阻率随温度变化的示意图

Ni 的电阻在其铁磁居里温度 T_C 时存在额外的降低

13.2.3　巨磁电阻

在精心设计的铁磁金属多层膜中，铁磁层被非磁性或反铁磁性金属分隔开，磁场会引起多层膜电阻发生巨大变化。这种现象被称为巨磁电阻（GMR）效应。无论是在技术应用中

（例如，计算机硬盘驱动器读取头中的传感器就使用了 GMR 效应），还是在它所揭示的物理机制中，巨磁电阻都具有极其重要的意义。2007 年诺贝尔物理学奖授予 Albert Fert 和 Peter Grünberg，以表彰他们发现了 GMR。20 世纪 80 年代末[55,56] 首次在 Fe/Cr 金属多层膜中观察到巨磁电阻现象。图 13.5 为 Grünberg 和 Fert 小组原始论文中的数据。需要注意的是，巨磁电阻的典型值比 AMR 材料的磁电阻值大一个数量级。

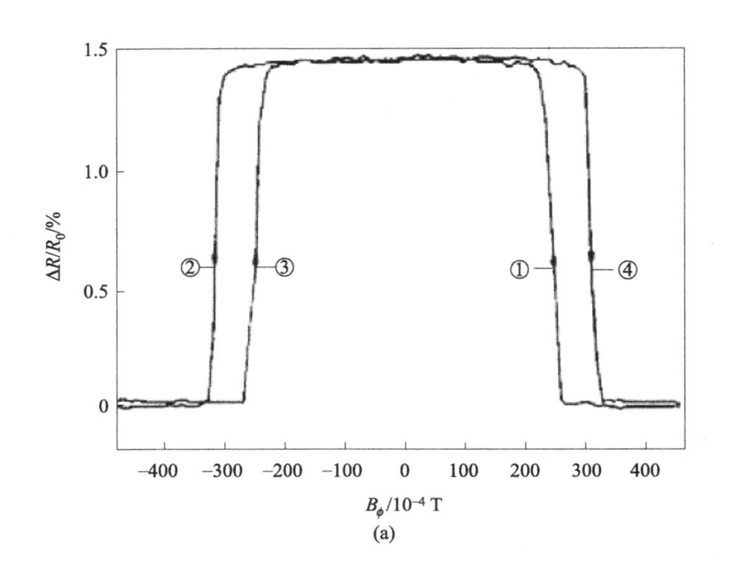

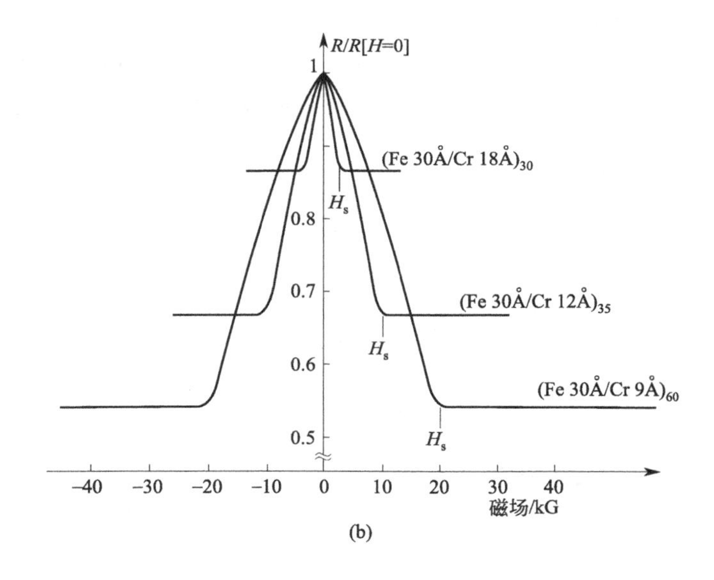

图 13.5 Fe/Cr 超晶格中首次观察到的巨磁电阻

(a) 五层结构的室温磁电阻，该结构中包含 3 层被 Cr 隔开的 Fe；(b) 三种不同超晶格在 4.2K 时的数据。在这两种情况下，电流和外加磁场都在膜层的平面内。(a) 摘自文献 [56]，(b) 摘自文献 [55]，版权所有：1988 年、1989 年美国物理学会，经许可转载

在理解巨磁电阻时，有两个基础物理概念非常重要：层间交换耦合（它决定铁磁层中磁

化强度的相对取向）和自旋相关输运。

① 层间交换耦合。GMR 效应发生在多层膜中。在多层膜中，铁磁材料薄层被非磁性金属薄层分隔开。磁性层可以产生铁磁耦合，也可以产生反铁磁耦合，这取决于非磁性层的厚度。Grünberg 实验记录的早期数据表明，交换常数随层间距呈振荡变化，如图 13.6 所示。虽然探索耦合机制的本质仍是一个活跃的研究领域，但这种振荡特性显然与第 8 章中曾讨论过的 RKKY 机制类似。对于较小的层间距，磁性层之间产生铁磁性耦合；在层间距略微增大时，磁性层之间产生反铁磁性耦合；然后又产生铁磁性耦合，以此类推。随着层间距的增加，耦合强度降低，因此磁性层铁磁排列和反铁磁排列之间的能量差更小。

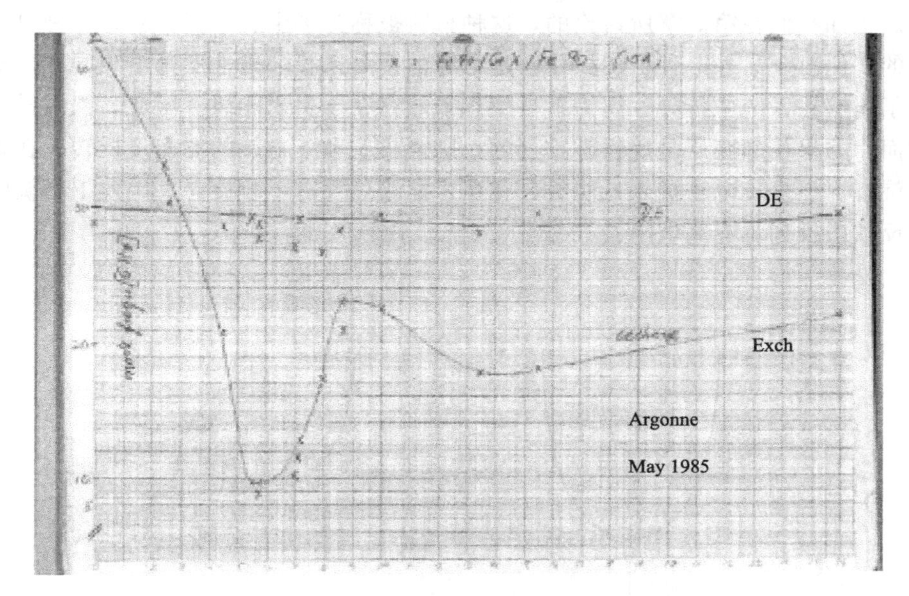

图 13.6　交换耦合随层间距变化的原始数据

来自 Peter Grünberg 的 2007 年诺贝尔奖演讲，版权所有：诺贝尔基金会，经许可转载

如图 13.7(a) 所示，当选择合适的厚度使相邻磁性层在零外场中为反铁磁性耦合时，即有效层间交换耦合为负值时，就会产生巨磁电阻。外加磁场的作用是改变磁性层的相对取向，使其平行排列［图 13.7(b)］。

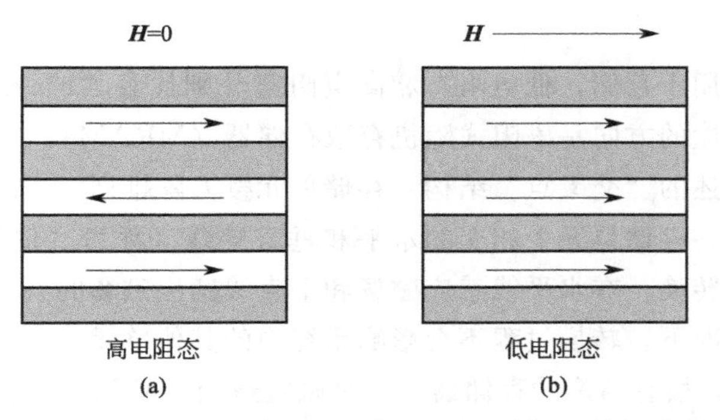

图 13.7　GMR 多层膜系统的高电阻态和低电阻态示意图

② 自旋相关输运。电阻随外加磁场的变化，是由磁性层的反平行和平行取向之间的电阻率差异造成的。反平行排列具有高电阻，这是因为上自旋电子被自旋向下的磁化区域强烈散射，反之亦然。相反，当磁性层呈铁磁排列时，自旋类型与铁磁排列兼容的传导电子能够以最小的散射穿过异质结构，使材料的整体电阻降低。

反铁磁排列和铁磁排列多层膜之间的散射差异可通过能带结构图[57]来理解。如图13.8所示，在常规金属中，费米能级上自旋态和下自旋态数目相同，因此上自旋和下自旋电子穿过常规金属的概率相同。然而，在自旋极化金属中，在费米能级某一自旋态的数目多于另一自旋态。在图13.8的例子中，费米能级处只有下自旋态，因此只有下自旋电子能够通过系统。正如我们在第9章所讨论的，这种材料被称为半金属，因为对某一种自旋极化它是金属性的，但对于另外一种自旋极化它是绝缘的。如果相邻磁性层都沿相同方向磁化，则下自旋电子能够在系统中传导，因为下自旋态依然存在于费米能级。因此，铁磁排列具有低电阻。然而，如果相邻膜层是反铁磁排列的，则上自旋和下自旋的态密度反转，在费米能级只有上自旋态。下自旋电子进入低能级，在费米能级处没有下自旋态，因此下自旋电子被散射。因此反铁磁排列具有高电阻。

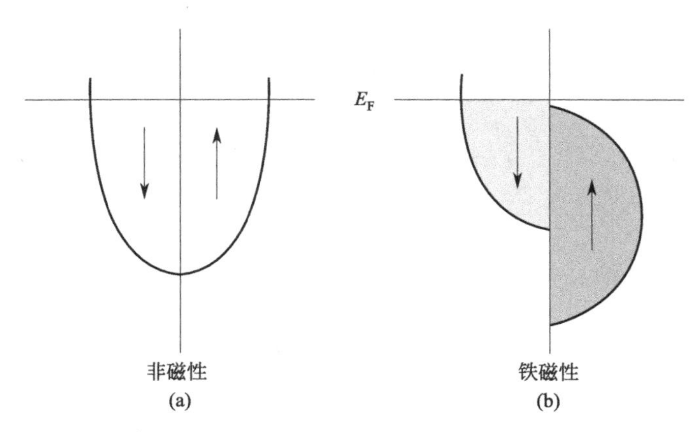

图 13.8 常规金属（a）和半金属铁磁体（b）的态密度示意图

这种电阻随外加磁场变化的特性在磁场传感领域具有广泛的应用。在第15章，我们将详细讨论GMR效应在硬盘驱动器磁头的读取元件中的应用，在该元件中它用于探测存储磁数据位的取向。

巨磁电阻还可以用于存储，低电阻态和高电阻态分别代表“1”和“0”二进制数据位。其中，一个非常有前途的方向是磁阻式随机存取存储器（MRAM），它采用第9章中铁氧体磁芯存储器部分所描述的“交叉点”结构：存储单元按方阵排列，方阵通过两个相互垂直的线阵连接，电流通过在存储单元上相交的水平和垂直导线（称为“位线”和“字线”），来实现特定磁性单元的转换。在水平线感应磁场和垂直线感应磁场的共同作用下，该存储单元完成转换。在理想情况下，转换过程不会影响系统中的其他单元。

对MRAM而言，最有前途的存储器单元是磁隧道结（MTJs），它位于位线和字线的交叉处。磁隧道结由两个被绝缘隧穿势垒隔开的铁磁层组成；其中一个铁磁层通过交换偏置作用被相邻反铁磁体固定在特定方向上，而另一个铁磁层能够随外加磁场而重新取向。通过上述巨磁电阻效应，铁磁层的相对取向决定了结构的电阻（平行排列允许电流通过，而反平行取向具有高电阻）。因此，平行排列和反平行排列可分别用作“1”和“0”数据位，它们因为电导率不同而易被检测。虽然在 30 多年前就已经首次报道了磁隧道结[58]，但它们只能在低温和极低的偏置下才能工作。直到最近，才实现电阻随方向的实质性变化[59]，这对于工作装置来说是必需的。

MRAM 有别于传统半导体随机存取存储器（RAM），因为它是非易失性的，也就是说它可以在断电时保留数据。除了具有断电期间不会丢失精心编写的书籍中未保存部分的明显优势外，它还意味着功耗更低（非常重要的便携式技术）以及可以更快地启动计算机应用程序。此外，与现有的闪存和只读存储器（ROMs）等非易失技术不同，它的读取、写入、存取时间都很快。它目前的主要局限在于低密度和高成本，但是将来的研究工作或许可以很好地克服这些缺陷。更详细的综述，请参阅文献［60］。

13.3 庞磁电阻

1994 年金等人[61] 首次在钙钛矿结构锰氧化物 $La_{0.67}Ca_{0.33}MnO_3$ 中观察到庞磁电阻（CMR）。之所以选用“庞”一词，是因为在施加磁场后，电阻产生了非常庞大的变化，基本上从绝缘态变为导电态。电阻率随外加磁场的典型响应如图 13.9 所示。虽然最初的实验

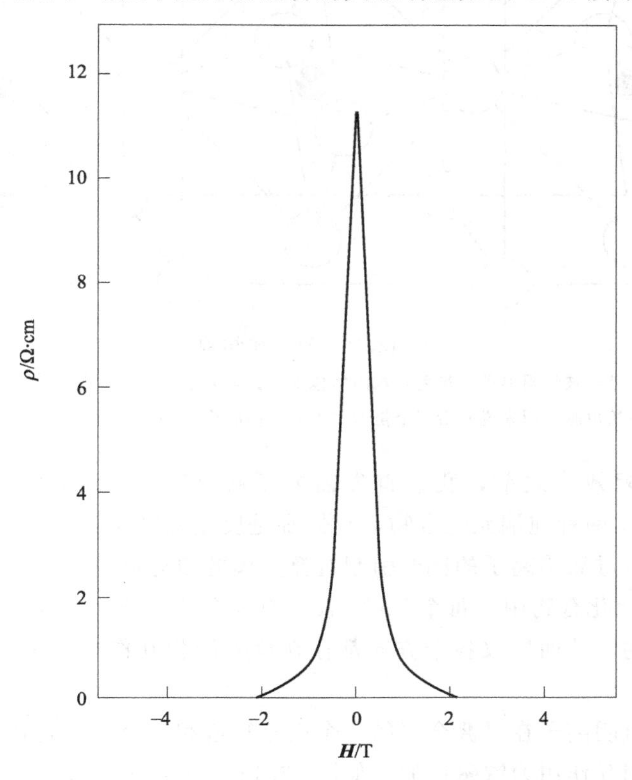

图 13.9　在 77K 时，LaCaMnO 薄膜的电阻率随外加磁场的典型变化

是在低温下进行的，但后来在室温或接近室温时也观察到类似的效应。然而，仍需要几个特斯拉量级的强磁场才会引起电阻的变化。因此，目前认为 CMR 材料不太可能直接应用于磁传感器，特别是磁头中的读取元件等应用。尽管如此，许多其他应用也在探索之中，包括辐射热计的应用（其中温度的变化会导致金属-绝缘体转变，进而引起电导率的变化），以及利用材料半金属性的自旋隧穿器件的应用。最终，很有可能通过采用磁隧道结[62] 等巧妙的器件结构，在常规磁场强度下实现开关功能。

13.3.1 超交换和双交换

为了解释 CMR 材料的性质，我们首先需要对其结构有一定的了解。钙钛矿结构（图 13.10）由被氧阴离子八面体包围的小阳离子（在这个例子中为 Mn），以及填充在单位晶胞各角位置的大阳离子（这里为 La 或 Ca）组成。注意到 O-Mn-O-Mn 链沿着 3 个笛卡尔方向延伸。钙钛矿结构锰氧化物在 20 世纪 50 年代被广泛研究，很大程度上是因为它们具有非常丰富的相图，其磁结构和晶体结构取决于掺杂量和温度[63,64]。图 13.11 为（La，Ca)MnO_3 体系的最新相图[65]。

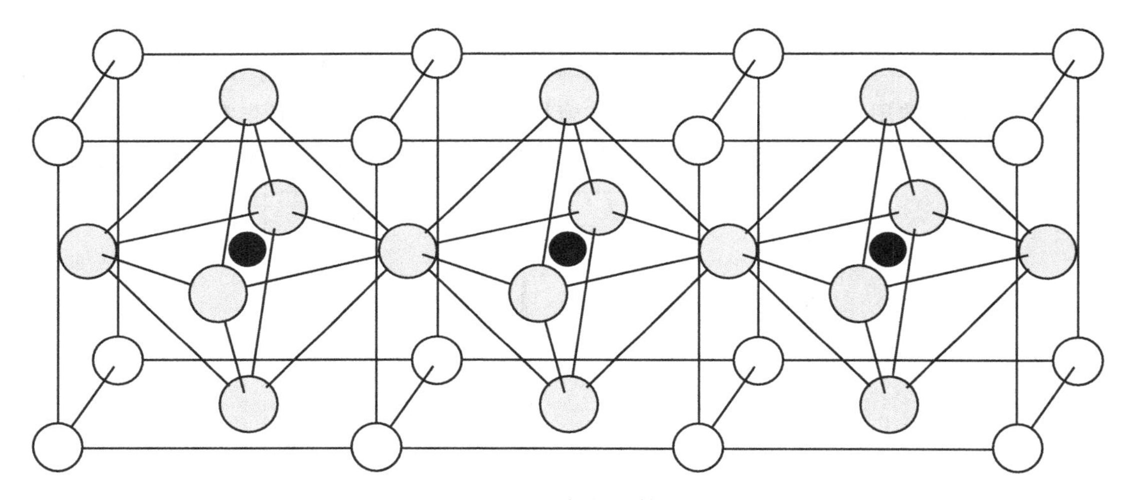

图 13.10 钙钛矿结构

小阳离子（黑色）被氧阴离子（灰色）八面体包围，大阳离子（白色）占据单位晶胞的各个角；图中给出了三个立方体原始单胞，用来说明沿三个笛卡尔方向传播的线型 O-Mn-O-Mn 链（参见图中的水平方向延伸）

在解释庞磁电阻效应之前，我们首先需要了解（La，Ca)MnO_3 的相图。首先介绍 $LaMnO_3$ 和 $CaMnO_3$ 两种纯端元化合物，它们都是反铁磁绝缘体。在第 8 章我们已经掌握，超交换机制是如何通过氧阴离子的耦合引起过渡金属的填充或空 d 轨道对之间的反铁磁耦合的。在 $CaMnO_3$ 端元化合物中，每个 Mn^{4+} 仅含有 3 个 d 电子。在这种情况下，指向氧阴离子的 d 轨道总是空的，从而导致各个方向都存在反铁磁相互作用。相应的结构被称为 G 型反铁磁。

有趣的是，当氧阴离子在过渡金属的一个空 d 轨道和一个已填充 d 轨道之间形成 180°超交换时，所产生的相互作用为铁磁性的。如图 13.12 所示：过渡金属的空 d 轨道从氧离子得到一个电子，其自旋类型与形成其磁矩的电子相同，而已填充的轨道得到一个自旋相反的

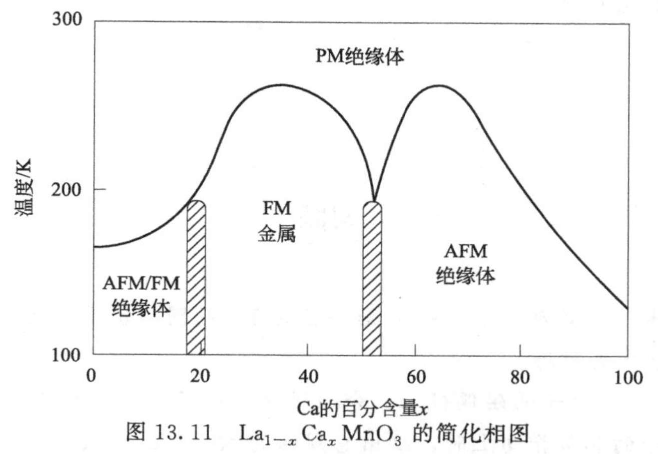

图 13.11 $La_{1-x}Ca_xMnO_3$ 的简化相图

摘自文献 [65]，版权所有：1995 年美国物理学会，经许可转载

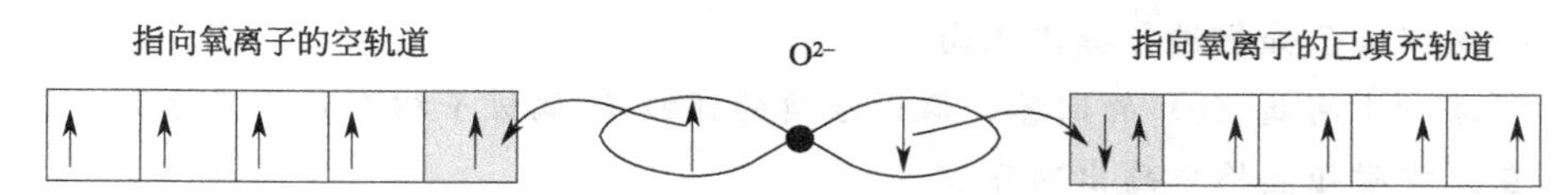

图 13.12 Mn 原子中一个空 3d 轨道和一个已填充 3d 轨道之间的超交换，引起 Mn 磁矩的铁磁性耦合

电子。

在另一种端元 CMR 化合物 $LaMnO_3$ 中，每个 Mn^{3+} 含有 4 个 d 电子。因此，一些氧阴离子连接已填充的轨道对，一些氧阴离子连接 Mn 原子的已填充 d 轨道和空 d 轨道。几何学理论[63] 解释了实验中观察到的 A 型反铁磁。在 A 型反铁磁中，铁磁性排列的锰离子的 (100) 平面之间相互反铁磁耦合。需要注意的是，术语“A 型”和“G 型”都源于中子衍射[64] 早期观察到的不同类型的反铁磁排列，其中不同类型的有序排列分别被标记为 A、B 和 C 等。

在 $La_xCa_{1-x}MnO_3$ 等混合价化合物中，Zener[66] 提出了一种附加机制，即双交换机制，它影响着磁结构。如果一个氧阴离子与两个不同价态的锰离子耦合，例如 Mn^{3+} 和 Mn^{4+}，则存在两种可能构型：

$$\psi_1: Mn^{3+}O^{2-}Mn^{4+}$$

$$\psi_2: Mn^{4+}O^{2-}Mn^{3+}$$

这两种构型具有相同的能量。如果初始时位于 Mn^{3+} 上的一个电子有一定概率能够转移至 Mn^{4+}（从 ψ_1 转变至 ψ_2），那么根据传递矩阵元的大小，简并度会提升，并降低其中一个新态的能量，从而降低总能量。只有当两个锰离子的磁矩相互平行时，才会发生这种电子转移；否则，如果相反自旋的电子转移到新原子，就违反了洪特规则。因此，只有在铁磁有序情况下，才能得到低能态。需要注意的是，双交换机制同时解释了铁磁性和金属性。

在 Ca 的掺杂量为 1/3 左右的成分区，CMR 效应最强。在这个区域，材料经历了从高温顺磁绝缘相到低温铁磁金属相的相变。磁性和导电特性是密切相关的，因为当磁矩无取向时（在顺磁态），在不违反洪特规则的前提下，电子无法在它们之间转移，并且不会发生双交换。虽然 CMR 机制的细节尚不完全清楚，但普遍认为磁场会引起这类相变，导致与自旋排列相关的电导率相应增加。

习题

13.1 复习题

(a) 试计算一电子以角动量$\hbar$(J・s) 沿半径为1Å的圆形轨道运动时，在沿轨道轴向距中心3Å位置处所产生的磁场。

(b) 试计算 (a) 中电子的磁偶极矩。分别用（ⅰ）SI和（ⅱ）CGS单位制给出结果。

(c) 当磁偶极子的北极指向上时，画出它周围的磁力线。如果第二个磁偶极子（ⅰ）位于原始磁偶极子的正上方（即沿其轴线），或者（ⅱ）与原始磁偶极子处于同一水平位置，那么第二个磁偶极子如何进行择优取向?

(d) 根据对于问题 (c) 的回答，假设经典的偶极子-偶极子相互作用是磁矩之间的主要驱动力，在三维磁矩晶格中画出磁序。

(e) 假设一电子的磁偶极矩位于第二个电子轴线3Å处，且第二个电子的磁矩与第一个电子所产生的磁场（ⅰ）平行或（ⅱ）反平行，试计算第一个电子在第二个电子处所产生磁场中的磁偶极矩能，并估算经典磁矩的三维晶格的有序化温度。

(f) Mn^{3+}和Mn^{4+}的电子结构是什么？它们的磁矩是多少?(假设只有自旋角动量对磁矩有贡献，轨道角动量没有贡献。)

(g) 利用化学键理论来预测通过氧阴离子连接的（ⅰ）Mn^{3+}立方三维晶格（例如在$LaMnO_3$中发现的结构）以及（ⅱ）Mn^{4+}立方三维晶格（例如在$CaMnO_3$中发现的结构）的磁结构。假定$CaMnO_3$的奈尔温度在120K左右，试比较$CaMnO_3$中Mn-Mn相互作用强度与上述传统磁矩之间的相互作用强度。

(h) 两个相邻锰离子，其中一个为Mn^{3+}，另一个为Mn^{4+}，它们通过O^{2-}键合在一起，你认为这两个锰离子之间会有怎样的磁相互作用？（这种排列出现在庞磁电阻材料$La_xCa_{1-x}MnO_3$中。)

延伸阅读

T. Shinjo. *Nanomagnetism and Spintronics*. Elsevier，2009.

A. B. Pippard. *Magnetoresistance in Metals*. Cambridge Studies in Low Temperature Physics. Cambridge University Press，2009.

E. Hirota，H. Sakakima，and K. Inomata. *Giant Magnetoresistance Devices*. Springer，2002.

E. L. Nagaev. *Colossal Magnetoresistance and Phase Separation in Magnetic Semiconductors*. Imperial College Press，2002.

第14章 交换偏置

Exchange *The act of giving or taking one thing in return for another*

Bias *An inclination of temperament or outlook*

Merriam-Webster Dictionary

在第 8 章中，我们描述了 1956 年关于 Co/CoO 纳米粒子的原始实验[40]。在该实验中，首次观察到磁滞回线偏移，即为交换偏置或交换各向异性。本章将更详细地描述交换偏置现象，指出这个至今依然活跃的研究领域中一些尚未解决的问题。值得注意的是，目前仍缺少一个简单的理论模型来解释所有的实验现象。

当铁磁/反铁磁（FM/AFM）界面在磁场中冷却，在经过反铁磁奈尔温度时，就会出现交换偏置（图 14.1）。铁磁体的居里温度应高于反铁磁体的奈尔温度，因此其磁矩已沿磁场方向平行取向。典型的 FM/AFM 组合体系通常就是这种情况。在简单模型中，当磁场冷却至反铁磁奈尔温度时，界面处反铁磁体的磁矩与相邻铁磁体的磁矩平行排列。交换偏置系统具有两个特征：第一，在 AFM 奈尔温度以下，铁磁体的磁滞回线发生偏移，就像存在一个附加偏置磁场一样，导致单向磁各向异性；第二，矫顽力增加，磁滞回线变宽，这甚至可以独立于场冷过程而发生。

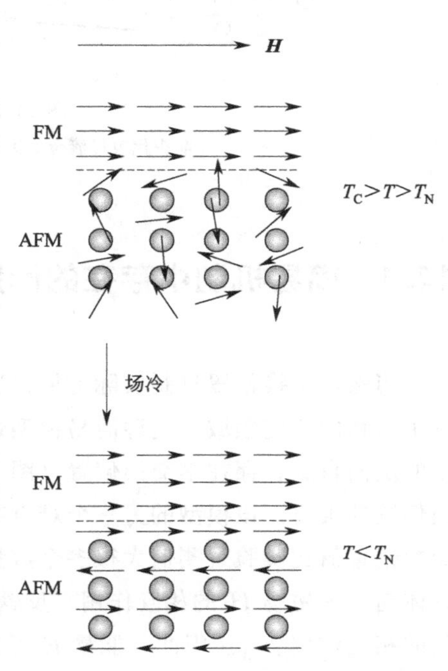

图 14.1 当 FM/AFM 体系在磁场中冷却至反铁磁奈尔温度时，出现交换偏置
顶层为 Co 等铁磁性金属，下层为 CoO 等反铁磁体；图中箭头代表铁磁体和反铁磁体中过渡金属离子的磁矩；圆圈为氧等阴离子

在这个简单的模型中，交换偏置可以理解为（图 14.2）：在零场中，铁磁磁矩倾向于沿场冷过程中外加磁场的方向排列。当施加反向磁场时，由于反铁磁体的各向异性大、磁化率低，从而抑制了反铁磁体磁矩

的反转。因此，反铁磁体中界面处的磁矩倾向于将铁磁体中的相邻磁矩钉扎在初始的场冷方向上。因此，需要一个较大的矫顽场来反转磁矩。在反向铁磁结构中，反铁磁层中的磁矩不会沿其择优方向取向（图 14.2 中左下方）。相反，它们为铁磁体恢复到初始场冷方向提供了一个驱动力，在该驱动力作用下，界面处 CoO 中的 Co 自旋将引导金属 Co 中的 Co 自旋回到平行排列。因此，相比于非交换偏置情况，此时矫顽场减小，甚至为负值。请注意，场冷的目的是给样品设定一个单一的取向。在没有外加磁场的情况下，交换相互作用出现在所有界面上，这导致了易磁化轴的随机分布。

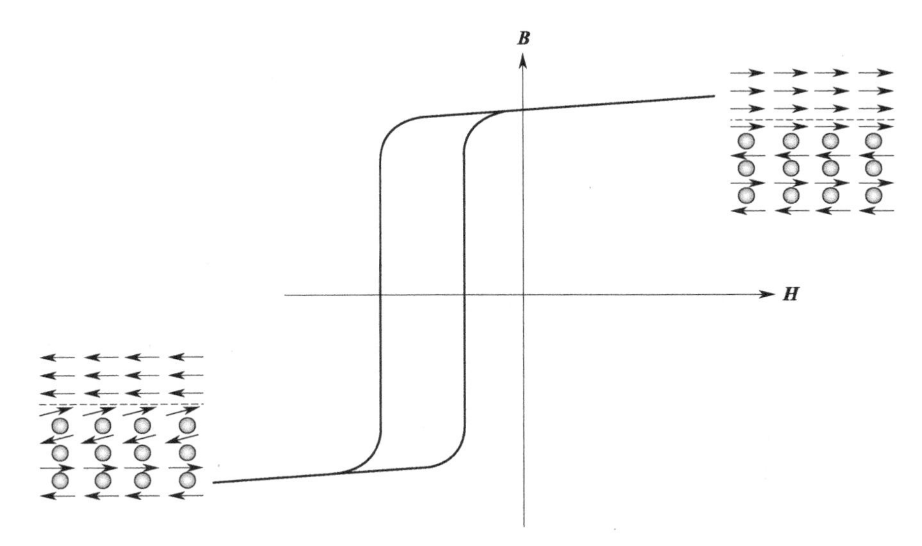

图 14.2　交换偏置起源的示意图

箭头代表过渡金属离子的磁矩，圆圈代表反铁磁体中的氧阴离子

14.1　简易机制中存在的问题

当然，交换偏置机制实际上要比这个直观模型复杂得多，因而对模型细节的梳理仍然是一个活跃的研究领域。这种简易模型最突出的问题也许是，它预测了补偿反铁磁表面包含等量的反向自旋，存在零交换偏置（图 14.3）。然而，在现实中，在补偿和非补偿界面都有交换偏置的报道。该模型的另一个难点在于，它在量值上与实验观测结果严重不符，所预测的交换偏置值比实验观测值大很多个数量级。在该模型中，对磁能起主要贡献的因素包括：铁磁体与外加磁场 H 的相互作用、反铁磁体中的各向异性能以及界面处铁磁体和反铁磁体之间的相互作用 J_{int}。因此，能量 E 可表示为[67]

$$E=-\boldsymbol{HM}t_{\text{FM}}\cos(\theta-\beta)+Kt_{\text{AFM}}\sin^2\alpha-J_{\text{int}}\cos(\beta-\alpha)$$

式中，$\boldsymbol{M}$ 为铁磁体的磁化强度；K 为反铁磁体的各向异性能常数；t_{FM} 和 t_{AFM} 分别为铁磁体和反铁磁体的厚度；角度 α、β 和 θ 分别描述了 AFM 亚晶格磁化强度与 AFM 各向异性轴、磁化强度与 FM 各向异性轴以及外加磁场与 FM 各向异性轴之间的夹角。取磁化强度

和各向异性能的实测值，并假设界面交换耦合类似于铁磁体中的交换作用，可以得到（通过将与 α 和 β 相关的能量最小化）10^6 Oe 数量级的磁滞回线偏移，这比实验观测值大很多个数量级。对基本物理图像的拓展（比如：在反铁磁体中引入平行或垂直于界面的畴壁、表面粗糙度以及只有小部分界面自旋对 J_{int} 有贡献的假设），在某些特定情况下取得了一定成功，但仍未得到整体的物理模型。

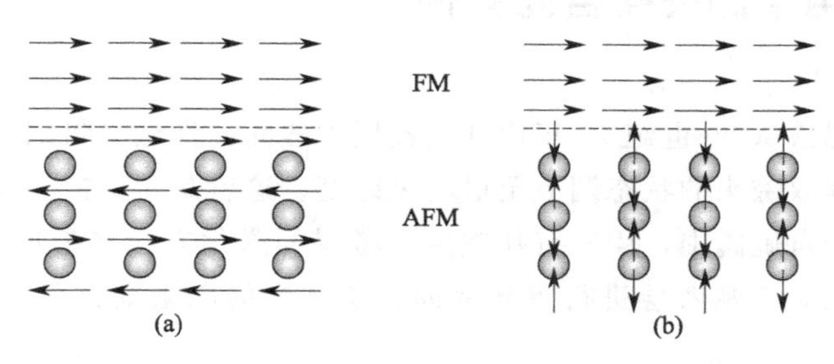

图 14.3　非补偿（a）和补偿（b）反铁磁界面

虽然根据最简单的交换偏置模型预测，在完全补偿的界面处不存在各向异性，但实际上在两类界面上都可以观测到

14.1.1　交换偏置的研究进展

最近的一些重要进展使人们能够对交换偏置机制的细节进行新的系统研究。提高原子级精密多层薄膜的生长精度，可以制备出高质量薄膜，系统地改变并研究其性能。例如，通过对 ^{57}Fe 探测层的可控沉积，将其埋在 Fe 薄膜中指定的深度，利用 ^{57}Fe 探测层同步辐射的核共振散射，可以直接测定 Fe/MnF_2 双层膜磁化反转过程中 Fe 自旋旋转的深度相关性[68]。这些实验揭示了垂直于薄膜取向的铁磁体中出乎意料的非共线自旋结构。通过对 FM/AFM/FM 多层膜的精确设计，并采用不同的磁场冷却条件进行处理，可控制 FM-FM 层间的交换耦合。实验研究表明，AFM 块体中的磁矩取向会影响交换偏置[69]。这些实验还表明，矫顽力增强的机制与交换偏置的机制不同。

作为对薄膜制备技术提升的补充，人们采用一些新的或改进的表征手段来揭示新的信息。例如，由于反铁磁性薄膜中磁畴的尺寸通常小于许多实验技术的检测极限，因此磁畴的直接成像技术充满挑战。AFM 畴壁的动力学研究更加具有挑战性，但显然需要将 AFM 和 FM 的静态磁畴结构及其在磁化过程中的演变联系起来。在这方面，获取高强度 X 射线和中子源、其在薄膜应用方面不断增多的专业知识，以及（在 X 射线的情况下）调节光子能量以探测特定界面的能力，都已被证明是非常宝贵的。例如，最近直接利用中子测量了 FM/AFM 双层膜中反铁磁磁畴尺寸随交换偏置的大小和符号、温度和反铁磁体成分的变化规律，发现无论交换偏置和材料类型如何变化，AFM 磁畴尺寸始终较小[70]。光学技术在研究中也非常有用。例如，由于磁光克尔效应（参见第 16 章）可以同步观测纵向和横向磁化分量，因此它目前被用来表征交换偏置系统中的开关过程[71]。目前，同步辐射所提供的高强度可用于更高分辨率和特定元素的研究。该工具可用于解释实验中所观测到的磁滞回线不对称性的起源，目前一般认为磁滞回线的不对称性是由两侧发生的不同磁化过程（畴壁位移或磁化旋转）所引起的。最终，现代电子结构计算能够计算有限磁场下不同受迫自旋构造的能量变化，在不远的将来可能会对人们对自旋构造的基础认知做出重大贡献。特别是，目前普遍认为，制备精良的多层薄膜中的交换偏置要小于多晶样品，这表明缺陷起着非常重要的作用。由于第一性原理计算通常用于理想的无缺陷系统，它们可能有助于阐明缺陷对各向异性和增加的矫顽力的影响。

14.2 技术应用中的交换各向异性

交换各向异性现象从 20 世纪 70 年代开始被用于各向异性磁电阻记录头。在磁头中，利用交换各向异性将读取磁头的状态调节至最高灵敏度。这就是“交换偏置”一词的由来。如今，它广泛地应用于自旋阀中，用来钉扎铁磁参考层的磁化方向（参见第 8 章）。通过外磁场将第二传感器层相对于参考层进行重新取向，所产生的电阻变化可以应用于传感和存储领域。

延伸阅读

参考文献［72］和［73］给出了交换偏置和相关效应的精彩综述，包括：材料汇编、相关的研究实验技术、潜在应用、尺寸效应和理论模型。

阅读 I. K. Schuller 和 G. Guntherodt 撰写的 *The Exchange Bias Manifesto*，也会很有启发（在许多层面上）。截至发稿时，可在 http://ischuller.ucsd.edu/doc/EBManifesto.pdf. 获取该文件。

第3篇

器件应用与新材料

第15章
磁数据存储

Today is the greatest new product day in the history of IBM and, I believe, in the history of the office equipment industry.

T. J. Watson, IBM press release announcing the 650 RAMAC computer, September 14, 1956

15.1 简介

数据存储行业规模巨大。在20世纪末，该产业每年的财政收入为数百亿美元，每年有上亿的磁盘、磁带、光驱和软驱出货。目前，它正以每年约25%的速度增长，并且随着万维网的迅猛发展以及个人电脑和移动计算平台的普及，数字图像和视频的存储和发送变得司空见惯，增长率还会继续增加。

在过去的几十年里，磁数据存储已被广泛地应用于诸如录音带、盒式录像机、计算机硬盘、软盘、信用卡等。在所有的磁存储技术中，磁硬盘记录是目前应用最广泛的一种。在本章，我们将主要关注硬盘中写入、存储和检索数据所使用的技术和材料。在此过程中，将会看到曾在第2篇中讨论过的一些现象（例如：磁电阻以及小尺寸粒子的单畴磁性）是如何在存储技术中发挥重要作用的。

第一台装有硬盘驱动器的计算机RAMAC，是由国际商业机器公司（IBM）于1956年生产的。它的记录密度（磁盘表面单位面积的位数）为2000bit/in^2（1in=0.0254m），数据读写的速率为70kbit/s。需要50个直径为24英寸的磁盘来存储5兆字节（MB）数据（大约相当于今天一张中等分辨率的数码照片），而其大小相当于一台大型冰箱。所花费的成本大约为10万美元（或每字节20美元），而且实际上存储空间通常是租用而非购买的。

自本书的第一版发行以来，技术的进步非常惊人。在2002年，3～4个2.5英寸硬盘可存储60吉字节（GB）的数据，成本约为100美元（每兆字节不到1美分）。在便携式电子产品市场，IBM提供了一款1GB的Microdrive™，它比火柴盒还小，重量不到1盎司（1盎司=28.35g），价格不到500美元，如图15.1所示。它的记录密度为15Gbit/in^2，数

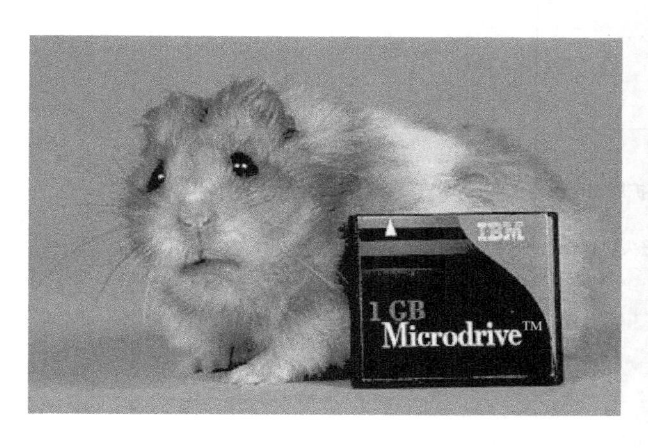

图 15.1　2002 年 1GB 的 Microdrive™

由国际商业机器公司提供，经许可转载，未经授权不得使用

据传输速率比原来的 RAMAC 提高了 3 个数量级。

截至发稿时（2009 年），对于 Seagate Barracuda® 等桌面工作站，100 美元可以购买 1 太字节（TB）驱动器，它的记录密度为 329GB/in^2（1TB=10^{12}B 或 1000GB），并具有可大幅降低能耗的附加设计。

每兆字节成本的大幅降低，部分是由市场力量推动的（大批量生产和激烈的竞争都会导致成本的降低），但也得益于材料的改进。特别是，对于同样的包装和生产工作，记录密度的不断增加表示可以存储更多的数据，并且成本也相应降低。如图 15.2 给出了 1985～2005 年间记录密度增长的趋势，并且随着一类特定组件（磁头中的读取元件）的出现，进一步促进了记录密度的增长。

图 15.3 为硬盘驱动器的内部照片，图 15.4 为其工作原理图。存储系统由三个主要元件组成。存储介质为磁带或磁盘，其中数据以小型磁化区域的形式存储。在图 15.3 的照片中，银色大圆盘就是磁盘，在示意图中磁盘为矩形截面。传统的磁化位于磁盘平面内（纵向磁记录），但最近已经转变为垂直记录，其磁化指向磁盘平面的内部或外部。写入磁头由线圈缠绕在磁性材料上组成。当电流流经线圈时，磁性材料会产生一个磁场（通过电磁感应）。该磁场将介质中的小型数据位磁化，写入数据。最终，利用曾在第 13 章中介绍过的磁电阻效应（即施加磁场时材料的电阻发生变化），读取磁头检测到记录数据的磁性区域。在该照片中，读取和写入元件都位于磁头内，在磁盘移动臂的末端（示意图中的三角形尖端）。很显然，这三种元件的材料特性是相互关联的。在整个磁存储器件的开发过程中，涉及许多磁性材料设计的问题。例如，通过使用更高矫顽力的介质材料（以稳定较小的记录位）、更小的磁头-盘片间距、更灵敏的读取磁头（以便较小的记录位上的磁力线仍然可以被探测到）和更高磁化强度的写入磁头（以能够在更高矫顽力的介质上写入），可以获得更高的记录密度。

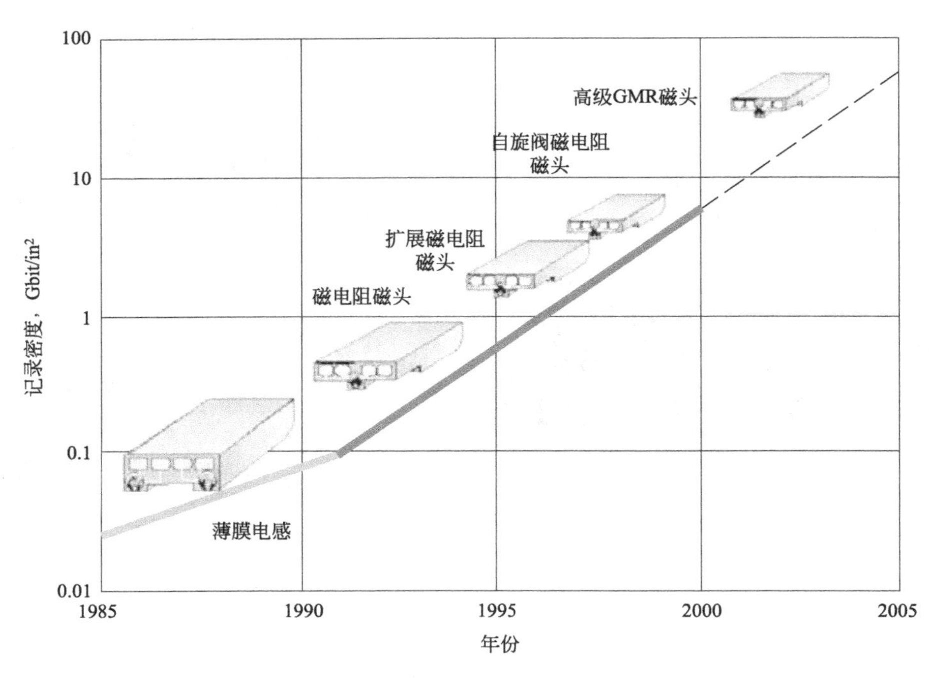

图 15.2　1985～2005 年间，记录密度（对数标度）的增长

插图显示了每个时间节点的磁头结构示意图，并列出了读取过程中使用的材料；

由国际商业机器公司提供，经许可转载，未经授权不得使用

图 15.3　硬盘驱动器的内部照片

版权所有：1998～2002 年希捷科技，经许可转载

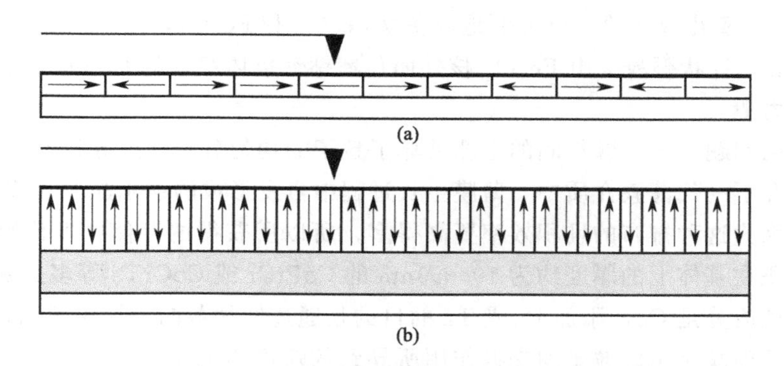

图 15.4　硬盘驱动器的关键元件和排布原理图

(a) 传统纵向磁记录结构；(b) 现代垂直磁记录结构

被磁化的数据位于磁盘上的记录介质中，读写元件位于磁头上，它通过一个精确控制的悬臂在磁盘上摆动

下面我们将讨论现代存储介质、读取磁头和写入磁头的设计与生产中所涉及的材料问题。

15.2 磁性介质

硬盘驱动器中的磁盘由四个部分组成：基板、底层、实际存储数据的磁性层和保护层。尽管所有片层的材料特性都关系到存储介质的性能，但我们重点关注磁性层，因为它与磁性材料的研究最为相关。

对介质中使用的磁性材料的基本要求是，应当有一个较大的、方形的磁滞回线。大磁滞回线出现在具有高磁导率和高矫顽力的材料中。高磁导率是必需的，因为它会在每个数据存储位周围都产生强磁力线，使数据位更容易被检测到。高矫顽力是为了永久、稳定的数据存储。方形磁滞回线意味着存在两种不同的稳定磁化状态，并且磁化反转发生在一个强度确定的磁场中。

在磁性介质中，可以通过使用尺寸较小的单畴磁性粒子来获得方形磁滞回线。正如第12章中所讨论的，单畴粒子具有特征的高矫顽力以及不同磁化方向之间确定大小的开关磁场，从而产生了方形磁滞回线。

15.2.1 磁介质中使用的材料

最早在颗粒介质中实现了理想的单畴特性。颗粒介质是由黏结在金属或塑料盘片上的细小的针状颗粒（例如铁氧体、γ-Fe_2O_3 或氧化铬 CrO_2）组成的。在制造过程中，这些针状颗粒被磁场取向，其长轴平行于磁盘与读/写头的相对运动方向。每个粒子都包含一个单畴，该单畴只有在其磁矩沿着长轴取向的情况下才会被磁化（因为形状各向异性）。每一个记录位都是由许多这样的粒子组成的，其中两个二进制数据存储态分别对应于：“1”相邻区域之间磁化强度发生变化；“0”相邻区域的磁化方向没有变化。

氧化铁颗粒因其化学稳定性好、无污染、价格便宜，而得到广泛应用。通过针状 α-

FeOOH 的脱水、氧化或还原，可方便地制备 γ-Fe_2O_3 和 Fe_3O_4，形成长度为 0.3～0.7μm、直径为 0.05μm 的针状颗粒。由 Fe_3O_4 核外面包覆钴铁氧体组成的 Co 改性氧化铁颗粒，具有更高的矫顽力 $\boldsymbol{H}_c$。

颗粒介质的问题在于：颗粒间的空隙破坏了粒子的均匀分布，这导致不均匀取向以及较低的矫顽力。在下一代薄膜介质中，薄膜生长过程中自发形成的纳米晶粒起着与小尺寸粒子相同的作用。因为这种排布的堆积效率要高得多，所以所获得的存储密度比颗粒介质更高。薄膜介质由沉积在基体上的厚度约为 10～50nm 的 CoPtCr 或 CoCrTa 等多晶磁性合金组成。合金的主要磁性成分是 Co，添加 Pt 或 Ta 的目的是通过增加各向异性来增大矫顽力。Cr 在晶界上偏析，从而减缓了因粒子间交换作用所导致的矫顽力的下降，我们曾在第 12 章中讨论过其机理。在早期的薄膜介质中，磁化强度位于磁盘平面内（纵向磁记录结构），易磁化轴的晶体学方向平行于磁盘运动方向。在现代垂直磁记录体系中，易磁化轴垂直于磁盘平面是更为理想的。典型的矫顽场约为 3000Oe。

尽管它们具有理想的磁滞特性，但是在存储设备中采用小尺寸颗粒或小晶粒作为磁性介质仍存在两个问题：第一个是粒子间相互作用会对性能产生不利的影响，第二个是矫顽力会降低（即超顺磁性，它发生于非常细小的粒子中）。我们曾在第 12 章详细讨论了这两个概念的物理机制。由于粒子间相互作用随堆积密度增加而增大，因此要想实现更高密度的记录，就需要将这些粒子隔离开，例如通过沿着磁性晶粒的边界沉淀析出非磁性材料的方式来实现。使用高矫顽力材料可提高超顺磁极限，这也推动了记录模式向垂直磁记录结构的转变，如图 15.4 所示。在垂直磁记录结构中，硬盘的磁性组件还包含软磁性 Cr 底层。Cr 底层与写入磁头相耦合，在相同的磁头材料上产生了一个更强的磁场梯度，可以在更高矫顽力的介质中写入信息。在达到超顺磁极限之前，矫顽力越高，相应的临界尺寸就越小。这继而又增大了记录密度，垂直记录密度大约是传统纵向结构记录密度的 3 倍。不足之处在于，现在磁盘结构更加复杂、更加厚（因此更重）。

想要体验有趣的垂直磁记录，请访问 http：//www.hitachigst.com/hdd/research/，然后在网站上搜索“get perpendicular”。

15.2.2 磁盘的其他组件

除了磁性层，磁盘还包含基板、底层和保护层。对基板的要求是：高硬度和低密度以提高耐冲击性（这在笔记本电脑中尤为重要）、高模量以降低振动、良好的热稳定性以保证制备过程中的稳定性、无缺陷以及低成本。传统上采用表面镀有 10μm 左右 NiP 镀层的铝镁合金，但最近已经过渡到玻璃基板。基板的选择会极大地影响后续制备工艺以及磁盘的性能。例如，底层在玻璃上与在 NiP 镀层上的形核和长大过程有所不同，这继而又会影响磁性层的晶粒尺寸和晶体学取向。

在纵向磁记录中，底层的目的是：控制晶体学取向以及磁性层的晶粒尺寸，提高结合力，保护基板不受腐蚀，将磁性晶粒相互物理隔离以阻止粒子间的相互作用。在垂直磁记录中，采用了更厚的底层，以起到引导写入磁头磁通量的附加作用。底层材料选用 Cr 或 CrV 等铬合金，它们能改善底层和磁性层之间的晶格匹配。

最后，保护层用于防止磁性层与磁头接触时产生磨损以及随后的数据丢失。它还在磁性层和磁头之间提供了一个低摩擦界面。材料选用几个纳米厚的非晶态三维 C：H 薄膜，外面覆盖着聚合物（如全氟聚醚）单层润滑油，它还能阻止污染物的吸附。

15.3 写入磁头

在磁硬盘中，写入过程是通过电磁感应来实现的。写入磁头中环形电流所产生的磁场与介质相交并使之磁化，产生一个数据位。图 15.5 给出了传统写入磁头的示意图。

周围缠绕导线的磁性材料所起的作用是，将导线中电流所产生的磁通量集中。写入磁极的间隙（也可以用不同的金属材料填充间隙）使部分磁通量漏出，产生了“边缘场”，从而使介质磁化。在垂直磁记录磁头中，使用垂直于主磁极的磁场，并在后沿放置一个屏蔽物以吸收杂散磁场，形成窄小数据位截面所需的尖锐写入磁场。

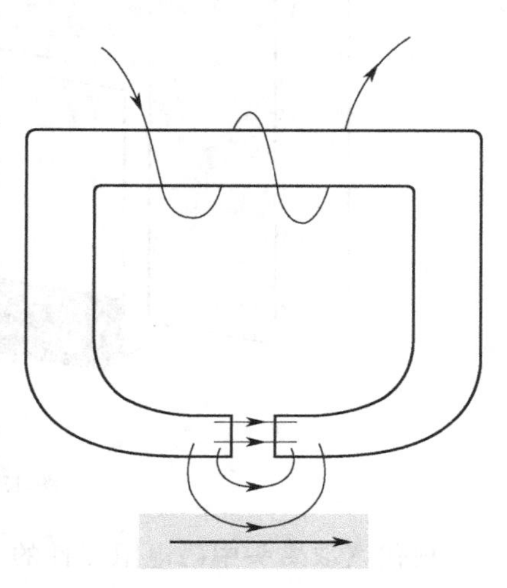

图 15.5 感应式写入磁头的原理图

写入磁头中的磁性材料应具有较高的磁导率（从而产生大磁场）和较低的矫顽力（因此其磁化方向易反转）。在传统上，写入磁头是由立方铁氧体制成的。铁氧体是软磁材料，因此很容易磁化。然而，铁氧体的饱和磁化强度不高，因此无法产生强磁场。在现代写入磁头中，使用了更高饱和磁通密度的金属，如坡莫合金。高饱和磁通密度便于在更高矫顽力的介质中写入信息，并且可以采用更窄的磁道宽度，进而提高存储密度。然而，现代数据传输速率非常高，因此在金属磁头中产生了涡流，这限制了工作频率。因此，金属磁头逐渐转变为叠层薄膜磁头，例如 FeAlN。在这类叠层薄膜磁头中，涡流受到了抑制，因此改善了高频响应特性。FeAlN 薄膜为软磁性材料，其矫顽力小于 1Oe，饱和磁化强度为 20kG，磁导率为 3400，磁致伸缩近似为零。对于未来更高密度和更快数据传输速率的应用，正在开发具有更高磁导率和更高电阻率的新材料，例如 CoZrCr 等。

15.4 读取磁头

在过去，执行写入操作的同一个感应元件也用作读取磁头。这种设计的明显优点是，减少了磁头中组件的数量。然而，由于数据存储位所产生的磁场较小，因此通过电磁感应在读取磁头上产生的信号也相应较弱。现在，采用一种基于磁电阻效应而非电磁感应的独立元件，来检测数据存储位。

从 1993 年到 20 世纪 90 年代末，几乎全部采用各向异性磁电阻（AMR）材料作为磁头中的读取元件。图 15.6 给出了一种典型的 AMR 磁头设计，即双条纹磁头。电流在电线

（浅灰色）中沿着 AMR 条带（黑色）的长度方向流动，而 AMR 条带被一介电薄层（带斑点的部分）分隔开。深灰色条带为屏蔽体，以减少杂散磁场的影响。双条纹设计利用了横向磁电阻，电流方向与磁场方向垂直。一个 AMR 条带中电流所产生的磁场使另一个 AMR 条带产生偏置，反之亦然，从而产生线性信号。

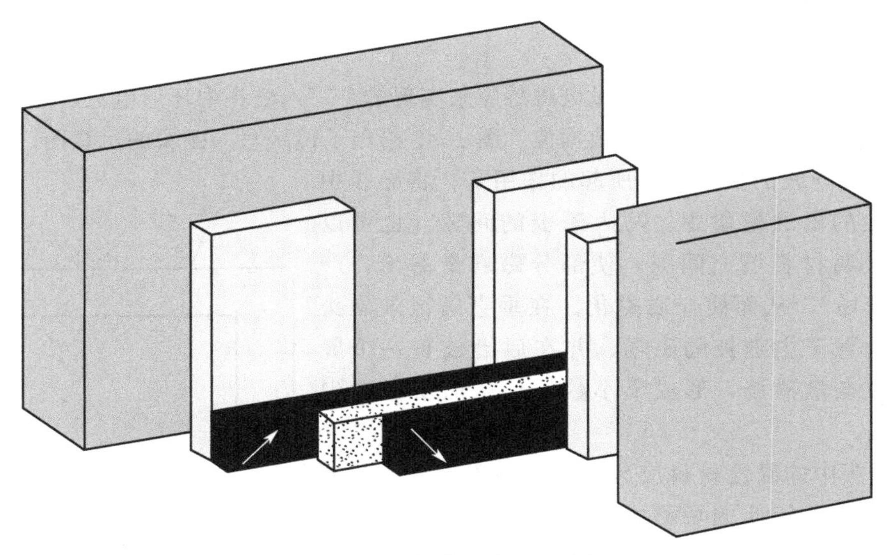

图 15.6　双条纹磁电阻磁头示意图

现代读取磁头中磁电阻元件的工作原理是在第 13 章中曾讨论过的巨磁电阻（GMR）效应。早期 GMR 多层膜的测量结果表明，需要数万高斯量级的大磁场，才能克服反铁磁耦合并将磁化强度旋转至铁磁性方向。目前已经开发出一些新型结构，在这些结构中将薄膜从反铁磁转变为铁磁所需的磁场要低得多。自旋阀就是其中一个例子，在几十奥斯特的磁场中它的典型磁电阻值就有百分之几十。自旋阀还具有均匀的磁场响应，这使其在磁头传感器的应用中很有吸引力。

在自旋阀中，两个磁性层被非磁性间隔层分隔开，如图 15.7 所示。上磁性层的磁化方向通过交换偏置耦合，被钉扎在相邻反铁磁层的方向上。下磁性层可以在外加磁场中自由地来回翻转。与 GMR 多层膜一样，当磁性层呈铁磁性排列时，自旋相关散射会导致低电阻态，而反铁磁性排列时则会导致高电阻态。

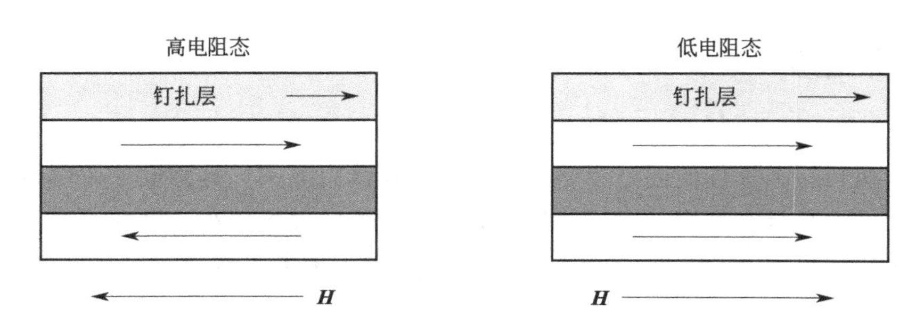

图 15.7　自旋阀系统的操作原理图

图 15.8 给出了 AMR 和 GMR 自旋阀磁头的磁电阻对比。请注意，在 GMR 自旋阀中，磁头的磁电阻值要大得多。我们还发现磁滞回线发生了偏移，这可以用第 14 章中的交换偏置耦合来解释。

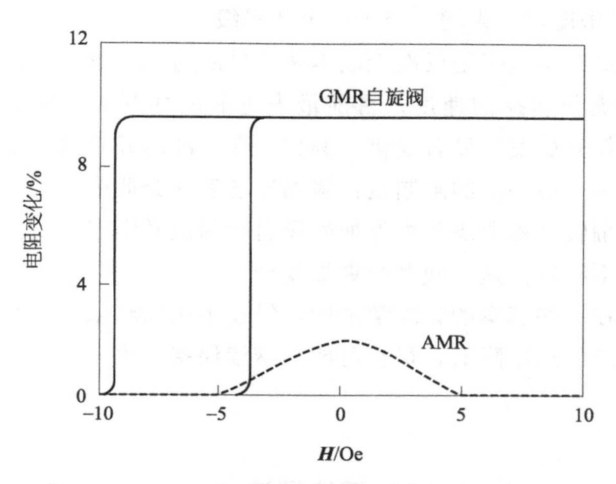

图 15.8 AMR 和 GMR 自旋阀磁头的磁电阻对比

15.5 磁数据存储的未来

15.1 节中所讨论的单位比特成本的降低，在很大程度上是因为记录密度的同步增长。因此，在未来保持或提高现有的记录密度增速，是磁盘驱动器制造商的首要任务。本节将概述一些与记录密度的持续增加密切相关的问题，以及一些正在探索的解决方案。关于磁数据存储技术的未来更详细的描述请参考文献 [74]。

图 15.2 所示的持续增长主要面临三个障碍。前两个障碍分别是：超顺磁极限（我们曾在 12.1 节中讨论过）和转换速度的基本限制，它们都是因为在尺寸减小时电性能和磁性能会发生变化。第三个障碍是：磁头到磁盘的间距减小至原子尺度，这是由设备的持续小型化和现有设备架构之间的不兼容造成的。因此，毫无疑问（至少在近期内），磁存储设备的发展将遵循两条路径：继续优化当前的磁盘设计（目前的磁盘结构实际上与 20 世纪 50 年代的原始硬盘非常相似）；开发新的磁记录架构。

目前，每个数据位都需要包含几百个磁性粒子，否则数据位检测的信噪比会变得难以接受。因此，随着比特尺寸的减小，颗粒尺寸必须相应地减小。如前所述，在一定的临界尺寸以下，当热能超过用于钉扎磁化方向的各向异性能时，磁化颗粒可以自发地转换磁化方向。实际上信噪比随数据位的周长而变化，所以它取决于纵横比和表面积。垂直磁记录结构的一个明显优势是，纵横比可以在不影响表面积的情况下增加，也不需要更窄的轨迹，而窄轨迹更容易造成相邻轨迹之间的相互干扰。因此，这是获得更高磁记录密度的一种方法。另一种方法是，开发更好的纠错码，它可以容许更低的信噪比。

另一种截然不同的探索是，开发每个比特单元仅有一个磁性晶粒的介质。采用图案化介质可能是未来磁性介质研究的一个活跃领域。在这种介质中，磁性层是由光刻技术形成的高度均匀的岛状有序阵列，每个孤岛可以存储一个单独的数据位。这种方案的缺点是价格昂贵。另一种方案是，采用化学法合成单分散的磁性纳米粒子。这种方法比较便宜，但极具挑战性[75]。未来磁记录密度可望再增加至少一个数量级。

从市场角度，数据转换速率是仅次于成本和容量的另一个重要因素。数据转换速率又取决于磁头使介质中数据位转换的速度。目前最先进的磁性开关时间是10ns。低于该时间，磁头和介质的磁性能都开始发生显著变化。例如，在更高的开关速率下，即便是现代叠层磁头也容易形成涡流。一个更基本的限制是：施加磁场后，介质中的比特位至少需要几纳秒才能够翻转，这是因为翻转过程取决于由外加磁场引起的进动阻尼。随着颗粒尺寸接近超顺磁极限以及数据位变得不稳定，这个问题会更加复杂。

总体上，尽管存在一些基本的物理学困境，但在不久的将来，磁数据存储的记录密度不断增大的趋势以及相应的成本降低，很有可能会继续保持下去。

延伸阅读

E. D. Daniel, C. D. Mee, and M. H. Clark, eds. *Magnetic Recording: The First 100 Years*. Wiley, 1998.

H. N. Bertram. *Theory of Magnetic Recording*. Cambridge University Press, 1994.

S. X. Wang and A. M. Taratorin. *Magnetic Information Storage Technology*. Academic Press, 1999.

第16章
磁光学和磁光记录

We are in great haste to construct a magnetic telegraph from Maine to Texas; but Maine and Texas, it may be, have nothing important to communicate.

Henry David Thoreau,

The Writings of Henry D. Thoreau, vol. 2, 1906

本章首先讨论磁光效应背后的物理机制。顾名思义，磁光效应涉及光和磁性的相互作用。然后，我们描述一个磁光学的具体应用（即磁光数据存储）中所应用的机理和材料。

16.1 磁光学基础

“磁光学”一词是指，当电磁辐射与磁极化材料相互作用时所产生的各种现象。在这里，我们将描述两种重要的相互关联的磁光现象：克尔效应和法拉第效应。

16.1.1 克尔效应

克尔效应是指光束从磁化样品表面反射的过程中偏振面发生旋转的现象。对于大多数材料来说，磁光克尔效应的旋转量很小（零点几度的数量级），并且取决于磁化强度的方向和大小。克尔效应可用于磁畴的观测，如图 16.1 所示。

从光源发出的光线首先通过偏振器；产生的平面偏振光随后入射到样品表面。在这个例子中，样品包含两个磁化方向相反的磁畴。一个磁畴上的入射光线与另一个磁畴上的入射光线的旋转方向相反。因此，如果检偏器沿特定方向取向，使得第一个磁畴上的反射光能够100%透过，那么另一个磁畴上反射光的偏振面与检偏器不平行，透射率降低。

图 16.2 和图 16.3 给出了利用磁光克尔效应记录的两个不同图像示例。图 16.2 为 8μm 宽的 NiFe 薄膜条带中磁畴的克尔微观图像。图中标记为“MR 条带”的 NiFe 薄膜是磁电阻器件中的传感器。电线用于测量 MR 条带中电阻随磁场的变化。为了获得最佳性能，磁性

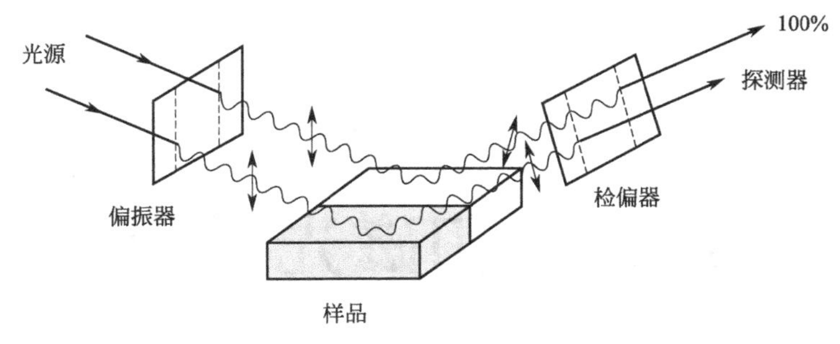

图 16.1　利用克尔效应进行磁畴观测

样品的灰色和白色区域分别对应于磁化方向相反的磁畴

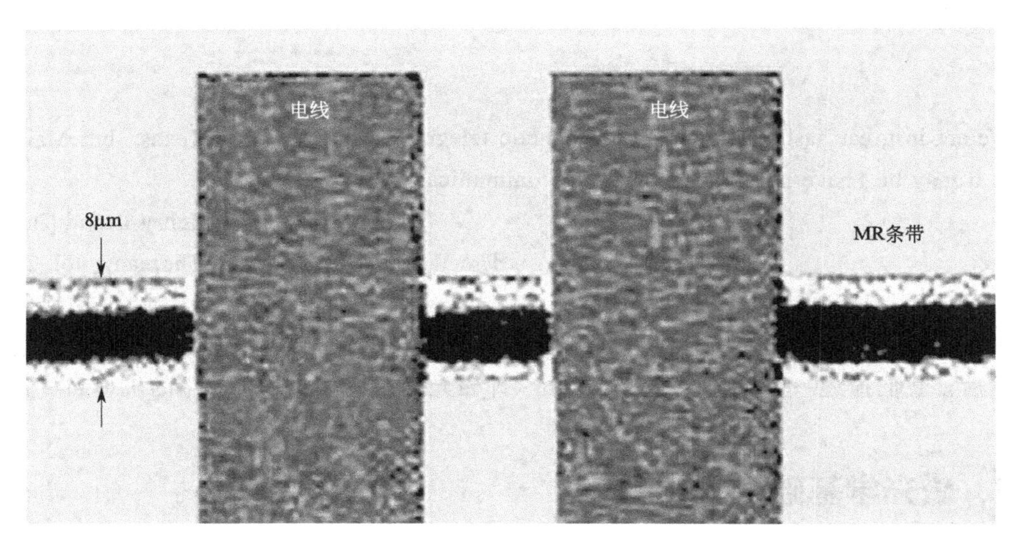

图 16.2　磁电阻器件中磁性元件的克尔微观图像

摘自文献［76］，经许可转载，版权所有：1995 年 IEEE

元件应保持在单畴态。该图给出了利用外加磁场特意制备成三磁畴状态的器件。

图 16.3 给出了钇铁石榴石（YIG）薄膜中磁畴结构的克尔微观图像。薄膜的磁化方向垂直于薄膜平面。为了降低其静磁能，薄膜中形成这种磁畴图案，也就是众所周知的螺旋形磁畴结构。每个条纹的宽度约为 5μm。克尔显微术是一种非常有效的观测手段，它可以在相对较低的分辨率（约 1μm）下对薄膜磁畴图案进行快速成像。

16.1.2　法拉第效应

在法拉第效应中，光束的偏振面在通过磁化样品时发生旋转。在这种情况下，由于光线与样品的相互作用比克尔效应更强烈，因此偏振面的旋转量可以高达几度。然而，光线只能透过低衰减的薄膜样品，因此法拉第效应不能用于大块样品的研究。

16.1.3　磁光效应的物理起源

为了解释克尔旋转和法拉第旋转的物理机制，我们首先需要知道线偏振光可以分解为两个偏振方向相反的圆偏振光：

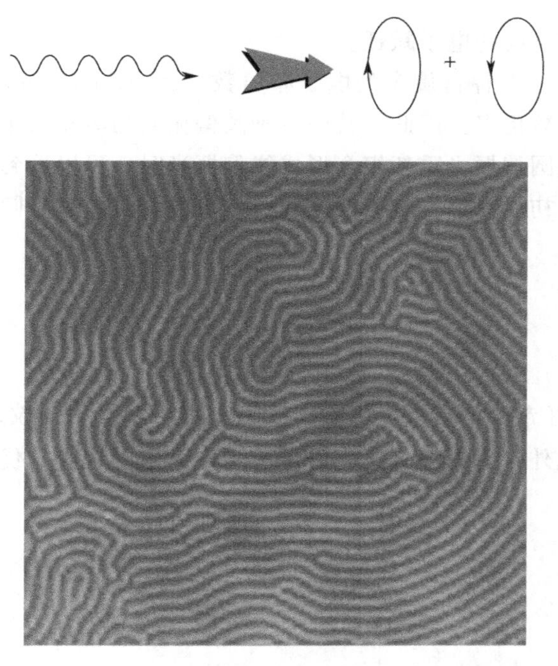

图 16.3　钇铁石榴石薄膜中磁畴结构的克尔微观图像

每个条纹的宽度约为 5μm；经美国科罗拉多州博尔德国家标准技术研究所的 Tom Silva 许可转载

圆偏振光中的所有光子都具有相同的角动量值（等于 1），但右圆偏振光与左圆偏振光的角动量矢量方向相反。

如 3.3 节所述，磁性材料的磁化会引起能级的塞曼分裂。例如，如果原子自旋为 1/2，则每个能级都可以分裂为自旋量子数分别为 $S=+\frac{1}{2}$ 和 $S=-\frac{1}{2}$ 的两个能级：

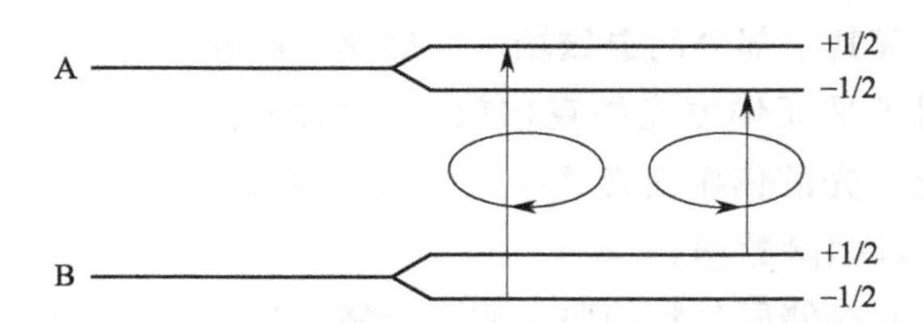

当光子将电子从 B 能级的亚能级激发到 A 能级的亚能级时，能量和角动量都必须守恒。因此，由于角动量守恒，只允许以下跃迁：

$$S_{\mathrm{B}}=-\frac{1}{2}\longrightarrow S_{\mathrm{A}}=+\frac{1}{2}，\Delta L=+1$$

$$S_{\mathrm{B}}=+\frac{1}{2}\longrightarrow S_{\mathrm{A}}=-\frac{1}{2}，\Delta L=-1$$

$\Delta L=+1$ 的光子将电子从 B 能级的 $S=-\frac{1}{2}$ 态激发至 A 能级的 $S=+\frac{1}{2}$ 态。类似地，

$\Delta L=-1$ 的光子将电子从 B 能级的 $S=+\frac{1}{2}$态激发至 A 能级的 $S=-\frac{1}{2}$态。因此，反向极化的光子对应于原子中不同的电子跃迁。

最终，在 B 能级中，两种自旋态的电子布居数（electronic populations）不同，在统计学上低能态包含的电子数更多。因此，其中一种圆偏振光的吸收大于另外一种，这种现象称为圆二色性。当最终的圆偏振光重新组合形成线偏振光时，可以看到其偏振面与入射光的偏振面相比发生了旋转。初始和最终偏振面之间所产生的相位差称为圆双折射。

16.2 磁光记录

磁光记录既有第 15 章中所讨论的高密度磁数据存储的优点，又具有传统光存储器的低摩擦和低磨损特性。此外，磁光记录还具有可擦除和可重复记录的优势。磁光记录的原理如图 16.4 所示。

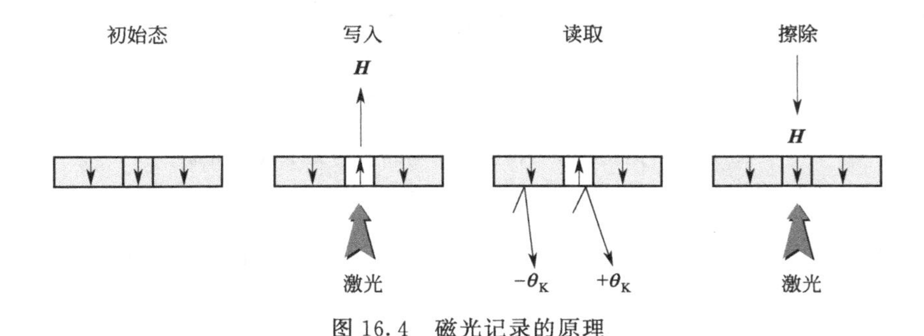

图 16.4　磁光记录的原理

在记录过程开始之前，整个磁性薄膜的磁化强度指向同一个方向（比如，向下）。然后用激光将待写入区域加热至居里温度以上。当已加热区域冷却时，待写入区域要么被外加磁场反向磁化，要么被薄膜其余部分的退磁场反向磁化。薄膜的这个反向磁化区域形成了一个数据位。读取过程利用了平面偏振光的克尔效应。如果对于向上磁化，光的偏振面旋转了 $+\theta_K$，则对于向下磁化，光的偏振面必然旋转 $-\theta_K$。在方向与初始磁化相同的磁场作用下，用激光加热该区域，可以擦除数据。

磁光记录技术对磁光存储层材料的要求非常严格。显然，磁性层必须具有明显的磁光效应，这样才可以利用克尔效应实现读出过程。为了满足微米尺寸磁畴的稳定性要求，磁性层应具有垂直单轴磁各向异性。居里温度应在 400～600K 之间，不能太高否则激光无法将材料加热至 T_C 温度以上，但也不能太低否则材料将会在热力学上不稳定。矫顽力和磁化强度都应具有特定的温度相关性。受激光轰击时，磁性层的 $\boldsymbol{H}_c$ 应较低（这样磁化强度就可以很容易地反转），在其余时间矫顽力应较高（这样磁化强度就不会自发地反转）。因此，$\boldsymbol{H}_c$（T）曲线需要陡峭一点。磁化强度随温度的变化关系则相反：受激光轰击时，材料的磁化强度应较高（这样就有较大的退磁场使数据位反转），在其他时间磁化强度应较低（这样在无需自发磁化反转时，退磁场会较低）。其他的要求还包括：细晶或非晶结构、良好的横向均匀性、长期稳定性、高灵敏度、低介质噪声以及价格便宜（理所当然）。

理想的磁光存储介质材料是非晶稀土-过渡金属合金。非晶薄膜是比较理想的，这是因为其噪声低（由于不存在晶界），并且薄膜很容易通过产量高、成本低的溅射沉积法制备。此外，沉积后无需退火。或许最重要的是，如 9.1.2 节所述：稀土-过渡金属合金为亚铁磁性，因此存在一个补偿点。

图 16.5 给出了具有代表性的稀土-过渡金属合金（如 Gd-Fe）的磁化强度随温度的变化曲线。在补偿温度以下，Gd 亚晶格的磁化强度大于 Fe，因此 Gd 的磁化强度平行于外加磁场。在补偿温度 T_{comp}，根据定义两个亚晶格的磁化强度相等。在补偿温度以上，Fe 亚晶格的磁化强度更大，因此与任意外加磁场平行。在补偿温度 T_{comp} 附近，磁化强度较小，退磁场也比较小。此外，由于在补偿温度时磁化强度为零，所以矫顽力非常大，因此外加磁场无法反转自旋系统。因此，所记录的数据位非常稳定。然而，仅加热到补偿温度以上几度，矫顽力 $\boldsymbol{H}_c$ 就会大幅降低，如图 16.6 中 $\boldsymbol{H}_c$ 随温度的典型变化曲线所示。因此，可以很容易地记录数据位。最后，磁光克尔旋转主要来自过渡金属亚晶格，因此在补偿温度没有表现出不利的异常行为。

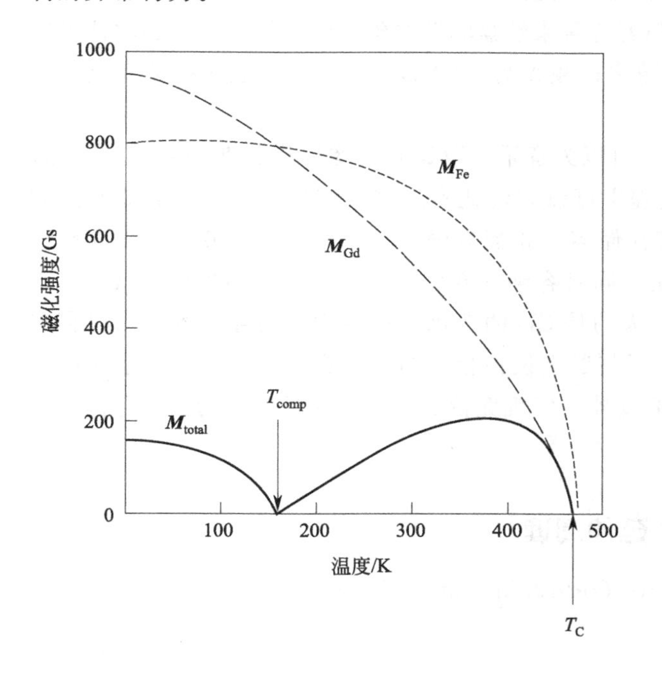

图 16.5　Gd-Fe 合金的磁化强度曲线

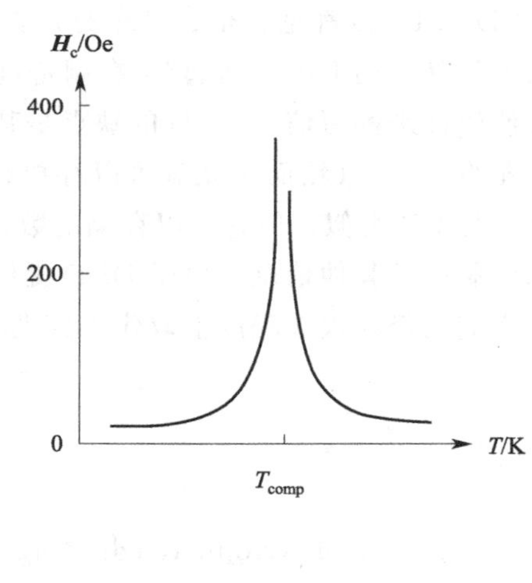

图 16.6　亚铁磁性磁光存储介质的矫顽力随温度的典型变化关系

在 T_{comp} 温度附近，矫顽力很高，两个亚晶格的磁化强度都非常稳定

稀土-过渡金属体系的另一个优点是：通过合金化可以在较宽的温度范围内调整 T_C 和 T_{comp}。然而，反过来这也是个缺点：T_{comp} 强烈依赖于成分，在写入过程中如果薄膜依赖材料在补偿温度附近的性能，则需要薄膜的成分均匀。另一个不利的方面是：稀土金属具有强烈的化学活性，尤其是在非晶相。

实验发现，三元合金比简单二元合金具有更大的克尔旋转角。尤其是 TbFeCo，它是一种非常合适的磁光记录材料，因为它具有较大的克尔旋转角、较高的矫顽力，并且 T_C 处于半导体激光器记录的适用温度范围内。但是，TbFeCo 合金的克尔旋转角随激光波长的降低而减小，因此在高密度存储所需的短波段该材料表现不佳。（激光光斑的直径随波长降低而减小，从而可以写入更小的数据位，因此可写入的数据位更多。）相反，由于随着波长降至 400nm 附近 NdFeCo 的克尔旋转角逐渐增大，因此有人建议将来在短波下使用这种材料。其他潜在的磁光存储材料包括 Pt-Co 多层膜（它在蓝光波段具有强垂直各向异性、高矫顽力、高克尔旋转角，但 T_C 和 M_S 也同样很高）和 BiFe 石榴石（它具有最大的磁光信号，化学性质稳定，但信噪比低、晶化温度高，这制约了基底的选择）。关于这些新型磁光记录材料的介绍可参见文献［77］。更全面的讨论，请参阅 Gambino 和 Suzuki 的书[78]。

16.2.1 其他类型的光存储以及磁光记录的未来

磁光驱动器在传统上是一种流行的文件备份方式，无论是用于个人电脑和还是工业归档。它的主要优点包括：便利性好、价格适中以及出色的可靠性和可移动性；主要限制在于：磁光驱动器比硬盘驱动器慢，并且随着近年来硬盘驱动器价格的下降，磁光驱动器可能会显得更贵。此外，包括光盘（CD）和数字视频光盘（DVD）在内的其他光存储介质的日益普及，也影响着磁光存储的未来。

CD 和 DVD 都是安全、可靠的介质，可以为音乐、数据和图像提供长期的可移动存储。其数据位是结构上的“凸起”，在制备过程中可以廉价地实现这种结构，并且不需要专门的硬件或软件来读写信息。CD 的缺点是其存储容量相当有限：一张标准 CD 最多可以存储约 74min 的音乐。（然而，光盘可以存放在可同时容纳 500 张 CD 的自动点唱机中。）DVD 在设计上与 CD 类似，但它可以存储的数据大约是 CD 的 7 倍。这些增加的存储容量可以存储整部电影以及其他信息。由于 DVD 提供了与磁光设备相同的存储容量，除了一些小众的应用，它们已经在很大程度上取代了磁光驱动器，实现廉价、可靠、非易失性的数据存储。

延伸阅读

S. Sugano and NKojima, eds. *Magneto-Optics*. Springer, 2000.

第17章
磁性半导体和磁性绝缘体

... quantized spins in quantum dots may prove to be the holy grail for quantum computing...

Stuart A. Wolf, Spintronics: Electronics for the next millennium?

Journal of Superconductivity, 13: 195, 2000

在这一章，我们继续研究磁现象，学习磁性半导体和磁性绝缘体中的磁性。研究磁性半导体的主要现实动机是，这类单一材料体系可能会同时具有半导体特性和磁特性。这种半导体与磁的功能组合有助于将磁性元件集成到现有的半导体制备工艺中，并提供可兼容的半导体-铁磁体界面。因此，稀磁半导体被视为新兴磁电子器件与技术领域的关键材料。由于这类器件利用了电子同时具有自旋和电荷的属性，所以它们被称为自旋电子学器件，相关研究被称为自旋电子学。除了在技术应用上的潜在吸引力之外，磁性半导体的研究还揭示了大量新奇、迷人的物理现象，包括：持续自旋相干、新颖铁磁性和自旋极化光致发光。

下面我们将集中讨论稀磁半导体（DMS)。传统半导体［图 17.1(a)］中的一些非磁性阳离子被磁性过渡金属离子［图 17.1(b)］所取代，进而形成了稀磁半导体。我们将研究三类稀磁半导体。第一类是Ⅱ-Ⅵ族稀磁半导体，其原型为（Zn，Mn)Se，在过去十几年里人们对（Zn，Mn)Se 进行了广泛的研究。第二类是较新的Ⅱ-Ⅳ族稀磁半导体，自从在(Ga，Mn)As 中观察到铁磁性之后，这类材料引起人们的极大兴趣。在这部分，我们还将介绍稀土-Ⅴ族化合物，特别是 ErAs，它可以与 GaAs 相容生长并表现出与 f-电子磁性相关的有趣特性。第三类是氧化物基稀磁半导体，我们将会对该领域的研究现状做个总结。但是，这类材料近来引起了较大的关注与争议，因为一些看似相似的样品却产生了相互矛盾的结果。

自旋电子学的研究已经激起了人们对多功能材料的广泛兴趣。这类多功能材料结合了铁磁性和其他理想特性（例如半导体输运特性或者强磁光响应)。在本章的后面部分，我们将讨论一个特别具有挑战性的内容：将铁磁性与绝缘特性相结合。除了具有潜在的自旋电子学应用外，强绝缘特性也是多铁材料（同时具有铁电和磁性有序的材料）的一个先决条件，我们将在下一章对多铁材料展开讨论。得到的铁磁性绝缘体具有磁性阳离子和阴离子的有序阵列，如图 17.1(c) 所示。

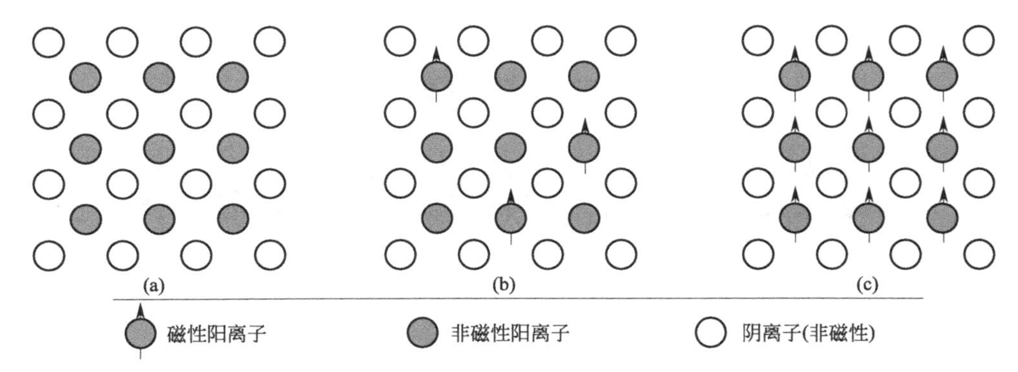

图 17.1 由阴离子和非磁性阳离子构成的非磁性半导体或绝缘体（a），稀磁半导体（b）（其中一些非磁性阳离子已被磁性阳离子取代）和磁性绝缘体（c）（其中磁性阳离子形成了有序晶体阵列）

本章还将介绍目前正在研究的前沿磁性材料。因此，许多问题没有答案，并且某些材料在几年后可能会过时或显得无关紧要。但我们可以从中了解到研究和技术的发展历程，并且还可以从这些迷人的材料中找到许多乐趣。

17.1 磁性半导体和磁性绝缘体中的交换相互作用

在描述具体材料之前，首先回顾稀磁半导体和磁性绝缘体中的磁性离子之间所产生的不同类型的相互作用。在本书的前面章节，已经介绍了绝大多数的相互作用类型。本章我们会经常用到这些相互作用的知识，因此在这里对它们进行一个总结会很有帮助。有些相互作用（例如双交换）只能产生铁磁性，而有些相互作用既可以引起铁磁性，又可以引起反铁磁性，这取决于化学键、几何结构、缺陷结构和/或载流子浓度。我们根据文献［79］展开本章的讨论。

17.1.1 直接交换和超交换

直接交换。直接交换相互作用使绝缘体中局域电子的自旋 $\boldsymbol{s}_i$ 产生耦合，可以用海森堡哈密顿模型来描述这种交换作用[80,81]：

$$H_{\mathrm{ex}}=-\sum_{ij}\boldsymbol{J}_{ij}\boldsymbol{s}_i\cdot\boldsymbol{s}_j \tag{17.1}$$

在第 6 章，我们已经证明了，如果这两个目标态是自由原子的电子态，则使之耦合的交换积分 $\boldsymbol{J}_{ij}$ 为正值，并且自旋平行排列，正如洪特规则所反映的那样。如果不同的相邻原子的局域化电子之间产生相互作用，$\boldsymbol{J}_{ij}$ 往往为负值，这对应于两个电子反平行排列形成共价键的情况。直接交换作用随着距离增加而迅速减小，因此次近邻原子间的相互作用实际上为零。

超交换。在很多过渡金属氧化物及相关材料中，过渡金属离子之间的磁相互作用是通过中间的阴离子介导实现的。这种通过阴离子介导的磁耦合，称为超交换。我们在第 8 章用超交换来解释 MnO 的反铁磁性，在第 9 章铁氧体部分讨论了超交换，在第 13 章通过超交换来讨论庞磁电阻锰氧化物的特性。超交换也可以用海森堡哈密顿模型来描述，其中 J_{ij} 的符号取决于金属-氧-金属键的键角以及过渡金属的 d 电子构型。它们之间的函数关系在半经验 Goodenough-Kanamori-Anderson 规则中得到了明确说明（例如，参见文献［80］）。对本章来说最为重要的是，同为满轨道或同为空轨道的相同金属离子之间的 180°金属-氧-金属键角，会导致反铁磁相互作用；相反，90°键角会导致铁磁相互作用。

17.1.2 载流子介导交换

“载流子介导交换”是指，系统中自由载流子介导的局域磁矩之间的相互作用。下面我们描述三种极限情况：在第 8 章介绍过的 RKKY 相互作用；Zener 载流子介导交换；在第 13 章掺杂锰氧化物部分讨论过的双交换（有时也称为 Zener 双交换）。大多数实际材料体系表现出其中两种或所有模型的特征。

Ruderman-Kittel-Kasuya-Yosida（RKKY）相互作用（例如，参见文献［82］）描述了单个局域磁矩和自由电子气之间的磁交换。该系统可用量子力学进行精确处理，并且交换相互作用 J 的符号随着局域磁矩的间距 R 以及自由电子气的电子密度而振荡：

$$J(R)=\frac{m^{*}k_{F}^{4}}{\hbar^{2}}F(2k_{F}R) \tag{17.2}$$

式中，m^{*} 为有效质量；k_{F} 为电子气的费米波矢；振荡函数 $F(x)=\frac{x\cos x-\sin x}{x^{4}}$ 如图 8.17 所示。

在同时含有局域磁矩和巡回载流子的系统中（如在掺杂非本征 DMS 中），载流子可介导局域磁矩之间的铁磁相互作用：即 Zener 载流子介导交换[83,84]。假设某个局域磁矩和某个载流子之间的相互作用为反铁磁性，那么当这个非局域化的载流子遇到另一个局域磁矩时，它会再次产生反铁磁性耦合。最终，局域磁矩整体上呈现铁磁性排布。

最后，对于含有两种不同价态磁性阳离子的过渡金属氧化物，其在实验中所观察到的铁磁性可以用第 13 章中曾讨论过的 Zener 双交换模型[66] 进行解释。例如，在 $La_{1-x}Ca_{x}MnO_{3}$（$0<x<1$）中，同时存在 Mn^{4+}（含有 3 个 3d 电子）和 Mn^{3+}（含有 4 个 3d 电子）。如果磁矩平行排列，系统的动能就会降低，这是因为平行排列允许电子从 Mn^{3+} 转移到 Mn^{4+}。这种间接耦合同样是通过相邻 Mn^{3+} 和 Mn^{4+} 之间的氧原子介导实现的，但它与超交换的区别在于载流子参与了交换耦合。

17.1.3 束缚磁极化子模型

首次采用与磁性半导体相关的束缚磁极化子（BMP）的概念，来解释贫氧 EuO 的低温金属-绝缘体转变[85]。在 BMP 模型中，氧空位既是电子供体又是电子陷阱，它能束缚电子并保持绝缘特性。每一个被俘获的电子都会与位于其轨道内的主晶格的局域磁矩发生铁磁性耦合，产生具有较大净磁矩的束缚极化子。如果相邻的磁极化子相互之间没有强相互作用，则会形成一个顺磁性绝缘相。然而，对于特定的极化子-极化子间距以及电子-电子和电子-局域磁矩交换常数的组合，极化子会产生铁磁性耦合[86,87]。超过某个临界距离时，两个磁极化子之间的交换作用会转变为铁磁性，该临界距离通常是几个波尔半径[87]的数量级。交换相互作用的振幅则随着距离增加而急剧减小。超过某个临界电子密度时，空位的吸引势会被屏蔽，供体电子不再受束缚，则系统变成金属性[88]。

17.2 Ⅱ-Ⅵ族稀磁半导体——(Zn,Mn)Se

块体锰硫系化合物的晶体结构一般为六方 NiAs 结构（α-MnTe）和立方 NaCl 结构（α-MnSe 和 α-MnS）。只有块体 MnS 能够形成立方闪锌矿结构（β-MnS），但所有的锰硫系化合物都可以通过外延生长或与Ⅱ-Ⅵ族半导体合金化的方式，人工形成稳定的闪锌矿结构[89]。过去，大量的实验都在研究Ⅱ-Ⅵ族稀磁半导体。研究表明，对于足够高的 Mn 浓度[对于(Zn,Mn)Se，$x_{Mn}>0.6$]，Mn^{2+}[$(3d)^5$]磁矩之间表现出反铁磁相关的磁结构特征；对于中等 Mn 浓度，产生了自旋玻璃结构；对于低 Mn 浓度[对于(Zn,Mn)Se，$x_{Mn}<0.3$]，无关联的 Mn 自旋的顺磁特性起主导作用[90]。该顺磁态特别引人关注，这是因为 Mn 的 d 态和基体半导体的 sp 能带之间的强相互作用使有效 g 因子增大了 100 倍[91]。这导致一系列效应，包括：增强塞曼分裂、自旋进动和持续自旋相干、自旋极化发光和自旋极化输运。下面我们将对这些现象展开讨论。

17.2.1 增强塞曼分裂

当磁场作用于半导体时，自旋磁矩与外场平行的电子和空穴的能量降低，而反平行的电子和空穴的能量升高。自旋极化相反的电子-空穴对之间的能量差称为塞曼分裂。在 3.2 节中已经讨论过原子的塞曼效应机理。在Ⅱ-Ⅵ族稀磁半导体中，Mn^{2+}在外加磁场的作用下被磁化。因此，除了外磁场之外，电子和空穴还会受到 Mn^{2+} 磁化强度的影响。这导致了塞曼分裂，其分裂程度是非磁性半导体量子结构塞曼分裂的几百倍，继而又引起巨大的法拉第旋转，这意味着具有大磁光系数的Ⅱ-Ⅵ族稀磁半导体在磁光材料领域具有潜在的应用前景。

17.2.2 持续自旋相干

在本书中已经多次提到，电子自旋是一个二能级系统，其简并度可能会在外加磁场作用下分裂。如果自旋取向垂直于磁场，并构造了两个能量分裂自旋态叠加的量子力学波函数，经典磁化矢量则随时间的推移在外加磁场上进动。虽然这种拉莫进动是一种经典效应，其内在机制却是量子力学，涉及电子波函数的上自旋分量和下自旋分量的相对相位变化。只要量子力学波函数没有退相干，磁化矢量将继续无限期地进动下去。

类似地，任何磁性离子［例如（Zn，Mn)Se 中的 Mn^{2+}］都可以形成绕外加磁场的进动态。在稀磁半导体中，这可以通过圆偏振光来光激发自旋极化激子来实现。自旋极化激子随后与锰晶格耦合并转移其自旋极化[92]。锰离子在激子复合后的很长一段时间内仍保持其自旋极化，并绕外加磁场进动。即便是在高温下，其相干进动也能持续数纳秒，并且可以使用第 16 章介绍的法拉第旋转技术进行测量。图 17.2 给出了典型的测试结果。

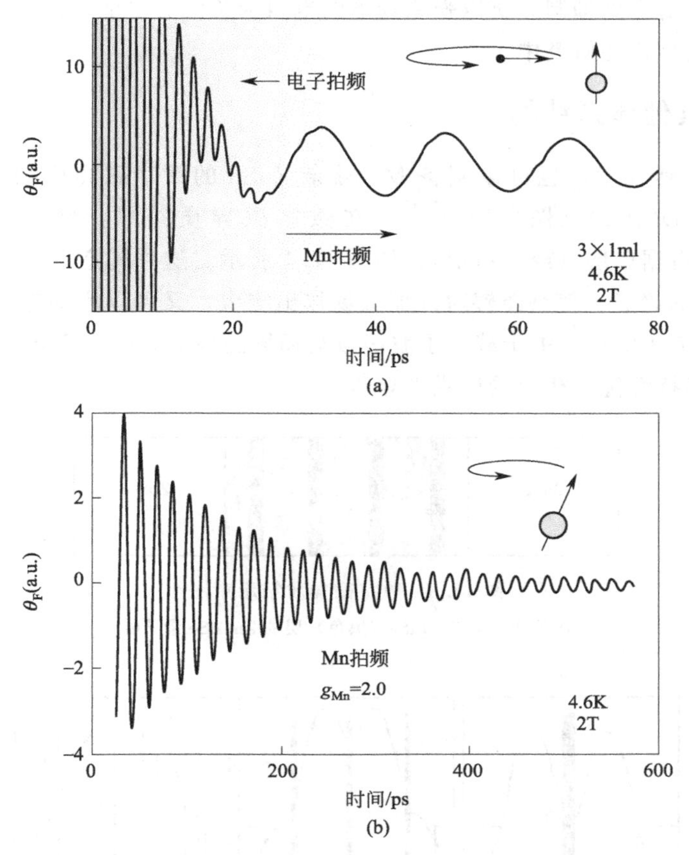

图 17.2　利用法拉第旋转 θ_F 测量的Ⅱ-Ⅵ族稀磁半导体中磁化强度的相干进动

(a) 给出了最后几次电子拍频衰减，以揭示锰拍频的存在；(b) 给出了 Mn^{2+} 进动衰减的扩展视图

3×1ml (monolayer，单层) 是指 Mn 掺杂 ZnSe 的三个单层区，详见正文部分以及

图 17.3 和图 17.4；摘自文献 [93]，版权所有：1997 年美国物理学会，经许可转载

磁性半导体中持续自旋相干最具前景的一个应用是在量子计算和量子密码学领域。量子计算是一种全新的信息处理模式，只有利用量子力学所特有的物理效应（特别是量子干涉）才能实现。制造量子计算机，需要稳定、长久的相干量子力学态。从实际应用的角度来看，在固态半导体中制造量子计算机是极具吸引力的。如果可以在室温下工作，则更加有吸引力。量子计算机超出本书介绍的范畴。现在有许多很好的资源可以了解这些信息。其中，Nielsen 和 Chuang[94] 的教材就是一本极好的参考书。

17.2.3　自旋极化输运

非磁性掺杂半导体中形成的二维电子气（two-dimensional electron gases，2DEGs）的一个输运特征就是整数量子霍尔效应，即垂直于二维电子气平面施加的磁场会导致纵向电阻消失以及霍尔电阻量子化。在磁性二维电子气中，由于增强自旋分裂，量子输运相关能级是完全自旋分辨的，即便在高温下也是如此[95]。在该体系中观测到了磁电阻效应，其在低场下为正（表明在磁场中电阻增加），在高场下为负。这是因为顺磁性 Mn^{2+} 在强磁场中有序取向，自旋无序散射受到抑制，所以强磁场下磁电阻为负值。目前，关于稀磁半导体中磁电阻效应更准确的模型仍在研究中。

17.2.4 其他体系结构

利用分子束外延技术，也可以制备 Mn 掺杂 ZnSn 的数字磁异质结（digital magnetic heterostructures，DMHs）（图 17.3）[96]。在数字磁异质结中，Mn^{2+} 被限制在 ZnSe/ZnCdSe 量子阱中占据单层（或亚单层），如图 17.4 所示。这种构造既可以最大限度地降低 Mn^{2+} 反铁磁聚集的趋势，使其能够对外加磁场作出响应，又可以增加电子波函数与磁性离子的重叠，如图 17.4 所示。由于载流子波函数与局域磁矩之间的重叠效应增强，Ⅱ-Ⅵ族数字磁异质结的许多特性优于相应的稀磁半导体。

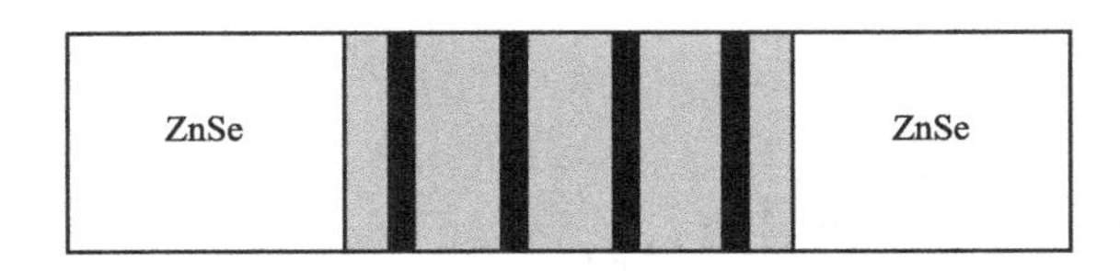

图 17.3 数字磁异质结示意图

灰色表示含有 MnSe（黑色）层的 ZnCdSe 量子阱

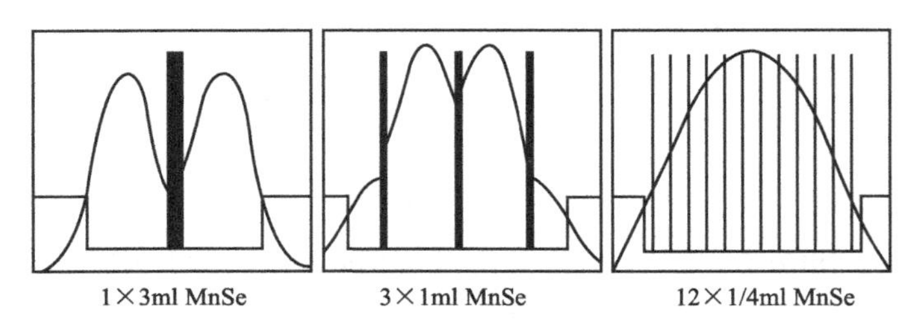

图 17.4 具有不同锰离子分布的数字磁异质结中导带能量分布和电子波函数示意图

摘自文献［92］，版权所有：1995 年美国物理学会，经许可转载

17.3 Ⅲ-Ⅴ族稀磁半导体——(Ga,Mn)As

Ⅲ-Ⅴ族稀磁半导体是当前研究的热点，既因为它们在高温下具有铁磁性，又因为它们与现有的Ⅲ-Ⅴ族相关技术兼容。Ⅲ-Ⅴ族半导体与 Mn 等过渡金属通过低温分子束外延共沉淀的方法，得到Ⅲ-Ⅴ族稀磁半导体。低温非平衡生长对于防止杂质相生成是必不可少的，并且通常非磁性基体中只能掺入低浓度（通常约为 $10^{18}cm^{-3}$，或者百分之几）过渡金属离子。然而，尽管浓度很低，体系中仍产生了长程铁磁有序，并且具有极高的居里温度 T_C。对于已知的Ⅲ-Ⅴ族稀磁半导体，得到的可重现的最高居里温度为：(In，Mn)As 的 T_C 约为 30K，(Ga，Mn)As 约为 110K[97]。最近，也有一些未经证实的报道称（Ga，Mn)N 的 T_C 约为 940K[98]。关于Ⅲ-Ⅴ族稀磁半导体的性能和潜在应用的更系统的综述，可参见文献［97］和［99］。在这里，我们仅强调几个关键点。

(Ga，Mn)As 以及其他 Mn 掺杂Ⅲ-Ⅴ族稀磁半导体的铁磁序具有三个重要特征：（ⅰ）Mn^{2+} 取代了闪锌矿晶格中的 Ga^{3+} 阳离子，产生了局域磁矩（$S=5/2$）；（ⅱ）系统中仍存在自由空穴，不过实际浓度远小于 Mn 的浓度（尽管实际上名义价表明这两者的浓度应该是相同的）；（ⅲ）空穴自旋与 Mn 自旋产生反铁磁耦合。研究发现，居里温度与空穴浓度有关，图 17.5 给出了典型数据的示意图。

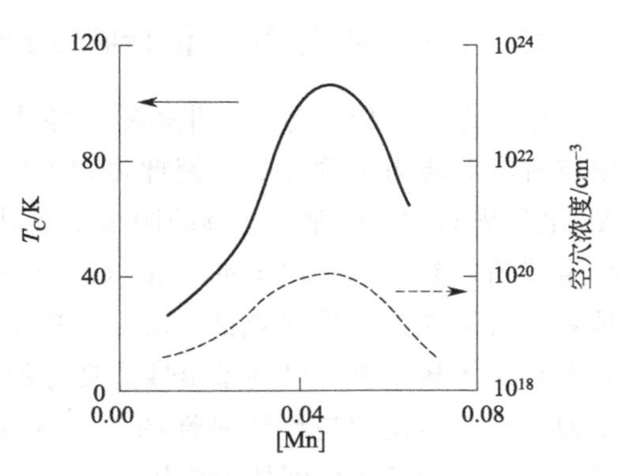

图 17.5　居里温度和空穴浓度随 (Ga，Mn)As 中 Mn 含量的典型变化关系

对Ⅲ-Ⅴ族稀磁半导体铁磁性最广为接受的解释是，产生 Mn 磁矩的局域 Mn-d 电子通过共价键与相邻的 As-p 态产生反铁磁耦合。由于巡游空穴占据了 As-p 态，它们将这种耦合机制传递到整个样品中，这引起锰离子（甚至是远程锰离子）的平行排列。在 Zener 模型中，对稀磁半导体的特性进行了量化[100]，空穴自旋 $\vec{s}$ 和 Mn 自旋 $\vec{S}$ 之间的相互作用哈密顿量表示为：

$$H=-N_0\beta\vec{s}\cdot\vec{S} \tag{17.3}$$

式中，N_0 是阳离子位点的浓度；β 是 p-d 交换积分；$N_0\beta$ 乘积通常称为交换常数。如果简单地应用平均场近似[100,101]，则载流子和锰离子的磁化强度在空间上是均匀的，可以得到居里温度的表达式：

$$T_C=\frac{xN_0S(S+1)\beta^2\chi_s}{3k_B\ (g^*\mu_B)^2} \tag{17.4}$$

式中，χ_s 是自由载流子（在本例中为空穴）的磁化率；g^* 是载流子的 g 因子；k_B 是玻尔兹曼常数；μ_B 是玻尔磁子。这个表达式计算得到的 T_C 值与跃迁温度的测量值有较好的一致性，并且通过对底层非磁性半导体能带结构进行更详细的描述，或跳出平均场近似将相关效应纳入考虑，可以更好地修正计算结果。

在Ⅲ-Ⅴ族和Ⅱ-Ⅵ族稀磁半导体中，铁磁性是通过空穴介导的。支持这一结论的最有力的证据可能是：通过静电控制空穴的数量可以控制磁性。这可以通过对 GaAs 衬底上的 (In，Mn)As 薄层（5nm）施加电场来实现[102]。在略低于 T_C 的温度时，施加正栅极电压［从 (In，Mn)As 层中去除空穴］会减少铁磁磁滞，而施加负栅极电压（增加空穴）会增大磁滞。电压为 125V 时，T_C 的变化量约为 1K。

然而，(Ga，Mn)As 的铁磁性对样品的历史（包括生长条件[97] 以及长大后的处理过程[103,104]）非常敏感。由于生长动力学必然会影响样品的微观结构，因此掌握局部化学环境的知识对于正确理解样品特性并建立相关模型至关重要。对于阐明微观结构对磁性能的具体影响（包括 As 反位点对铁磁居里温度的影响[105]，以及锰离子排列对输运的作用[106]），第一性原理密度泛函计算是非常有价值的。关于Ⅲ-Ⅴ族和Ⅱ-Ⅵ族稀磁半导体的现状及其在自旋电子学领域潜在应用的最新综述，参见文献［107］。

17.3.1 稀土-V族化合物-ErAs

尽管稀土-V族化合物并非稀磁半导体，我们仍在这里对其进行介绍，这是因为其岩盐结构与闪锌矿结构对称兼容，因此可以与 GaAs 形成具有高质量界面的异质结构。典型稀土-As 化合物 GaAs 界面上连续的阴离子亚晶格如图 17.6 所示。ErAs 可能是研究得最成熟的，因为其晶格参数与 GaAs 和（In，Ga）As 合金非常匹配，因此它可以利用分子束外延技术在具有高质量外延金属触点的 GaAs 衬底上生长[108]。在其他生长模型中，将 ErAs 纳米粒子嵌入半导体基体中，可制备出性能良好的热电材料和太赫兹发生器材料[109]。然而，我们注意到，稀土砷化物是反铁磁性的，并且其有序性仅维持在几开尔文（热力学温度）。因此，其磁性能不太可能得到技术应用。

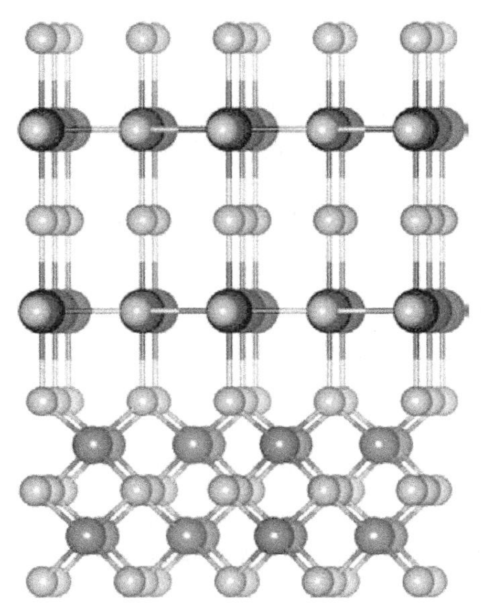

图 17.6 闪锌矿结构 GaAs（底部）和岩盐结构 ErAs（顶部）之间的界面示意图
请注意，阴离子亚晶格在界面上是连续的

采用局域密度近似以及 Hubbard U（LDA+U）方法，可以计算得到岩盐结构 ErAs 的能带结构，如图 17.7 所示[110]。该化合物是半金属，它同时具有电子和空穴自由载流子。价带主要由 As 的 p 态组成，并且在 Γ 处有一个未被占据的最大能带，而导带通常是 Er 的 d 态，它在 X 处被占据。电性能（如费米面结构、自由电子和空穴载流子的浓度等）取决于导带和价带之间的能带重叠程度。Er 的 f 电子高度局域化，由于轨道部分填充从而产生了局域磁矩，磁矩之间呈反铁磁排列，反铁磁奈尔温度约为 4.5K。f 电子距离费米能较远（在能带结构图中约为 2eV，小于 6eV），并且在大部分布里渊区不会与其他态发生明显的杂化。

ErAs 的磁输运特性引人关注，在 1T 附近磁电阻存在一个最大值（如图 17.8 所示），这源于自旋无序散射[111]。磁电阻测量表明，在 10T 磁场中磁矩的饱和值约为 $5\mu_B$，与阴离子八面体中心位置的 $f^{11}Er^{3+}$ 的理论值一致[110]。图 17.9 中的实验相图标出了磁场诱导的反铁磁（AFM）到顺磁（PM）的相变。

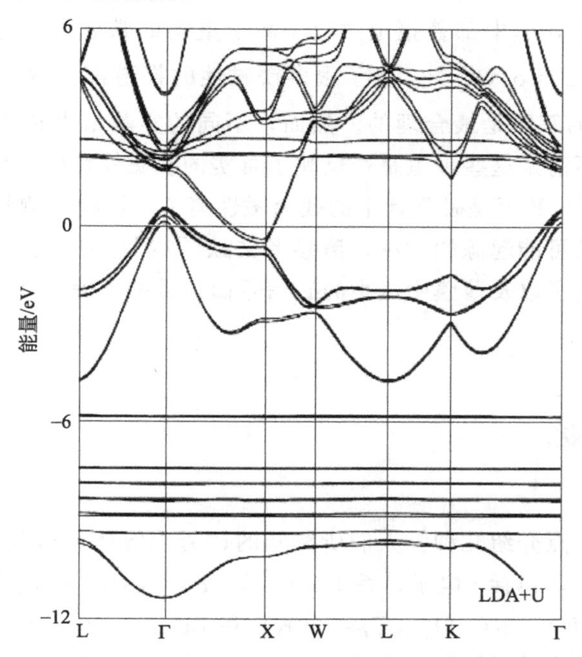

图 17.7　沿立方布里渊区高对称性轴计算得出的 ErAs 能带结构

摘自文献［110］，版权所有：2009 年美国物理学会，经许可转载

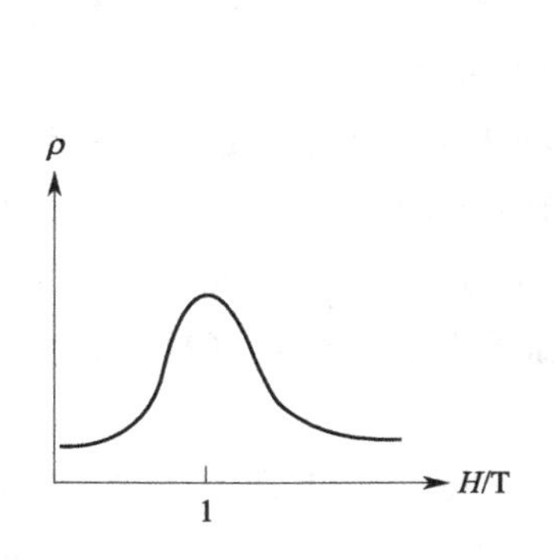

图 17.8　ErAs-GaAs 薄膜的典型磁电阻

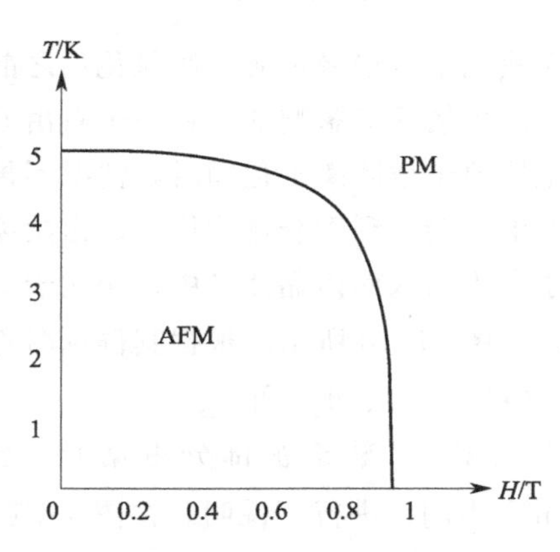

图 17.9　ErAs-GaAs 薄膜的典型相图

17.4　氧化物基稀磁半导体

显然，对于器件应用来说，迫切需要找到一种居里温度在室温附近或高于室温的稀磁半导体材料。当前除了研究（Ga，Mn）As 铁磁性的起源，在寻找更高居里温度材料方面，还对新型稀磁半导体材料进行了大量的探索。特别是，根据 Zener 模型预测，掺杂 5%Mn、空穴浓度为 $3.5\times10^{20}/cm^3$ 的 ZnO 会存在室温以上铁磁性，这进一步促进了氧化物基稀磁半

导体的研究[101]。与硒化物和砷化物相比，氧化物在地球上具有丰富的资源并且环境友好。在几种氧化物基稀磁半导体中都曾报道过 T_C 高于室温的铁磁性，包括 $Ti_{1-x}Co_xO_2$[112]、$Zn_{1-x}Mn_xO$[113]、$Zn_{1-x}Co_xO$[114]。由于很多铁磁性的报道都出现在绝缘样品中，所以基于束缚磁极化子[115] 的解释是最合理的。然而，不同的实验结果和不同的计算结果，经常相互矛盾。同时，尚不清楚这些报道是否反映了真实的铁磁性稀磁半导体特性，或者少量的铁磁/亚铁磁杂质相[116] 甚至是磁强计中的残余磁性离子，影响了测量结果。对于相互矛盾的实验和理论结果及其可能起源的讨论，请参考文献 [79]。很明显，在这一领域，为了解决由于低浓度的磁性离子以及薄膜中极小的磁信号而导致的不确定性，有必要对大块样品进行充分的表征[117]。

17.5 铁磁绝缘体

在本节，我们将重点介绍几种为人们所熟知的铁磁绝缘体。这些铁磁绝缘体非常稀少，例如，在简单氧化物中，包括 f 电子体系 EuO [118](T_C=79K) 以及钙钛矿结构过渡金属氧化物 $YTiO_3$ (T_C=29K)、$SeCuO_3$ (T_C=29K) 和 $BiMnO_3$ (T_C=105K)。在这里，我们介绍了这些铁磁绝缘体中铁磁性相互作用的起源，以及目前正在探索的一些新材料。

17.5.1 晶体场和 Jahn-Teller 效应

在我们了解绝缘过渡金属氧化物之前，首先需要知道过渡金属 d 电子的能量是如何受其所处的晶体场环境影响的。在一个自由原子中，五个 3d 轨道具有相同的能量，但当固体中过渡金属原子被阴离子包围时，情况不再是这样，与那些距离阴离子较远的电子相比，距离最近的电子会受到库仑排斥作用。由阴离子产生的静电环境称为晶体场。在钙钛矿结构中由氧离子产生的八面体晶体场中，相比于 d_{xy}、d_{yz} 和 d_{xz} 轨道，$d_{x^2-y^2}$ 和 d_{z^2} 轨道的能量有所升高，如图 17.10 所示。根据其群论名称，这两组轨道通常被称为：e_g (对于 $d_{x^2-y^2}$ 和 d_{z^2}) 和 t_{2g} (对于 d_{xy}、d_{yz} 和 d_{xz})。

当 e_g 和 t_{2g} 轨道被部分占据时，会产生附加效应。图 17.11 以八面体晶体场中的 $3d^4 Mn^{3+}$ 为例，进行了说明。在图 17.11(a) 所示的理想八面体环境中，单个 e_g 电子可以等概率占据 $d_{x^2-y^2}$ 或 d_{z^2} 轨道。实际上，晶格经常会发生结构畸变，这会降低其中一条轨道的能量，而代价是另一条轨道的能量增大。由于能量增加的轨道是空轨道，因此电子能量在整体上是降低的。这种效应被称为 Jahn-Teller 效应。经典 Jahn-Teller 畸变表现为八面体结构的伸长，这降低了 d_{z^2} 轨道的能量，如图 17.11(b) 所示。相应的结构畸变会在晶格中产生应变能，Jahn-Teller 畸变的大小取决于增加的应变能和降低的电子能之间的平衡。

最终，固体中局部八面体畸变的排布（即轨道排列），会对磁性能产生深远的影响。例如，我们发现：对于两个被部分占据的过渡金属 d 轨道，在呈 180°相对取向时，轨道之间会产生反铁磁性超交换相互作用；然而，如果其中一个轨道被部分占据而另一个轨道被完全填充，则会产生铁磁性耦合。我们将在下面看到这种例子。

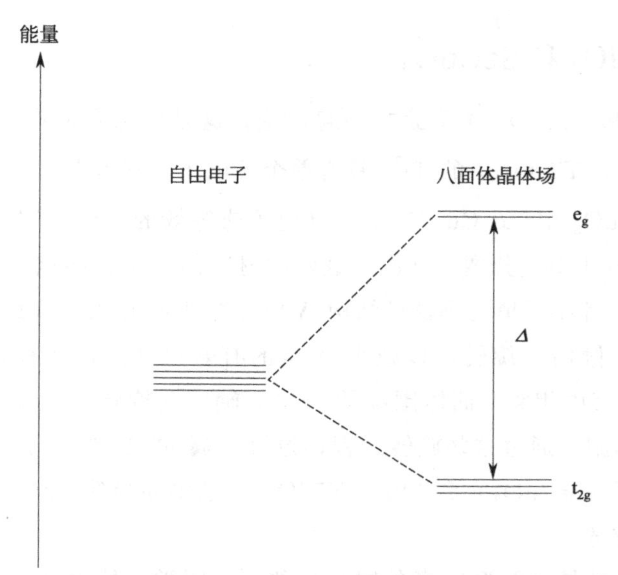

图 17.10　在钙钛矿结构中，自由原子的五个简并 3d 原子轨道被钙钛矿结构中氧离子八面体晶体场分裂为三重态（t_{2g}）和二重态（e_g）（分裂的幅度称为晶体场分裂 Δ）

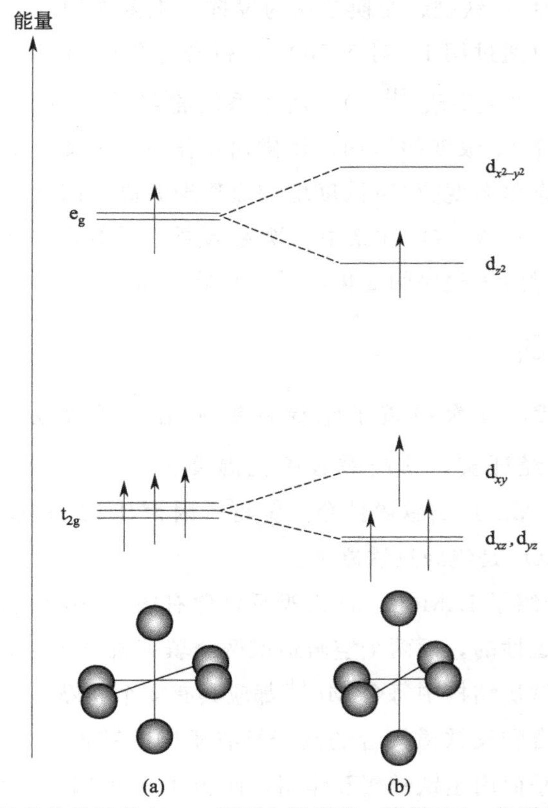

图 17.11　氧八面体沿 z 轴的伸长及其在 x-y 平面上的压缩，降低了 d_{z^2} 轨道相对于 $d_{x^2-y^2}$ 轨道的能量，以及 d_{xz}、d_{yz} 轨道相对于 d_{xy} 轨道的能量

在这种情况下，由于 e_g 轨道仅包含 1 个电子，因此电子能量的整体降低超过了晶格畸变所带来的应变能

17.5.2 $YTiO_3$ 和 $SeCuO_3$

我们将 $YTiO_3$ 和 $SeCuO_3$ 体系放在一起讨论，这是因为它们有许多相似之处。首先，两者都是铁磁绝缘体。$YTiO_3$ 中的 Ti^{3+} 具有单个 d 电子，它占据一个 t_{2g} 轨道，导致 Jahn-Teller 分裂。在 $SeCuO_3$ 中，$d^9 Cu^{2+}$ 有 9 个 d 电子或等效的一个 d 空穴，它占据一个 e_g 轨道，导致较大的 Jahn-Teller 分裂。其次，这两种材料的一个共同点是：A 位阳离子尺寸都比较小。Y^{3+} 和 Se^{4+} 都小于填充钙钛矿结构 A 位孔隙所需的几何参数。因此，八面体以某种方式围绕它们的轴倾斜并旋转，以减小 A 位的有效尺寸。这两种化合物都采用所谓的 $GdFeO_3$ 倾斜模式，其中相邻八面体围绕伪立方 x 轴同向旋转，并且围绕 y 和 z 轴交替旋转，从而形成正交晶胞。通过这些旋转过程，过渡金属-氧-过渡金属（TM-O-TM）键角从 180°分别减小至 125°（$SeCuO_3$）和 140°（$YTiO_3$）。这继而导致 TM 3d-O 2p 重叠程度显著降低，从而降低了带宽。

一般认为，铁磁性是由两个因素共同产生的。证明类似轨道之间 180°超交换引起反铁磁的理论，同样可以用来证明 90°超交换引起铁磁相互作用。由于 TM-O-TM 键角从理想的 180°大幅减小，因此这种 90°铁磁超交换被认为发挥了重要作用。与此相吻合的是，当八面体的旋转减小时（这可以通过用 La 对 $YTiO_3$ 进行合金化或用 Te 对 $SeCuO_3$ 进行合金化，以增加 A 位阳离子的尺寸来实现[119]），两个系统都经历了从铁磁到反铁磁的转变。在 (Se，Te)CuO_3 中，随着 Te 浓度的增加，铁磁居里温度逐渐降低，然后在 50%Te 时平稳转变到反铁磁态，并且奈尔温度随 Te 浓度增加而逐渐升高。因此，这种键角效应很可能是起主导作用的物理机制。在 $YTiO_3$ 体系中，铁磁-反铁磁转变是突然发生的，并伴随着轨道排列方式的变化，这也导致了磁序的变化，详见文献 [120]。

17.5.3 $BiMnO_3$

在 20 世纪 60 年代，首次报道了绝缘钙钛矿结构锰酸铋 $BiMnO_3$ 的铁磁有序特性[121-123]。现代研究已经证实，其铁磁有序化温度为 100K，单位化学式的磁化强度为 $3.2\mu_B$[124,125]。最初，$BiMnO_3$ 的铁磁性令人惊讶，因为其 Mn 的价态与钙钛矿结构 $LaMnO_3$ 是相同的，而 $LaMnO_3$ 是绝缘反铁磁体。

在第 13 章，我们介绍了 $LaMnO_3$ 的 A 型反铁磁有序：180°填满 d 轨道和空 d 轨道之间的超交换相互作用是铁磁性的，而两个空轨道或两个填满轨道之间的超交换作用是反铁磁性的。电子计数表明，钙钛矿结构中每个 Mn^{3+} 都应具有 4 个铁磁近邻离子和 2 个反铁磁近邻离子。由于发生铁磁耦合和反铁磁耦合的离子具有不同的键长，如果 $LaMnO_3$ 中被部分占据的轨道有序取向，在平面内呈铁磁相互作用，而相邻平面之间发生反铁磁耦合，则 $LaMnO_3$ 中的应变将会减小，如图 17.12(a) 所示。这导致 A 型反铁磁。然而，对 $BiMnO_3$ 中 Mn-O 键长的分析表明，被部分占据的 d 轨道存在异常排列，如图 17.12(b) 所示。一般认为，这是受 Bi^{3+} 上 $(6s)^2$ 电子的驱动，形成一个充满整个空间的“孤对电子”，并在晶格中引入了附加应变。这种构型不会使铁磁相互作用消失，从而在 $BiMnO_3$ 中产生了净铁磁[126]。

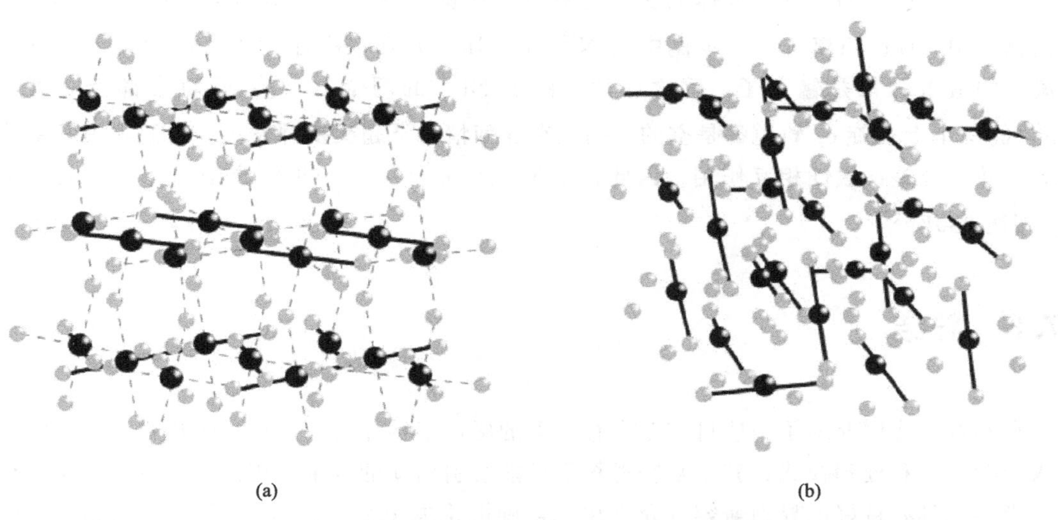

图 17.12　$LaMnO_3$ 中二维轨道排列（a）与 $BiMnO_3$ 中三维轨道排列（b）的对比
粗线都代表被占据的 Mn 的 d_{z^2} 轨道的取向，
MnO_6 八面体的伸长揭示了这些现象；黑色圆表示锰离子的位置；
灰色圆代表氧离子；摘自文献［126］，版权所有：2002 年美国物理学会，经许可转载

由于 Bi^{3+} 的孤对电子还会在晶格中引入铁电极化，因此我们将会在下一章的多铁性部分详细讨论其特性。

17.5.4　氧化铕

一氧化铕 EuO 是一种铁磁性材料，其居里温度为 70K，饱和磁化强度与每个 Eu^{2+} $7\mu_B$ 的预期值相符[118]。相应的硫属化合物 EuS 和 EuSe 也是铁磁绝缘体，然而与等电子 GdN 一样，它们的居里温度逐渐降低。

这种铁磁性被认为源于间接 Eu-Eu 交换作用。通过被占据的 Eu 4f 态和空 Eu 5d 态之间的耦合作用，实现了 Eu-Eu 交换的介导。这种虚拟激发机制是载流子介导交换机制在绝缘体系中的延伸，这可以在导电系统中引起铁磁性。由氧阴离子介导的反铁磁超交换作用，与铁磁 Eu-Eu 相互作用彼此竞争。由于 f 电子被紧紧束缚，它们与氧 2p 电子的重叠很小，并且对 EuO 中反铁磁超交换作用的贡献很弱。沿元素周期表Ⅵ系列硫属元素下移，4f 电子和较大的阴离子上更为扩散的 p 电子之间的相互作用增强，因此反铁磁超交换作用增强。同时，随着 Eu-Eu 间距增加，铁磁 Eu-Eu 相互作用变弱，发生反铁磁有序转变。

利用式(17.1) 中的经典海森堡哈密顿模型，可以精确地模拟这种特性，但模型中仅包括最近邻 Eu-Eu 相互作用。

17.5.5 双钙钛矿

最后一个已知的铁磁绝缘体的例子是双钙钛矿类材料，其原型是 $LaNi_{0.5}Mn_{0.5}O_3$。在双钙钛矿中，B 位阳离子（在本例中为 Ni^{2+} 和 Mn^{4+}）形成有序的棋盘阵列，这使得每个镍离子的最近邻都是锰离子，反之亦然。由于 Ni^{2+} 的两个上自旋 e_g 轨道都被填满，而 Mn^{4+} 的两个上自旋 e_g 轨道都是空的，因此在任何情况下超交换都发生在填满轨道和空轨道之间，并且都是铁磁性相互作用。因此，$LaNi_{0.5}Mn_{0.5}O_3$ 是一种铁磁绝缘体，其居里温度 T_C 高达 280K[127]。

17.6 总结

在本章，我们介绍了一些目前令人感兴趣的磁性半导体材料。通过改进现有器件结构并引入新型存储和处理模式，其中某些材料很可能会引出新的技术应用。由于铁磁性半导体与传统半导体具有良好的界面兼容（允许注入自旋极化电子和空穴），并且可以采用现有的半导体加工技术进行集成，因此铁磁性半导体特别有应用前景。即便是在没有发现相关应用的极端情况下，该领域的研究也已经揭示了大量新颖的基础物理机制，并且毫无疑问在未来若干年还将继续下去。

延伸阅读

W. Chen and I. Buyanova, eds. *Handbook of Spintronic Semiconductors*. Pan Stanford, 2010.

E. L. Nagaev. *Colossal Magnetoresistance and Phase Separation in Magnetic Semiconductors*. World Scientific, 2002.

第18章 多铁材料

It isn't much fun for One, but Two
Can stick together, says Pooh

A. A. Milne, "Us Two"

在前一章，我们提到当前人们专注于将磁性能与其他所需特性组合在一起，并列举了半导体输运与绝缘体的例子。在本章，我们继续按照这种方式来讨论多铁材料。多铁材料可以将磁有序与其他类型的铁性有序（如铁电性、铁弹性和铁涡性）有机结合起来。我们会特别关注磁性与铁电性的结合，因其潜在的磁电响应而极具吸引力，即可以用电场控制和调节磁性，反之亦然。

多铁材料的定义为，同时表现出两种或多种基本铁性有序的材料[128]。成熟的基础铁性材料包括：铁磁体，具有自发磁化，并可利用外加磁场进行切换，这也是到目前为止本书重点介绍的内容；铁电体，具有自发电极化，并可利用外加电场进行切换；铁弹性体，具有自发应变，并可利用外加机械应力进行切换。最近，人们采用对称分析，提出了铁涡体，进一步完善了基本铁性材料的种类[129]。本章将首先比较铁电体、铁弹性体和铁涡体与已经详细讨论的铁磁体的特性。

18.1 铁磁性与其他类型铁性有序的比较

18.1.1 铁电体

铁电材料的特征是具有自发极化 P，并且可以通过外加电场 E 对自发极化进行翻转。典型的铁电 P-E 电滞回线与铁磁体的M-H 磁滞回线非常相似。实际上，当 1921 年首次在罗谢尔盐材料中观察到 P-E 电滞回线时，作者将其描述为“类似于铁的磁滞现象”，并采用“铁电性”一词来强调这种相似性[130]。另外，还存在其他相似之处：在这两种情况下，宏观极化（无论是磁极化还是电极化）都会因畴的存在而降至零，而畴都是样品中极化方向相反（因此相互抵消）的区域。铁磁极化和铁电极化均随温度的升高而降低，在高温下通常会发生向非极化（顺磁或顺电）状态的相变。

当然，引起铁磁性和铁电性的微观特征截然不同：铁电体的电荷（离子或电子或两者兼而有之）不对称，而铁磁体的电子自旋不对称。实际上，当我们试图在多铁材料中将这两种特性结合起来时，就会发现这种差异是一个根本问题。

就应用而言，在铁磁体和铁电体中，滞后（磁滞或电滞）现象使自发极化在没有外场的情况下也可以持续存在。可以将这种滞后特性应用于存储领域，其中电极化或磁极化的方向代表数据位“1”或者“0”。虽然磁性材料有着巨大的市场份额，例如第 15 章讨论的计算机硬盘，但铁电体也有一些适合的应用，并可能在未来的信息存储技术中得到更广泛的应用。同样，在这两种情况下，极化有序参数和晶格应变之间存在耦合，这会引起铁磁体中的压磁性和铁电体中的压电性。压电效应往往强于压磁效应，因此铁电体在传感器和执行器技术中超过铁磁体占据主导地位。

铁电性的起源：我们首先详细介绍决定阴离子或阳离子是否发生相对位移，以形成偶极矩的物理机制，这是铁电性的先决条件。要使材料具有自发电极化，其组成离子必须具有非中心对称排列。此外，要成为铁电体，电极化必须可以翻转。因此，在常规的实验电场中，必须能够实现两种反向极化的稳定态之间的转变。可以通过居里温度以上中心对称顺电相结构中原子产生的一组较小的位移，来理解大多数铁电体的基态结构。在本节，将讨论是决定中心对称结构还是极化结构的能量更低的物理问题。我们将会详细地讨论这个问题，因为在后续探索多铁材料中铁磁性和铁电性的共存问题时，它会非常重要。我们将会发现，在传统铁电材料中，化学键的形成降低了系统能量，从而使极性相稳定化，而这种化学键的形成往往受到空 d 轨道的青睐，从而导致磁性的缺失。

我们按照文献［131］展开讨论。材料的铁电不稳定性倾向通常称为二阶 Jahn-Teller（second-order Jahn-Teller，SOJT）效应，因为它取决于总能量微扰展开中的二阶项，而总能量的微扰展开与高对称性参考相位的畸变有关。根据标准微扰理论，对于高对称性参考相位 $\mathscr{H}^{(0)}$，哈密顿量可以展开为哈密顿量的极化畸变 Q 的函数，为

$$\mathscr{H}=\mathscr{H}^{(0)}+\mathscr{H}^{(1)}Q+\frac{1}{2}\mathscr{H}^{(2)}Q^2+\cdots \tag{18.1}$$

其中

$$\mathscr{H}^{(1)}=\left.\frac{\delta\mathscr{H}}{\delta Q}\right|_{Q=0} \quad \mathscr{H}^{(2)}=\left.\frac{\delta^2\mathscr{H}}{\delta Q^2}\right|_{Q=0} \tag{18.2}$$

离子在其高对称相位置的位移与电子之间产生了振动耦合[132]，而 $\mathscr{H}^{(1)}$ 和 $\mathscr{H}^{(2)}$ 捕获了这种振动耦合。类似地，能量可以展开为能量为 $E^{(0)}$ 的高对称性参考结构[133,134] 的极化畸变 Q 的函数，为

$$E=E^{(0)}+\langle 0|\mathscr{H}^{(1)}|0\rangle Q+\frac{1}{2}\left[\langle 0|\mathscr{H}^{(2)}|0\rangle-2\sum_n\frac{|\langle 0|\mathscr{H}^{(1)}|n\rangle|^2}{E^{(n)}-E^{(0)}}\right]Q^2+\cdots \tag{18.3}$$

式中，$|0\rangle$ 为 $\mathscr{H}^{(0)}$ 的能量最低解；$|n\rangle$ 为能量为 $E^{(n)}$ 的激发态。（我们在这里使用第 6 章介绍过的狄拉克符号。）

一阶项 $\langle 0|\mathscr{H}^{(1)}|0\rangle Q$ 描述了正则一阶 Jahn-Teller 定理，在第 17 章曾用它来帮助理解绝缘过渡金属氧化物的电子结构。结果表明，对于 d 轨道，只有当 Q 为中心对称畸变时，这一项才为非零，因此它不会产生铁电性。在没有一阶 Jahn-Teller 畸变的系统中，两个符号相反的二阶项之间的竞争，决定了系统是否倾向于非中心对称偏心。两个二阶项中的第一项描述了短程排斥力，如果离子被冻结在其高对称构型中的电子取代，则会产生这种短程排斥力。由于 $\langle 0|\mathscr{H}^{(2)}|0\rangle$ 通常为正，因此它会增大系统的能量。如果该项的取值比较小，则极有可能会产生极性畸变。对于没有价电子的闭壳层 d^0 阳离子，情况往往如此。二阶项中的第二项 $-\sum_n \frac{|\langle 0|\mathscr{H}^{(1)}|n\rangle|^2}{E^{(n)}-E^{(0)}}Q^2$ 描述了电子系统通过共价键的形成响应离子位移而产生的弛豫。它通常为负值，因此会产生铁电性，除非对称性为零。由于 Q 为奇宇称的极性畸变，所以 $\langle 0|$ 和 $|n\rangle$ 的乘积也必须为奇数才有意义。若这一项的值很大，即当分子很大（或至少是非零）、分母 $E^{(n)}-E^{(0)}$ 很小时，就会产生铁电性。当基态和最低激发态具有不同宇称时，就会发生这种情况。比如，其中一个来自 p 轨道，而另一个来自 d 轨道。在 $BaTiO_3$ 等具有 d^0 过渡金属构型的典型钙钛矿铁电体中，价带的顶部主要由 O 2p 态组成，导带底部由过渡金属 3d 态组成。因此，基态和低激发态与 $\mathscr{H}^{(1)}$ 的乘积都是偶数，而且当 $E^{(n)}-E^{(0)}$ 较小时，矩阵元素 $\langle 0|\mathscr{H}^{(1)}|n\rangle$ 为非零值，这与 SOJT 的描述一致。因此，正、负二阶项之间的平衡通常会导致 d^0 阳离子（例如典型铁电体 $BaTiO_3$ 中的 Ti^{4+}）的偏心。

18.1.2 铁弹性体

铁弹性体定义为具有自发形变、并可随外加应力翻转的材料。当材料在没有机械应力的情况下，具有两种或多种晶体结构相同的取向状态时，就会产生铁弹性。机械应力偏向其中一种取向状态，使之产生位移。图 18.1 给出了一个简单的示意例。在铁弹居里温度以上，系统为立方结构；在居里温度 T_C 以下，是四方结构，其“长”轴可以沿着任意笛卡尔轴取向。在没有机械应力的情况下，图 18.1 中的两种低温变体具有相同的能量。如果施加水平方向的压应力，左变体的能量低于右变体，因此体系转变为左变体，反之亦然。

典型的铁弹性材料是金属间化合物 NiTi，它可以从高温立方奥氏体结构转变为低温单斜马氏体结构，并伴随着强烈的单胞变形。为了防止整体形状发生巨大的变化，低温相倾向于自发地形成不同取向的铁弹畴的孪晶，从而形成特征的“粗花呢”图案。沿着其中一个取向方向施加机械应力，很容易使其产生变形。加热后，系统恢复其初始的奥氏体结构，从而恢复其初始形状，因此对于形状记忆合金非常重要。

虽然铁弹性可以独立于其他类型铁性有序而单独发生，就像上面讨论的形状记忆合金一样，但它也常常伴随着铁电性。铁电体中应变和极化之间的耦合会引起与铁电极化相耦合的机械变形。这种耦合现象在广泛使用的铁电体压电效应中有所体现。因此，铁电铁弹性体是多铁材料中最成熟的一类。

18.1.3 铁涡体

磁涡旋矩一般与自旋的“圆形”或“环形”排列有关，如图 18.2 所示[136]。涡旋矩协

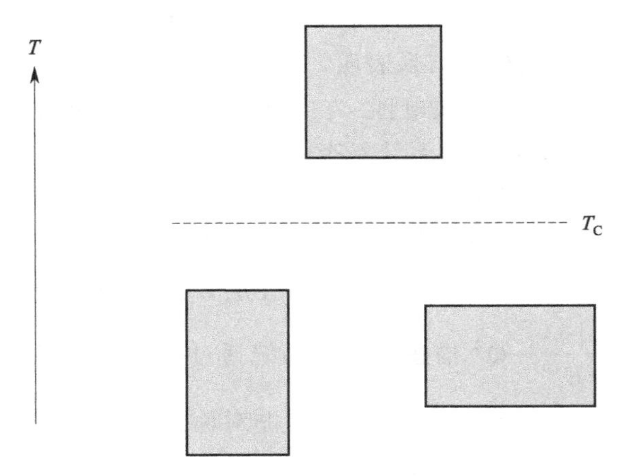

图 18.1　铁弹性相变示意图

当温度冷却到 T_C 以下，立方顺弹性结构发生相变，

转变为所示的四方结构变体之一；机械应力可用于实现变体之间的转换

同排列的材料（即铁涡体），由于其时空对称性，被认为是完善基本铁性体种类的材料[137-139]。铁弹性体在空间反演和时间反演情况下都是不变的，铁电体和铁磁体分别在第一种或第二种情况下是不变的，而铁涡体在两种情况下都会发生变化（图 18.3）。这种铁涡体中的自发涡旋矩（也称涡旋强度）理论上应该可以通过交叉的电场 E 和磁场 H 进行转换，但目前在实验中尚未实现这种转换过程。

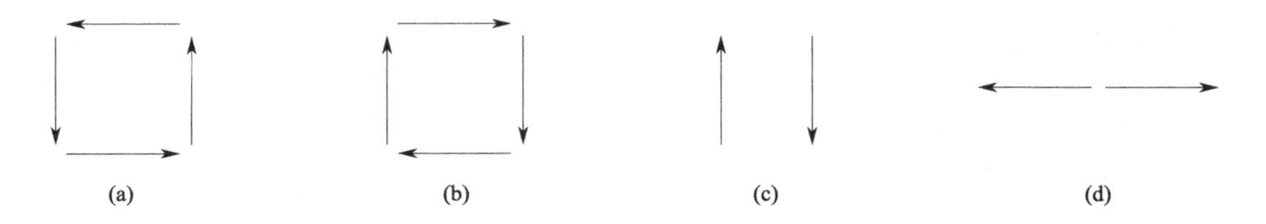

图 18.2　可以产生涡旋矩的几种简单的磁矩排列

（a）和（b）具有等量、反向的涡旋矩；（c）中的反铁磁排列具有涡旋矩；

（d）中的反铁磁排列没有涡旋矩；摘自文献［135］，版权所有：2007 年美国物理学会，经许可转载

除了对称性方面的美学吸引力之外，铁涡体还与我们讨论的多铁材料有关，因为它们具有非对角磁电响应，即外加电场会诱导垂直磁化，反之亦然。为了更好地理解材料涡旋矩的概念并了解其现状，请参考文献［140］。

18.2　磁性和铁电性相结合的多铁材料

整本书我们都在讨论磁性材料各种各样的应用，并探索它们所包含的物理机制。此外，在本章前面简要地介绍了铁电体的科学与技术。兼具磁序和铁电序的多铁材料，不仅拥有其母体铁电和铁磁材料所有的潜在应用和基础科学价值，还拥有这两种有序性相互作用所产生

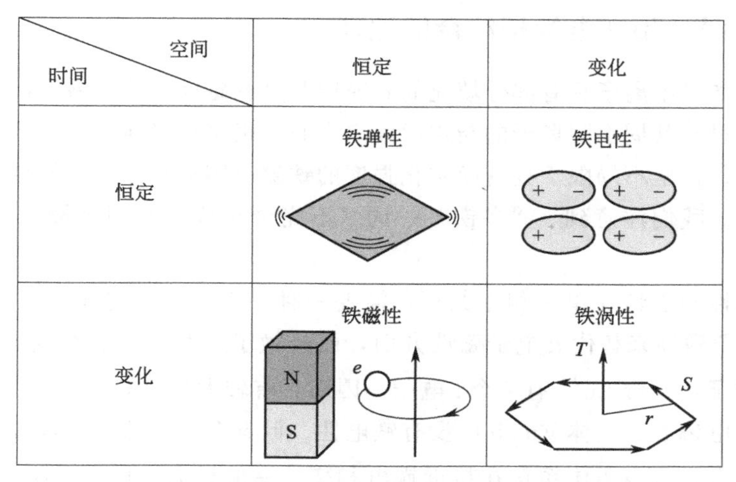

图 18.3　在空间反演和时间反演对称运算下，铁性有序的形式及其转变特性
摘自文献［140］，版权所有：2008 年美国物理学会，经许可转载

的一系列新现象和潜在技术应用。在一般情况下，如果系统中同时需要电感器和电容器，原则上都可以用单一多铁元件来替代。在序参量之间弱耦合的情况下，可以设想一种存储介质，其铁电取向和铁磁取向可以同时用作数据位，存储密度立即翻倍。最令人感兴趣的潜在应用也许来自磁序和铁电序之间的强耦合，如果磁化强度的重取向也会引起电极化的重取向，那么人们就可以用电场或磁场来写入或检测数据位。从实际的角度来看，如果现有的磁性技术可以用电场而非磁场来进行调节或控制，可望在小型化和功耗方面取得巨大进展。

18.2.1　磁性和铁电性之间的冲突

18.1.1 节指出，共价键的形成会使能量降低，排斥作用会使能量升高，这两者之间的竞争，决定了阳离子是否会从其配位多面体的中心移动并产生电偶极矩。在这里，我们将深入讨论，为什么只有少数铁电材料具有磁性[141]。材料具有铁电性的一个基本要求是绝缘。否则，外加电场将会引起电流流动，而不是改变其极化方向。我们来试想一下磁性绝缘体的能带结构。一般来说，由于 d 壳层被部分填充，价带的顶部和导带的底部主要都由过渡金属 d 态电子组成。(严格来说，这些就是所谓的 Mott 绝缘体。实际上，大多数磁性绝缘体都有一定的电荷转移特性，其中价带顶部具有过渡金属 d 态与阴离子 p 态的混合特性。) 如果两个能带边缘基本都是 d 态，这意味着基态和低激发态具有相同的对称性。因此，式(18.3)中，基态与激发态与 $\mathscr{H}^{(1)}$ 的乘积是奇数，并且积分 $\langle 0|\mathscr{H}^{(1)}|n\rangle$ 等于零。至少在这个单粒子图像中，没有使能量降低的成键过程来促进偏心。此外，由于过渡金属价壳层中存在 d 电子，两个二阶项中的第一项往往较大。结果表明，在 d 壳层部分填充的过渡金属中，库仑排斥作用强于形成化学键所带来的能量降低，不会出现铁电偏心现象。然而，我们注意到，二阶 Jahn-Teller 特性被称为一种效应，而非一个定理，因为上述准则并不总是适用于任何基本情况。实际上，当前人们正在积极地开展研究，以寻找方法来规避其限制并合成新型多铁材料。(相反，我们在第 17 章描述的一阶 Jahn-Teller 是一个定理，因为它存在符号相反的两项之间的竞争。)

18.2.2 磁性和铁电性相结合的途径

前文指出，如果阳离子具有部分填充的 d 壳层并具有磁性，获得铁电性的传统途径（过渡金属阳离子通过与其周围阴离子的杂化而偏离中心）很难行得通。在本节，我们将研究如何绕过这种限制。这里不局限于具有净磁化强度的铁磁有序材料，还包括结合铁电性与任何磁性类别的材料。我们注意到，“多铁”一词（不完全正确）常用来涵盖所有这些磁性铁电体。

为了使铁电性和磁性在单一相中共存，需要一种磁性（非 d 电子）或铁电性的替代机制。在利用 f 电子磁性来替代 d 电子磁性方面，已经做了一些努力。在这里，$EuTiO_3$ 也许是一个典型的例子：二价 Eu^{2+} 有 7 个 f 电子，因而具有较大的磁矩，而 Ti^{4+} 的非磁性 d^0 电子结构有利于铁电偏心。块体 $EuTiO_3$ 没有铁电性，但具有很大的介电常数，而且介电常数在低温下快速增大，这表明体系正在接近铁电相变。一般认为，Eu^{2+} 的小尺寸以及相应较小的晶格常数并没有为 Ti^{4+} 偏离中心留下足够的空间[142]。无论是通过应变[143] 还是用尺寸较大的 A 位离子（例如 Ba）进行合金化，来人为地增大晶格常数，都会诱导铁电态。f 电子磁性的明显缺点是，被紧紧束缚的 f 电子有序化温度通常较低（$EuTiO_3$ 反铁磁有序温度为 5K）。但并非总是这样，如第 17 章讨论的 EuO。传统铁电性与其他新颖磁性类型的结合（例如第 17 章讨论的稀磁半导体特性），是未来研究的热门领域。

大多数多铁材料都是结合了传统过渡金属 d 电子磁性与替代性铁电机制。实际上，寻找与现有磁性相兼容的偏心机制，有助于增强对铁电材料的理解。在磁性钙钛矿结构氧化物和相关材料中，实现多铁性最常见的方法是：利用大（A 位）阳离子上的孤对电子立体化学活性来提供铁电性，同时保持小（B 位）阳离子的磁性。在基础化学课上，我们已经熟悉了立体化学活性孤对电子：氨中 N 原子上的孤对电子是 NH_3 分子电偶极矩形成的主要原因（图 18.4）。Bi 基磁性铁电体中铁电特性来源于 Bi^{3+} 上的孤对电子，其中研究最多的材料是铋铁氧体 $BiFeO_3$[144]。实现多铁性的第二条途径是“几何驱动”铁电性。它是一种完全不同的偏心类型，不依赖于共价键的形成，因此可与磁性兼容。在这种情况下，铁电相变由配位多面体的旋转不稳定性和 A 位阳离子的协同位移驱动（图 18.5）。这种机制要求多面体之间不存在三维连接。否则，当一个多面体朝一个方向旋转时，相邻多面体会反向旋转，导致净极化为零。层状反铁磁铁电体 $YMnO_3$[145,146] 和 $BaNiF_4$[147] 就属于这一类。Cr_2BeO_4 中出现了一种特别吸引人的机制[148]。在这种机制中，缺乏反演对称性的磁基态（在本例中是磁螺旋）的形成降低了对称性，从而引起了铁电性。所产生的极化强度很小，但由于它是由磁有序直接引起的，因此体系中可望存在新型的强磁电相互作用。这一机制在钙钛矿 $TbMnO_3$ 中被再次发现[149]，这种材料也因此被认为是典型的磁驱动铁电体。当材料中含有相同元素不同价电荷的磁性离子时（如

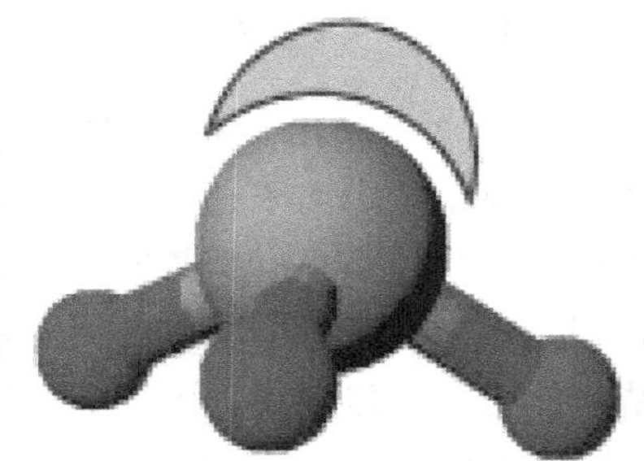

图 18.4 氨分子中 N 原子上的立体化学活性孤对电子（图中为大尺寸中心原子 N 上方的伞状云）填充了空间并取代带正电的 H 原子

Fe^{2+}和Fe^{3+})，电荷可能以非中心对称的方式排列，如图 18.6 所示。这种有序排列原则上可以通过电场进行转换，从而产生铁电性。在这里，$LuFe_2O_4$ 引起了人们的关注[150,151]。还有一个引人关注的现象：在典型磁性材料磁铁矿 Fe_3O_4 中发生 Verwey 转变时所产生的电荷取向，可能会引起铁电性[152]。

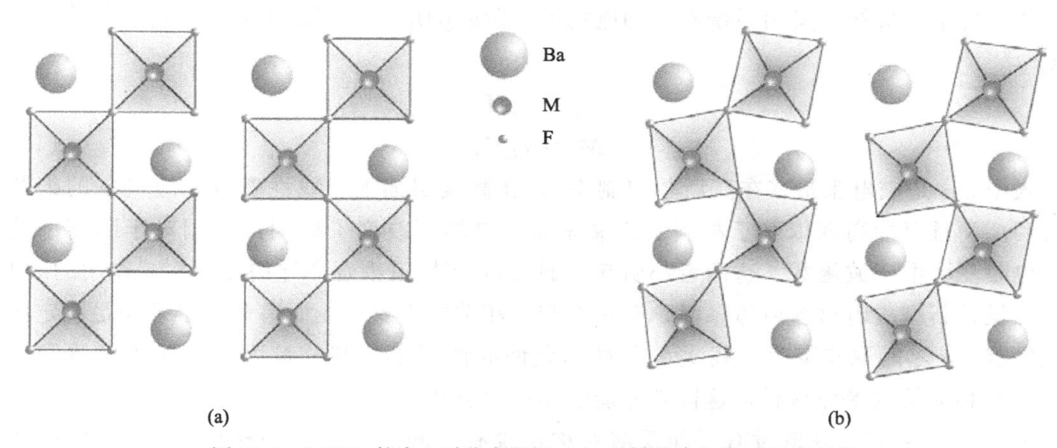

图 18.5 $BaNiF_4$ 的中心对称参考相 (a) 和低温铁电相 (b) 的结构

镍阳离子被氟阴离子八面体包围，氟阴离子形成的薄片被钡离子薄片分隔开；在居里温度以下，八面体发生倾斜，并且钡离子发生协同位移，产生净电偶极矩；摘自文献 [147]，版权所有：2006 年美国物理学会，经许可转载

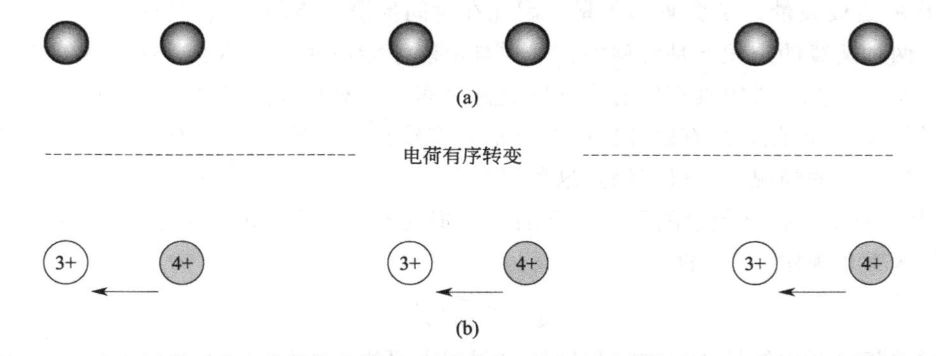

图 18.6 在如图所示的电荷排序情况下，相同原子的中心对称排列 (a) 变成极性排列 (b)

箭头表示局域偶极矩，原则上可通过电场进行转换

18.2.3 磁电效应

如前所述，磁性铁电材料一个重要的潜在应用是：用电场控制磁性。实际上，自从 19 世纪初奥斯特发现电磁效应现象以来，科学家们一直都在寻找控制电和磁耦合的通用方法。然而，这种磁电效应的研究历来局限于学术领域，可能是因为受到线性磁电响应大小的基本限制，并缺少能够产生较大的非线性效应的材料。在研究多铁材料的同时，在过去几年里，人们对磁电效应的研究和理解也取得了巨大的进步[129]。我们在这里简要总结一下目前的发展状况。

(1) 线性磁电效应

下面首先概述线性磁电效应的基础物理知识。更详细的综述，参见文献 [129]。“磁电”

一词最早由 Landau 和 Lifshitz 于 1957 年提出，他们在经典的《连续介质电动力学》[153] 一书中指出，原则上外加电场应该能使某些磁有序晶体产生磁化。两年后，Dzyaloshinskii[154] 提出了第一个切实可行的方案，他利用对称性理论和热力学原理指出，Cr_2O_3 材料应该具有这种效应。同年，Astrov 通过实验在 Cr_2O_3 材料中实现了这种效应[155]。

线性磁电效应被定义为系统对外加电场的一阶磁响应，或等效于外加磁场引起的电极化强度[129,156]：

$$P_i = \alpha_{ij} H_j \tag{18.4}$$

$$M_i = \alpha_{ji} E_j \tag{18.5}$$

式中，α 是磁电张量（在高斯单位制中）。在微观层面上，线性磁电响应机制的细节仍需阐明，而且可能高度依赖于材料。广义来说，电场既改变了磁阳离子相对于阴离子的位置，也改变了电子波函数。这两者都引起了通过自旋-轨道耦合介导的磁性相互作用的改变。

在设计新型磁电材料或体系时，有三个与 α 相关的重要限制。首先，必须满足特定的对称性要求，α 才能取非零值。其次，在对称允许的情况下，其分量大小有明确的界限。最后，材料必须是电绝缘材料，这样它才能够维持电极化。

① 对称性要求。在既没有时间反演对称也没有空间反演对称的材料中，α 只能取非零值。线性磁电效应用热力学势中的 Φ 项来描述，该项在磁场和电场中都是线性的：

$$\Phi = -\alpha_{ij} E_i H_j \tag{18.6}$$

由于 $\boldsymbol{E}$ 是极矢量，$\boldsymbol{H}$ 为轴向矢量，因此在时间反演和空间反演的情况下 α 必须为奇数，并且 α 在两种运算的乘积下是对称的，这样自由能才能不变。实际上，这意味着要获得非零线性磁电响应，材料必须具有磁有序（以提升时间反演对称性）且缺少反演中心（以提升空间反演对称性）。因此，所有磁性铁电材料都具有线性磁电响应。此外，在非中心对称磁有序提升反演中心的情况下，可以满足这些要求。

② 大小限制。磁电张量的所有元素的大小都受磁化率 χ^{m} 和电极化率 χ^{e} 的相应元素几何平均值的乘积限定[157]。即

$$\alpha_{ij} \leqslant \sqrt{\chi_{ii}^{m} \chi_{jj}^{e}} \tag{18.7}$$

这代表对单相材料中线性磁电响应幅度的限制相当严格。正如多铁材料中讨论的那样，化学上不允许同时出现大磁导率和大介电常数[141]，并且在单相材料中通过优化 α 增强线性磁电响应的可能性相当有限。

（2）非线性磁电效应

目前在一些多铁性材料中正在探索的一个有前途的磁电响应是，通过极化畴的电场重取向来控制磁畴的取向[158]。图 18.7 总结了该过程的物理机制。铁电相中自发电极化的形成降低了相关的对称性，继而通过磁晶各向异性来确定易磁化平面或易磁化轴的方向。在图 18.7(a) 示例中，铁电体沿垂直轴呈四方形伸长，易磁化平面为水平面。然后，当铁电极化方向如图 18.7(b) 所示改变 90°时，易磁化平面也会重新取向，磁化强度被迫旋转。这种特性已经在典型多铁材料 $BiFeO_3$ 中得到了证实，在 $BiFeO_3$ 中反铁磁易磁化轴通过外加电场重新取向[158]。重要的是，铁磁金属与反铁磁 $BiFeO_3$ 产生了交换偏置耦合，这允许通过电场控制铁磁取向[159]。请注意，由于铁电性是单轴的，而不是单向的，因此不能通过此途径

来确定磁化强度的绝对方向，并且极化反转180°并不会改变磁化方向。

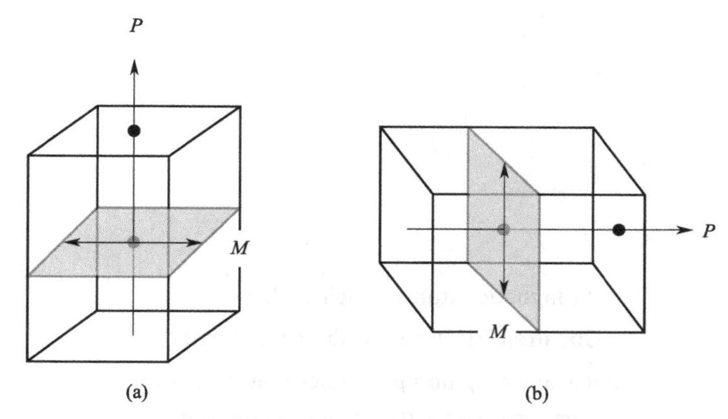

图 18.7　铁电极化轴通过相关结构畸变与易磁化轴或易磁化平面发生耦合
通过电场改变极化方向可以迫使磁化方向改变

18.3　总结

在这里我们发现，多铁性的研究揭示了大量关于铁性序参量间耦合本质的新颖物理机制和化学机制，并将对单一铁性材料的理解推向更深的层次。未来还有许多问题有待解决。在实际应用方面，获得具有较大磁化强度和电极化强度的室温铁磁性铁电材料，将是一个重大的突破。在基础层面上，铁涡性概念的重要性以及转换铁涡畴的可行性，都仍待阐明。将磁性与其他所需特性结合起来并产生耦合，无疑将是研究人员未来的重要研究内容。

延伸阅读

T. HO’ Dell. *The Electrodynamics of Magnetoelectric Media*. North-Holland，1970.

A. JFreeman and HSchmid，eds. *Magnetoelectric Interaction Phenomena in Crystals*. Gordon and Breach，1974.

M. Fiebig，V. V. Eremenko，and I. EChupis，eds. *Magnetoelectric Interaction Phenomena in Crystals*. Springer，2004.

后记

Magnetic Atoms, such as Iron, keep
Unpaired Electrons in their middle shell,
Each one a spinning Magnet that would leap
The Bloch Walls whereat antiparallel
Domains converge. Diffuse Material
Becomes Magnetic when another Field
Aligns domains like Seaweed in a swell
How nicely microscopic forces yield,
In Units growing invisible, the World we wield!

John Updike, from The Dance of the Solids,
Midpoint and Other Poems, 1969.

习题答案

第 1 章

1.1 利用毕奥-萨伐尔定律来计算圆形电流线圈中心的磁场比较容易。

将线圈分为弧长为 δl 的单元，如图 S.1 所示，每个单元都会在线圈的中心产生一个磁场

$$\delta \boldsymbol{H}=\frac{1}{4\pi a^2} I\delta \boldsymbol{l}\times\hat{\boldsymbol{u}} \tag{S.1}$$

然后对所有单元求和得到总磁场

$$\boldsymbol{H}=\sum\frac{1}{4\pi a^2} I\delta \boldsymbol{l}\sin 90^\circ \tag{S.2}$$

式中，$\sum\delta \boldsymbol{l}=2\pi a$（线圈的周长）；且 $\sin 90^\circ=1$。因此

$$\boldsymbol{H}=\frac{I}{2a} \tag{S.3}$$

在 SI 单位制中，磁场 $\boldsymbol{H}$ 的单位是 A/m。

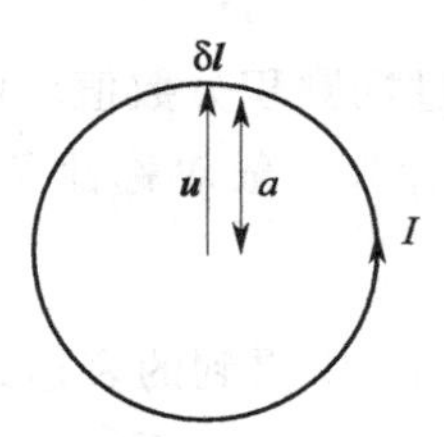

图 S.1 利用毕奥-萨伐尔定律推导圆形线圈中心处的磁场

1.2 (a) 我们将再次利用毕奥-萨伐尔定律，而这次是用来推导圆形线圈轴线上的磁场。这个问题的几何结构如图 S.2 所示。

每个单元 δl 都在距离该单元 r 处产生一个磁场 $\delta \boldsymbol{H}$，其中

$$\begin{aligned}\delta \boldsymbol{H}&=\frac{1}{4\pi r^2} I\delta \boldsymbol{l}\times\hat{\boldsymbol{u}}\\&=\frac{1}{4\pi r^2} I\delta \boldsymbol{l}\sin 90^\circ\\&=\frac{1}{4\pi r^2} I\delta \boldsymbol{l}\end{aligned} \tag{S.4}$$

根据对称性，$\delta \boldsymbol{H}_{\text{tangential}}=0$，且 $\delta \boldsymbol{H}_{\text{axial}}=\delta \boldsymbol{H}\sin\alpha$。因此

$$\frac{\delta \boldsymbol{H}_{\text{axial}}}{\sin\alpha}=\frac{1}{4\pi r^2}I\delta \boldsymbol{l} \tag{S.5}$$

式中，$r=a/\sin\alpha$。得出

$$\delta \boldsymbol{H}_{\text{axial}}=\frac{1}{4\pi a^2}I\sin^3\alpha\,\delta \boldsymbol{l} \tag{S.6}$$

绕线圈积分，有 $\int\delta \boldsymbol{l}=2\pi a$，因此

$$\boldsymbol{H}_{\text{axial}}=\frac{I}{2a}\sin^3\alpha \tag{S.7}$$

$$=\frac{Ia^2}{2(a^2+x^2)^{3/2}} \tag{S.8}$$

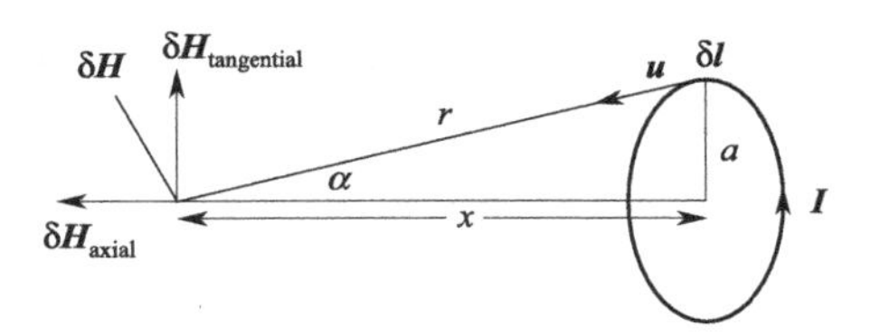

图 S.2 推导圆形线圈轴线磁场所采用的几何结构

1.2 (b) 对于一般的离轴点，仍可利用毕奥-萨伐尔定律计算电流元 $\boldsymbol{I}\delta l$ 在距离线圈 r 处所产生的磁场 $\delta \boldsymbol{H}$

$$\delta \boldsymbol{H}=\frac{1}{4\pi a^2}I\delta \boldsymbol{l}\times\hat{\boldsymbol{u}} \tag{S.9}$$

$$=\frac{I\delta \boldsymbol{l}\sin\theta}{4\pi r^2} \tag{S.10}$$

式中，r 是 θ 的函数；$\boldsymbol{H}$ 可以通过椭圆积分数值求解。磁场在器件设计中非常重要，因此已经开发出许多复杂的数值技术来计算一般对称性条件下的磁场。文献［3］中有很好的综述性介绍。

1.3 (a) 我们利用从答案 1.2（a）中得到的表达式

$$\boldsymbol{H}_{\text{axial}}=\frac{Ia^2}{2(a^2+x^2)^{3/2}} \tag{S.11}$$

式中，$a=1\text{Å}=10^{-10}\text{m}$，$x=3\text{Å}=3\times10^{-10}\text{m}$。

根据角动量等于 $\hbar(\text{J}\cdot\text{s})$，来计算电流 I。因此

$$v=\frac{\hbar}{m_e a}\frac{\text{J}\cdot\text{s}}{\text{kg}\cdot\text{m}}=\frac{\hbar}{m_e a}\frac{\text{m}}{\text{s}} \tag{S.12}$$

并且电流为

$$I=\frac{\text{电荷}}{\text{时间}}$$

$$=\frac{e}{\text{距离}/\text{速度}}$$

$$=e\,\frac{v}{2\pi a}$$

$$=\frac{e}{2\pi a}\times\frac{\hbar}{m_e a}$$

$$=2.952\times10^{-4}\,\mathrm{A} \tag{S. 13}$$

则

$$\boldsymbol{H}=\frac{2.952\times10^{-4}\times(10^{-10})^2}{2[(10^{-10})^2+(3\times10^{-10})^2]^{3/2}}\times\frac{\mathrm{A}\cdot\mathrm{m}^2}{\mathrm{m}^3}$$

$$=46675.7\,\mathrm{A/m}=586\,\mathrm{Oe} \tag{S. 14}$$

1.3 (b) 磁偶极矩 $\boldsymbol{m}$ 由下式给出

$$\boldsymbol{m}=IA$$

$$=\frac{ev}{2\pi a}\pi a^2$$

$$=\frac{eva}{2}$$

$$=\frac{a}{2}\times\frac{e\hbar}{m_e a}$$

$$=\frac{e\hbar}{2m_e}$$

$$=9.274\times10^{-24}\,\mathrm{A}\cdot\mathrm{m}^2\ 或\ \mathrm{J/T} \tag{S. 15}$$

该数值即为玻尔磁子，是磁矩的自然单位。在 CGS 单位中，玻尔磁子等于 $e\hbar/2m_e c=0.927\times10^{-20}\,\mathrm{erg/Oe}$。(请记住，在 CGS 单位制中基本电荷 e 的值为 $4.80\times10^{-10}\,\mathrm{esu}$，$\hbar$ 的值为 $6.62\times10^{-27}\,\mathrm{erg}\cdot\mathrm{s}$。)

1.3 (c) 磁偶极能为

$$E=-\mu_0\boldsymbol{m}\cdot\boldsymbol{H}$$

$$=1.256\times10^{-6}\,\mathrm{Wb/(A\cdot m)}\times(-9.274)\times10^{-24}\,\mathrm{A}\cdot\mathrm{m}^2\times46675.7\,\mathrm{A/m} \tag{S. 16}$$

$$=-5.44\times10^{-25}\,\mathrm{J} \tag{S. 17}$$

请注意，该数值非常小，因此磁偶极相互作用不太可能引起铁磁材料中磁偶极矩的平行取向。

1.4 该问题的几何结构如图 S. 3 所示。它们被称为亥姆霍兹线圈。

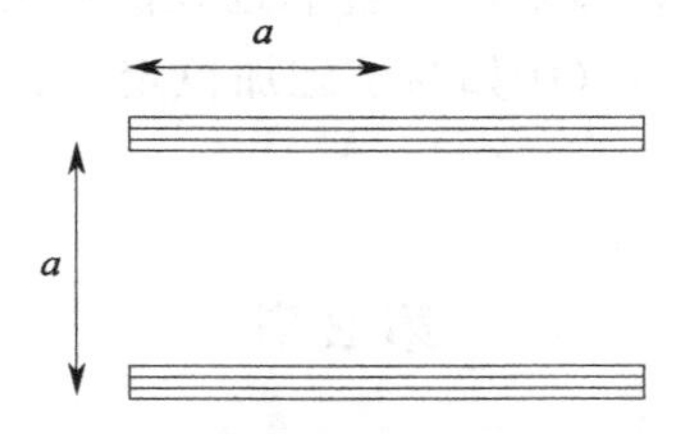

图 S. 3 圆形线圈轴线上磁场的推导

在答案 1.2（a）中，我们推导了半径为 a 的圆形线圈电流在轴线距线圈 x 处所产生的磁场的表达式，得出

$$\boldsymbol{H}=\frac{Ia^2}{2(a^2+x^2)^{3/2}}=\frac{I}{2a}\left(1+\frac{x^2}{a^2}\right)^{-3/2} \tag{S.18}$$

在这种情况下，如果每个线圈有 N 匝导线，则总有效电流为 NI。

(a) 如果线圈绕向相同，则两个线圈产生的磁场相互叠加，因此

$$\boldsymbol{H}=\frac{NI}{2a}\left(1+\frac{x^2}{a^2}\right)^{-3/2}+\frac{NI}{2a}\left[1+\frac{(a-x)^2}{a^2}\right]^{-3/2} \tag{S.19}$$

如果 $a=1$，则下表给出了一系列不同 x 值所对应的磁场值。

x	$\boldsymbol{H}$
0.25	$NI/2(1.0625^{-3/2}+1.5625^{-3/2})=1.43NI/2$
0.5	$NI/2(1.25^{-3/2}+1.25^{-3/2})=1.43NI/2$
0.75	$NI/2(1.5625^{-3/2}+1.0625^{-3/2})=1.43NI/2$

也就是说，两个绕向相同的亥姆霍兹线圈之间的磁场是恒定的。因此，当需要在较大空间中保持恒定的磁场强度时，就会用到亥姆霍兹线圈。然而，因为所产生的磁场远低于相同载流螺线管所产生的磁场，所以它们仅限于低场应用。

(b) 如果线圈绕向相反，则两个线圈产生的磁场相互抵消，因此

$$\boldsymbol{H}=\frac{NI}{2a}\left\{\left(1+\frac{x^2}{a^2}\right)^{-3/2}-\left[1+\frac{(a-x)^2}{a^2}\right]^{-3/2}\right\} \tag{S.20}$$

磁场梯度 $\mathrm{d}\boldsymbol{H}/\mathrm{d}x$ 为

$$\frac{\mathrm{d}\boldsymbol{H}}{\mathrm{d}x}=\frac{-3NI}{2a}\left\{x\left(1+\frac{x^2}{a^2}\right)^{-5/2}+(a-x)\left[1+\frac{(a-x)^2}{a^2}\right]^{-5/2}\right\} \tag{S.21}$$

$a=1$ 时，磁场和磁场梯度数值如下表所示。

x	$\boldsymbol{H}(\times NI/2)$	$\mathrm{d}\boldsymbol{H}/\mathrm{d}x(\times -3NI/2)$
0.25	$1.0625^{-3/2}-1.5625^{-3/2}=0.40$	$0.25\times 1.0625^{-5/2}+0.75\times 1.5625^{-5/2}=0.46$
0.5	$1.25^{-3/2}-1.25^{-3/2}=0$	$0.5\times 1.25^{-5/2}+0.5\times 1.25^{-5/2}=0.57$
0.75	$1.5625^{-3/2}-1.0625^{-3/2}=-0.40$	$0.75\times 1.5625^{-5/2}+0.25\times 1.0625^{-5/2}=0.46$

显然，本题中所选择的参数值不太合适。此处想要表达的是，绕向相反的亥姆霍兹线圈会产生恒定的磁场梯度。实际上，如果选择更靠近线圈中心的 x 值，会发现磁场梯度近似为常数。当需要恒定的磁场梯度时（例如为了施加恒定的力），可以采用绕向相反的亥姆霍兹线圈。

第2章

2.1 (a) $1\mathrm{erg}=10^{-7}\mathrm{J}$，并且 $1\mathrm{Oe}=\frac{1}{4\pi}\times 10^{-3}\mathrm{A/m}=10^{-4}\mathrm{T}$，因此

$$10000\text{erg/Oe}=10000\times10^{-7}\text{J/Oe}=\frac{10000\times10^{-7}}{10^{-4}}\text{J/T}=10\text{J/T} \quad (\text{S. }22)$$

2.1 (b) $1\text{in}=2.54\text{cm}=2.54\times10^{-2}\text{m}$。圆柱体的体积可以用式 $\pi r^2 l$ 来表示，其中 r 为半径，l 为长度，因此体积等于 128.704cm^3，即 $1.28704\times10^{-4}\text{m}^3$。

磁化强度 $\boldsymbol{M}$ 定义为单位体积的磁矩。由于 1erg/Oe=1emu，在 CGS 单位中，

$$\boldsymbol{M}=\frac{\boldsymbol{m}}{V}=\frac{10000\text{erg/Oe}}{128.704\text{cm}^3}=77.70\text{emu/cm}^3 \quad (\text{S. }23)$$

在 SI 单位中，

$$\boldsymbol{M}=\frac{\boldsymbol{m}}{V}=\frac{10\text{J/T}}{1.28704\times10^{-4}\text{m}^3}=77.7\times10^3\ \frac{\text{kg}\cdot\text{m}^2/\text{s}^2}{\text{m}^3\cdot\text{kg}/(\text{s}^2\cdot\text{A})}=77.7\times10^3\text{A/m} \quad (\text{S. }24)$$

2.1 (c) 对于电流环来说，磁矩 $\boldsymbol{m}=IA$。对于匝数为 N 的螺线管，磁矩等于 NIA。采用 SI 单位，

$$10\text{J/T}=100\times I\times\pi\times(0.0127)^2\text{m}^2 \quad (\text{S. }25)$$

因此，

$$I=197.3\text{J}/(\text{T}\cdot\text{m}^2)=197.3\text{A} \quad (\text{S. }26)$$

第 3 章

3.1 原子总磁矩的大小等于 $g\sqrt{J(J+1)}\mu_B$，磁矩沿磁场方向的分量为 $-gM_J\mu_B$。当 $J=1$ 时，$\sqrt{J(J+1)}=\sqrt{2}$，并且 $M_J=-1$、0 或 1。因此，对于 $g=2$，总磁矩为 $2\sqrt{2}\mu_B$，并且磁矩沿磁场方向的分量为 $-2\mu_B$、0 或 $+2\mu_B$。请注意，在任何情况下磁矩沿磁场方向的分量都小于总磁矩。

3.2 (a) 铁原子的电子构型为

$$(1s)^2(2s)^2(2p)^6(3s)^2(3p)^6(4s)^2(3d)^6 \quad (\text{S. }27)$$

因此，由于过渡元素在离子化时先失去 4s 电子，再失去 3d 电子，所以 Fe^{2+} 的电子构型为

$$(1s)^2(2s)^2(2p)^6(3s)^2(3p)^6(3d)^6 \quad (\text{S. }28)$$

3.2 (b) 洪特规则第一条告诉我们，电子排布总是会使它们的总自旋 S 最大化。因此，先在每个 d 轨道排列一个自旋平行电子，全部填满后，再在每个 d 轨道上填充反向自旋电子进行配对。对于铁来说，所得到的电子构型如下所示：

↑↓	↑	↑	↑	↑

因此，总自旋 $S=4\times\frac{1}{2}=2$。

五个 d 轨道的 m_l 值分别为 -2、-1、0、1 和 2。根据电子在 d 轨道的填充情况，总的 M_L 值可以为 -2、-1、0、1 和 2。因此，由于 $M_L=-L, -L+1, \cdots, 0, \cdots, L-1, L$，总的轨道量子数 L 必须等于 2。

最后，根据洪特规则第三条，因为壳层已经填充超过一半，所以 $J=L+S=4$。

3.2 (c) 朗德因子 g 为

$$
\begin{aligned}
g &= 1+\frac{J(J+1)+S(S+1)-L(L+1)}{2J(J+1)} \\
&= 1+\frac{20+6-6}{40} \\
&= 1.5
\end{aligned}
\tag{S.29}
$$

请注意，由于 $S=2$ 且 $L=2$，g 值正好介于 $S=0$（$g=1$）和仅存在自旋（$g=2$）这两种情况之间。

3.2 (d) 总磁矩 $g\sqrt{J(J+1)}\mu_B=1.5\times\sqrt{4\times5}=6.7\mu_B$。由于 $J=4$，所以 $M_J=-4$、-3、-2、-1、0、1、2、3 或 4。因此，磁矩沿磁场方向的分量 $-gM_J\mu_B$ 可以取值为 $6\mu_B$、$4.5\mu_B$、$3\mu_B$、$1.5\mu_B$、0、$-1.5\mu_B$、$-3\mu_B$、$-4.5\mu_B$ 或 $-6\mu_B$。

在答案 1.3（b）中，我们计算了一个“经典”轨道电子的磁矩，得到的结果为 $1\mu_B$。它与这里所得到的结果具有相同的数量级。

3.2 (e) 如果 L 等于零，则 $J=S=2$，$g=2$。因此，总磁矩为 $2\sqrt{6}\mu_B=4.9\mu_B$。这与测量值 $5.4\mu_B$ 吻合得很好，而利用总角动量计算得到的磁矩（$6.7\mu_B$）与实测值不符。这是轨道角动量猝灭现象的一种体现，这将在 5.3 节讨论。

第4章

4.1 在国际单位制中，抗磁磁化率的表达式为

$$
\chi=-\frac{N\mu_0 Ze^2}{6m_e}\langle r^2\rangle_{av}
\tag{S.30}
$$

式中，N 为单位体积的原子数 [$N=N_A\rho/A$，其中 N_A 为阿伏伽德罗常数（单位摩尔原子数），ρ 为密度，A 为原子摩尔量]；μ_0 为真空磁导率；Z 为每个原子的电子数；e 为电子电荷；m_e 为电子质量；$\langle r^2\rangle_{av}$ 为电子到原子核距离平方的平均值。

对于碳来说，$Z=6$，$A=12\text{g/mol}$，因此

$$
\begin{aligned}
\chi &= -\frac{N\mu_0 Ze^2}{6m_e}\langle r^2\rangle_{av} \\
&= -\frac{6.022\times10^{23}\,\text{mol}^{-1}\times2220\,\text{kg/m}^3}{12\times10^{-3}\,\text{kg/mol}}\times \\
&\quad \frac{1.256\times10^{-6}\,\text{H/m}\times6(1.60\times10^{-19})^2\,\text{C}^2\times(0.7\times10^{-10})^2\,\text{m}^2}{6\times9.109\times10^{-31}\,\text{kg}} \\
&= -19.33\times10^{-6}\,\text{H}\cdot\text{C}^2/(\text{m}^2\cdot\text{kg}) \\
&= -19.33\times10^{-6}
\end{aligned}
\tag{S.31}
$$

这与实测值 -13.82×10^{-6} 相当接近。

在 CGS 单位制中，磁化率的相应表达式为

$$\chi=-\frac{NZe^2}{6m_ec^2}\langle r^2\rangle_{av}$$

$$=-\frac{6.022\times10^{23}\text{mol}^{-1}\times2.22\text{g/cm}^3}{12\text{g/mol}}\times\frac{6\times(4.8\times10^{-10})^2\text{esu}^2\times(0.7\times10^{-8})^2\text{cm}^2}{6\times9.109\times10^{-28}\text{g}\times(3\times10^{10})^2\text{cm/s}^2}$$

$$=-1.5\times10^{-6}\text{emu/(cm}^3\cdot\text{Oe)} \tag{S.32}$$

对于大多数材料，采用经典的朗之万模型的计算值与实验结果只是在数量级上相当。理论与实验之间存在差异的可能原因包括以下几种：

ⅰ. 楞次定律（它适用于电路）在原子尺度上的应用；

ⅱ. 难以准确计算或测量 $\langle r^2\rangle_{av}$，特别是 χ 取决于计算 $\langle r^2\rangle_{av}$ 时原点的选择；

ⅲ. 我们假设电子绕着原子核运动，这导致对巡回传导电子的描述不充分；

ⅳ. 假设系统是球形对称的。

我们可能会认为是经典力学导致了这些偏差。然而，实际上完整的量子力学推导也给出了相同的结果。

第5章

5.1 布里渊函数 $B_J(\alpha)$ 由下式给出

$$B_J(\alpha)=\frac{2J+1}{2J}\coth\left(\frac{2J+1}{2J}\alpha\right)-\frac{1}{2J}\coth\left(\frac{\alpha}{2J}\right) \tag{S.33}$$

当 $J\to\infty$ 时，$2J+1\to2J$，因此 $(2J+1)/2J\to1$。因此，第一项趋近于 $\coth\alpha$。第二项趋近于一个很小的 coth（双曲余切）值，因此可以使用级数展开

$$\coth(x)=\frac{1}{x}+\frac{x}{3}-\frac{x^3}{45}+\cdots \tag{S.34}$$

该式适用于 x 值很小的情况。则第二项变为

$$-\frac{1}{2J}\coth\left(\frac{\alpha}{2J}\right)=-\frac{1}{2J}\times\frac{2J}{\alpha}-\frac{1}{2J}\times\frac{\alpha}{6J}+\frac{1}{2J}\times\frac{1}{45}\times\frac{\alpha^3}{(2J)^3}-\cdots\to-\frac{1}{\alpha}\quad(J\to\infty) \tag{S.35}$$

因此

$$B_J(\alpha)\to\coth(\alpha)-\frac{1}{\alpha}=L(\alpha),\quad(J\to\infty) \tag{S.36}$$

当 $J\to\frac{1}{2}$ 时，$(2J+1)/2J\to2$，且 $2J\to1$。因此，$J=\frac{1}{2}$ 时

$$B_J(\alpha)=2\coth(2\alpha)-\coth(\alpha)$$

$$=2\,\frac{e^{2\alpha}+e^{-2\alpha}}{e^{2\alpha}-e^{-2\alpha}}-\frac{e^{\alpha}+e^{-\alpha}}{e^{\alpha}-e^{-\alpha}}$$

$$=\frac{2e^{2\alpha}+2e^{-2\alpha}-(e^{\alpha}+e^{-\alpha})^2}{(e^{\alpha}+e^{-\alpha})(e^{\alpha}-e^{-\alpha})}$$

$$=\frac{e^{2\alpha}+e^{-2\alpha}-2}{(e^{\alpha}+e^{-\alpha})(e^{\alpha}-e^{-\alpha})}$$

$$=\frac{(e^{\alpha}-e^{-\alpha})(e^{\alpha}-e^{-\alpha})}{(e^{\alpha}+e^{-\alpha})(e^{\alpha}-e^{-\alpha})}$$

$$=\tanh(\alpha) \tag{S.37}$$

当 $\alpha \to 0$ 时，$\coth[(2J+1)\alpha/2J] \to 2J/[(2J+1)\alpha]+[(2J+1)\alpha/3]\times 2J$，并且 $\coth(\alpha/2J)\to 2J/\alpha+\alpha/3\times 2J$。因此

$$B_J(\alpha)\to \frac{2J+1}{2J}\times\frac{2J}{\alpha(2J+1)}-\frac{1}{2J}\times\frac{2J}{\alpha}+\left(\frac{2J+1}{2J}\right)^2\times\frac{\alpha}{3}-\left(\frac{1}{2J}\right)^2\times\frac{\alpha}{3}$$

$$=\frac{[(2J+1)^2-1]\alpha}{12J^2}$$

$$=\alpha\,\frac{(J+1)}{3J} \tag{S.38}$$

5.2 在 SI 单位制中，采用量子力学形式计算朗之万定域矩模型中的顺磁磁化率。则

$$\chi=\frac{Ng^2J(J+1)\mu_0\mu_B^2}{3k_BT} \tag{S.39}$$

取 $J=1$，$g=2$，$\mu_0=4\pi\times10^{-7}\mathrm{H/m}$，$\mu_B=9.274\times10^{-24}\mathrm{J/T}$，$k_B=1.380662\times10^{-23}\mathrm{J/K}$，$T=273\mathrm{K}$，得出

$$\chi=\frac{N\times8\times4\pi\times10^{-7}\times(9.274\times10^{-24})^2}{3\times1.380662\times10^{-23}\times273}\,\frac{\mathrm{H\cdot m^{-1}\cdot J^2\cdot T^{-2}}}{\mathrm{J\cdot K^{-1}\cdot K}}$$

$$=7.6465\times10^{-32}N\,\frac{\mathrm{H\cdot J}}{\mathrm{m\cdot T^2}}$$

$$=7.6465\times10^{-32}N\mathrm{m}^3 \tag{S.40}$$

由于在 SI 单位中磁化率应该是无量纲的，N 应当为单位立方米的原子数。我们采用理想气体定律来计算。根据公式 $pV=nRT$，其中 n 是原子的摩尔数，$p=1\mathrm{atm}=101325\mathrm{N/m^2}$，$R=8.31441\mathrm{J/(mol\cdot K)}$，$T=273\mathrm{K}$，体积 $V=1\mathrm{m}^3$，得到单位立方米的原子数

$$N=\frac{pV\times N_A}{RT}$$

$$=\frac{101325\times1\times6.022\times10^{23}}{8.31441\times273}\,\frac{\mathrm{N\cdot m^{-2}\cdot m^3\cdot mol^{-1}}}{\mathrm{J\cdot mol^{-1}\cdot K^{-1}\cdot K}}$$

$$=2.688\times10^{25} \tag{S.41}$$

代入式(S.40)，得到

$$\chi=2.056\times10^{-6} \tag{S.42}$$

请注意，这是一个非常小的正数。

5.3 (a) 自旋 S 的总磁矩的大小等于 $g_e\mu_B\sqrt{S(S+1)}$，其沿特定方向的分量等于 $-g_e\mu_B m_s$。在这里，g_e 是电子的 g 因子，其值为 2；m_s 可以取值为 $\frac{1}{2}$ 和 $-\frac{1}{2}$，μ_B 为玻尔磁子。因此，当 $J=1$，$g=2$ 时，总磁矩为 $\sqrt{3}\mu_B$，其沿 z 轴的允许值为 $\pm\mu_B$。

5.3（b） 由于磁能 $E=-\boldsymbol{m}\cdot\boldsymbol{H}$，在大小为 H 的外加磁场 $\boldsymbol{H}$ 中，磁能的允许值为 $\mp\mu_B H$。

5.3（c） 在这种情况下，配分函数 $Z=\sum_i \mathrm{e}^{-E_i/k_B T}=\mathrm{e}^{\mu_B H/k_B T}+\mathrm{e}^{-\mu_B H/k_B T}=2\cosh(\mu_B H/k_B T)$。因此，每个自旋的平均磁矩为

$$\langle\boldsymbol{M}\rangle=\frac{1}{Z}\sum_i \boldsymbol{m}_i \mathrm{e}^{-E_i/k_B T}$$

$$=\frac{\mu_B}{Z}(\mathrm{e}^{\mu_B H/k_B T}-\mathrm{e}^{-\mu_B H/k_B T})$$

$$=\mu_B \tanh\left(\frac{\mu_B H}{k_B T}\right)$$

因此，总磁化强度 $\boldsymbol{M}$ 为

$$\boldsymbol{M}=n\mu_B \tanh\left(\frac{\mu_B H}{k_B T}\right)$$

式中，n 为单位体积的自旋数。

5.3（d） 对于给定磁场，随着温度 T 从零增加到 ∞，磁化强度从零度时的 $n\mu_B$ 下降到高温时的 0。当 $n=3.7\times10^{28}\mathrm{m}^{-3}$ 时，零度时的饱和磁化强度为

$$\boldsymbol{M}_S=3.7\times10^{28}\mathrm{m}^{-3}\times9.274\times10^{-24}\mathrm{J/T}$$

$$=3.43\times10^5\mathrm{A/m}$$

在零度时，没有热能使自旋随机取向（从而增加了熵值），因此自旋可以在外加磁场作用下完全取向。在无限高的温度下，即使存在外加磁场，热能也足以使自旋随机取向（使净磁化强度为零）。

5.3（e） 当 $x\to0$ 时，$\tanh(x)\to x$。因此，当 $\boldsymbol{H}\to0$ 时，$\tanh(\mu_B H/k_B T)\to\mu_B H/k_B T$。所以，磁化强度 $\boldsymbol{M}\to n\mu_B^2 H/k_B T$。

磁化率为

$$\chi=\frac{\boldsymbol{M}}{\boldsymbol{H}}$$

$$=\frac{n\mu_B^2}{k_B}\times\frac{1}{T}$$

即磁化率与温度成反比，并且只有在 $T\to0$ 时才会产生偏离。请注意，这就是居里定律。

在室温时，当 $T=300\mathrm{K}$ 时，

$$\chi=\frac{3.7\times10^{28}\mathrm{m}^{-3}\times(9.274\times10^{-24})^2\mathrm{J}^2/\mathrm{T}^2}{1.381\times10^{-23}\mathrm{J/K}\times300\mathrm{K}}$$

$$=768.11\frac{\mathrm{J}^3/\mathrm{T}^2}{\mathrm{m}^3}$$ [1]

或者，乘以 μ_0 转化为无量纲单位，$\chi=0.000965$。

---

[1] 此式中的单位应为 $\mathrm{J}/(\mathrm{T}^2\cdot\mathrm{m}^3)$。——译者注

5.3(f) 这个无相互作用的自旋系统所描述的特性就是顺磁性。系统表现出居里定律的特性，不存在向磁有序态转变的相变。为了描述铁磁特性，必须在模型中引入相互作用。这种相互作用必须满足：当相邻自旋相互平行排列时，系统的能量要比自旋完全无序或其他排序（例如，反平行）时更低。

第6章

6.1 在原点位置，令朗之万函数描述的磁化强度的斜率（等于$\frac{1}{3}Nm$）与由分子场产生的代表磁化强度的直线的斜率相等，得到

$$\frac{k_B T_C}{\boldsymbol{m}\gamma}=\frac{1}{3}N\boldsymbol{m} \tag{S.43}$$

因此，如果居里温度已知，则可以得到分子场常数

$$\gamma=\frac{3k_B T_C}{Nm^2} \tag{S.44}$$

类似地，外斯分子场 $\boldsymbol{H}_W=\gamma\boldsymbol{M}=\gamma N\boldsymbol{m}=3k_B T_C/\boldsymbol{m}$。对于 Ni 来说，每个原子的磁矩为 $m=0.6\mu_B$，居里温度 $T_C=628.3\text{K}$，因此

$$\boldsymbol{H}_W=\frac{3k_B T_C}{\boldsymbol{m}}=\frac{3\times1.380662\times10^{-23}\text{J/K}\times628.3\text{K}}{0.6\times9.274\times10^{-24}\text{J/T}}=4676.89\text{T} \tag{S.45}$$

这是一个非常大的磁场。

6.2(a) 在第1章中，我们计算了这样一个电子产生的磁场为46675.7A/m，其磁矩为μ_B。假设它是一个“经典”电子，则 $T_C=Nm^2\gamma/3k_B$，并取 $\gamma=\boldsymbol{H}/\boldsymbol{M}=\boldsymbol{H}/N\boldsymbol{m}$，

$$\begin{aligned}T_C&=\frac{mH}{3k_B}\\&=\frac{9.274\times10^{-24}\text{J/T}\times46675.7\text{A/m}}{3\times1.380662\times10^{-23}\text{J/K}}\\&=10450.794\text{A}\cdot\text{K/(T}\cdot\text{m)}\\&=0.0131\text{K}\end{aligned} \tag{S.46}$$

（式中通过乘以 $\mu_0=1.25\times10^{-6}\text{H/m}$，将单位转换为开尔文。）请注意，这是一个非常小的数。

6.2(b) 在50Oe的磁场中，磁偶极能为

$$\begin{aligned}E&=-\mu_B\boldsymbol{m}\cdot\boldsymbol{H}\\&=-9.274\times10^{-24}\text{J/T}\times\left(50\times\frac{1000}{4\pi}\right)\text{A/m}\times1.25\times10^{-6}\text{H/m}\\&=-4.637\times10^{-26}\text{J}\end{aligned} \tag{S.47}$$

在298K，热能 $k_B T=4.11\times10^{-21}\text{J}$，它比磁能大五个数量级。因此，在室温时50Oe大小的磁场不会影响电子磁矩的取向。我们可以得出结论，使铁磁体的磁矩自发有序化的有效“内场”远大于50Oe。

6.3 复习题

(a) 对于这个问题，利用答案 1.2(a) 中的毕奥-萨伐尔定律则要容易得多。距离载流环形线圈轴线 x 处磁场的表达式，如下所示

$$\boldsymbol{H}=\frac{I}{2a}\sin^3\alpha \tag{S.48}$$

$$=\frac{Ia^2}{2(a^2+x^2)^{3/2}} \tag{S.49}$$

为了估算固体中一个 Ni 原子在其相邻原子处产生的磁场，假设 Ni 原子中的电子在半径$a=$1Å 的轨道上绕着原子核运行，并且相邻 Ni 原子与第一个 Ni 原子的距离为 $x=3$Å。

由于电子的角动量（通常为 $m_e va$）在$\hbar$(J·s) 量级，我们可以估算电流 I。因此，

$$v=\frac{\hbar}{m_e a}\frac{\text{J}\cdot\text{s}}{\text{kg}\cdot\text{m}}=\frac{\hbar}{m_e a}\frac{\text{m}}{\text{s}} \tag{S.50}$$

电流为

$$I=\frac{电荷}{时间}$$

$$=\frac{e}{距离/速度}$$

$$=e\frac{v}{2\pi a}$$

$$=\frac{e}{2\pi a}\times\frac{\hbar}{m_e a}$$

$$=2.952\times10^{-4}\text{A} \tag{S.51}$$

由于镍中有两个不成对的电子，如果我们愿意，可以将该数值乘以 2，但是由于我们只是在估算其数量级，因此无论是否乘以 2 都不影响结果。

则

$$\boldsymbol{H}=\frac{2.952\times10^{-4}\times(10^{-10})^2}{2\times[(10^{-10})^2+(3\times10^{-10})^2]^{3/2}}$$

$$=46675.7\text{A/m}=586\text{Oe} \tag{S.52}$$

(b) 洪特规则第一条告诉我们，电子排布总是会倾向于使其总自旋 S 最大化。因此，先是在每个 d 轨道排列一个自旋平行电子，全部填满后，再在每个 d 轨道上填充反向自旋电子进行配对。对于镍来说，所得到的电子构型如下所示：

↑↓	↑↓	↑↓	↑	↑

因此，总自旋 $S=2\times\frac{1}{2}=1$。

五个 d 轨道的 m_l 值分别为-2、-1、0、1 和 2。根据电子在 d 轨道的填充情况，总的 M_L 值可以为-3、-2、-1、0、1、2 或 3。因此，由于 $M_L=-L$，$-L+1$，…，0，…，$L-1$，L，总的轨道量子数 L 必须等于 3。

最后，根据洪特规则第三条，因为壳层已经填充超过一半，所以 $J=L+S=4$。

磁矩沿磁场轴线的允许值为 $gM_J\mu_B$，其中

$$g=1+\frac{J(J+1)+S(S+1)-L(L+1)}{2J(J+1)}$$
$$=1+\frac{20+2-12}{40}$$
$$=1.25 \quad (S.53)$$

并且 μ_B 为玻尔磁子。由于 $J=4$，则 $M_J=-4$、-3、-2、-1、0、1、2、3 或 4。因此磁矩沿磁场方向的分量可以取值 $-5\mu_B$、$-3.75\mu_B$、$-2.5\mu_B$、$-1.25\mu_B$、0、$1.25\mu_B$、$2.5\mu_B$、$3.75\mu_B$ 或 $5\mu_B$。

(c) 磁偶极能为

$$E=-\mu_0 \boldsymbol{m}\cdot\boldsymbol{H} \quad (S.54)$$

取 $m=\mu_B$，对于与磁场方向近乎平行的磁矩，$E=1.256\times10^{-6}\times5.0\times(-9.274)\times10^{-24}\,\text{A}\cdot\text{m}^2\times46675.7\text{A/m}=-2.72\times10^{-24}\text{J}$。与磁场方向近乎反平行的磁矩为 $+2.72\times10^{-24}\text{J}$。因此，平行排列和反平行排列的镍原子之间的磁偶极子能量差为 10^{-24}J 数量级。

(d) 在居里温度 T_C 以下，顺磁性材料表现出铁磁性。在 T_C 以上，热能大于引起铁磁有序的能量，铁磁有序性被破坏。因此，使磁矩趋近于平行排列的相互作用能与热能必然近似相等，$k_BT_C=1.38\times10^{-23}\text{J/K}\times631\text{K}=8.7\times10^{-21}\text{J}$。磁偶极能比引起 Ni 原子铁磁排列的实际相互作用能约小了 4 个数量级。

(e) 在镍中，铁磁性耦合的起源是量子力学交换相互作用。交换相互作用是由泡利不相容原理引起的。如果原子中两个电子具有反平行自旋，那么它们就可以共用同一个原子轨道或分子轨道。因此，它们将在空间上重叠，从而增加静电库仑斥力。相反，如果它们具有平行自旋，那么它们必须占据不同的轨道，因此库仑排斥力会减小。因此，自旋方向会影响波函数的空间部分，而这又决定了电子之间的静电库仑相互作用。

(f) 在铁磁性过渡金属 Fe、Ni 和 Co 中，费米能级位于 3d 和 4s 能带的重叠区域，如图 6.5 所示。由于 4s 能带和 3d 能带重叠，价电子分别占据了部分 3d 和 4s 能带。例如，每个镍原子有 10 个价电子，其中 9.46 个电子在 3d 能带，0.54 个电子在 4s 能带。4s 能带很宽，在费米能级上的态密度很低。因此，将 4s 电子推至空态使其自旋反转所需要的能量，比相应的交换能减少所获得的能量还要多。相比之下，3d 能带很窄，在费米能级上具有更高的态密度。费米能级附近的大量电子降低了自旋反转所需的能带能量，交换效应占主导地位。对于 4s 电子，交换分裂可以忽略不计，但对于 3d 电子则非常显著。以镍为例，交换相互作用引起的能带位移非常强烈，以至于一个 3d 亚能带填充了 5 个电子，而另一个亚能带则包含了所有的 0.54 个空穴。所以镍的饱和磁化强度为 $\boldsymbol{M}=0.54N\mu_B$，其中 N 是样品中镍原子的总数。

第 7 章

7.1(a) 为了使总能量最小化，在铁磁性材料中形成了磁畴。对铁磁性材料的磁能做出

贡献的主要有：交换能、静磁能、磁晶各向异性能和磁致伸缩能。其中，交换能使磁矩倾向于彼此平行排列，静磁能是磁畴形成的主要驱动力，磁晶各向异性能和磁致伸缩能影响磁畴的形状和尺寸。

如果块体铁磁材料内部仅包含单个磁畴，它会具有一定的宏观磁化强度，在其周围会产生磁场。这会产生静磁能，可以通过将单个磁畴分为多个磁畴的方式，来降低静磁能，如图 7.3 所示。

在铁磁性材料中，沿择优晶体学方向磁化的现象称为磁晶各向异性。沿易磁化轴和难磁化轴磁化的样品之间的能量差就是磁晶各向异性能。为了使磁晶各向异性能最小化，将会形成磁畴，且磁畴的磁化强度指向晶体学易磁化方向。在具有立方对称性的材料中，“垂直”和“水平”方向都可以是易磁化轴；因此图 7.3(c) 所示的磁畴排列具有较低的磁晶各向异性能。

当铁磁性材料被磁化时，其长度会发生变化，称为磁致伸缩。很明显，水平磁畴和垂直磁畴不可能同时伸长（或收缩），因而在总能量中加入一个弹性应变能项。弹性能与垂直磁畴的体积成正比，并且可以通过减小这些闭合畴的尺寸来降低弹性能，而这又需要较小的主畴。当然更小的磁畴又会引入更多的畴壁，这相应地增加了能量。如图 7.7 所示，可以通过折中的畴结构降低总能量。

7.1(b) 图 7.11 给出了铁磁性材料的磁化曲线示意图，并给出了每个磁化阶段的磁畴结构示意图。沿着略偏离易磁化轴的方向施加磁场。在初始退磁状态时，磁畴的排列使其平均磁化强度为零。当施加外磁场时，磁化强度最接近磁场方向的磁畴开始吞并其他磁畴而长大。这种生长是由畴壁运动引起的。在开始阶段，畴壁运动是可逆的；如果在可逆阶段移除外磁场，磁化会沿着原路径返回，并恢复退磁状态。在磁化曲线的这个区域，样品没有表现出磁滞现象。

在一段时间后，移动的畴壁会遇到晶体中的缺陷或位错等的阻碍。晶体缺陷具有相应的静磁能。然而，当磁畴边界与缺陷相交时，这种静磁能会消失，如图 7.12 所示。磁畴边界与缺陷的交点是局部能量的最低点。因此，磁畴边界会倾向于停留在缺陷处，需要一定的能量才能使其越过缺陷。这个能量由外部磁场提供。

图 7.14 给出了畴壁通过缺陷的运动过程。当畴壁因外加磁场的变化而移动时，闭合磁畴紧贴缺陷而形成尖峰状磁畴。当外加磁场驱动畴壁进一步移动时，尖峰畴持续存在并伸展，直到它们最终断开，畴壁才可以再次自由移动。使尖峰状磁畴脱离阻碍所需的磁场对应于材料的矫顽力。当尖峰畴脱离磁畴边界时，畴壁的不连续跳跃会引起磁通量的急剧变化。在试样上绕上线圈并将其连接到放大器和扬声器，可以检测到磁通量的变化。即使外加磁场非常平稳地增大，也能听到扬声器发出噼啪声。这种现象被称为巴克豪森效应。

最终，当外加磁场足够强时，消除了样品中的所有畴壁，仅留下单个磁畴，其磁化方向沿着最靠近外磁场的易磁化轴。只有将磁偶极子从易磁化轴旋转到外加磁场方向，才能使磁化强度进一步增加。在磁晶各向异性较大的晶体中，需要强外磁场才能实现饱和磁化。

一旦移除外磁场，磁偶极子就会旋转回到其易磁化轴方向上，沿着磁场方向的净磁矩减小。由于这部分磁化过程不涉及畴壁运动，因此它是完全可逆的。样品中的退磁场会引起反向磁畴的生长，使样品部分退磁。然而，畴壁无法使其运动轨迹完全反转并回到其原始位置。这是因为该退磁过程是由退磁场驱动的，而不是外加磁场，当畴壁遇到晶体缺陷时，退磁场的强度不足以克服能量障碍。结果表明，磁化曲线表现出磁滞现象，甚至当外磁场被移除时，样品中仍保留着部分磁化强度。矫顽场是一种反向施加的附加场，用来将磁化强度降低到零。

7.1(c) 假设材料具有单轴各向异性，则初始磁畴结构如图 S.4 所示。

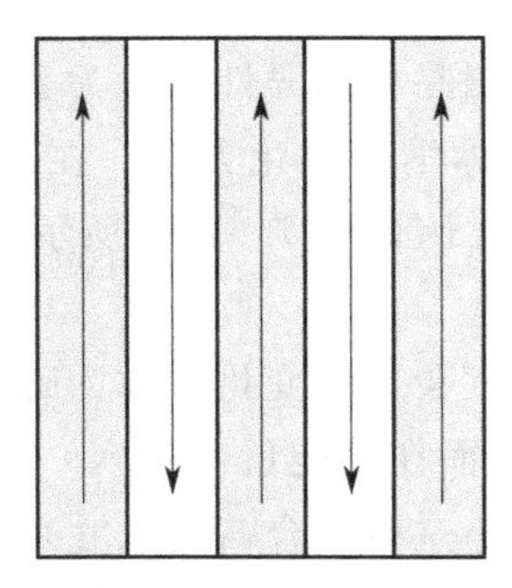

图 S.4 具有大单轴各向异性的材料在磁化之前的磁畴结构

首先，沿着易磁化轴（即图中的垂直方向）施加磁场。平行于磁场方向的磁畴则会通过畴壁运动而增大，而反平行的磁畴会缩小。由于材料中没有缺陷，在磁化过程中不会出现任何巴克豪森噪声。畴壁运动将不受缺陷的阻碍，磁场提供能量，使每个磁矩都偏离其初始易磁化方向，越过难磁化方向，进入新的易磁化方向。如果材料没有缺陷且为各向同性，它就不会显示磁滞现象。然而，对于磁晶各向异性较大的材料，是否存在磁滞以及磁滞的大小，都取决于各向异性的相对大小以及饱和时的退磁场。如果退磁场很大，足以克服各向异性，那么原磁畴中的自旋将从易磁化轴开始旋转，越过难磁化轴，到达相反方向，从而形成新的磁畴。在这种情况下，磁化过程是可逆的。当退磁场强度不足以使其自身自旋反向旋转时，磁化过程不再可逆，则必须施加外磁场以使退磁过程继续进行。然而，如果各向异性很大，而退磁场很小，无法自发地改变磁畴，材料将会维持其磁化状态，直到在相反方向施加足够大的磁场。在这种矫顽场中，有一个磁化的快速反转过程，因此会形成一个正方形的磁滞回线。对于相同各向异性的材料，无缺陷材料的磁滞回线面积很可能会比有缺陷材料小得多。如果矫顽场太小，这对磁性数据存储介质是不利的，因为记录的数据位在较小的杂散场中将会不稳定。在需要快速翻转磁化方向的高频应用（如变压器铁芯）中，这类矫顽场较小的材料会非常有用。

如果沿难磁化轴方向施加外磁场，则磁化强度随外磁场的变化近似为线性，剩磁和矫顽力接近于零。在需要线性 M-H 曲线的时候，可以使用这种材料。

多晶样品的磁性能介于这两种极端情况之间。

7.1(d) 具有高缺陷密度的材料在磁化过程中表现出巴克豪森噪声。为了使畴壁通过缺陷并实现饱和磁化，必须施加大磁场，因此这类材料属于硬磁材料。在磁化饱和以后，移除磁场时，缺陷阻碍了畴壁的重构，因此这类材料的磁滞回线面积大，具有大剩磁以及高矫顽场。高缺陷密度的硬磁材料，可被用作永磁体。

7.1(e) 在原点位置，当 $\boldsymbol{B}$ 和 $\boldsymbol{H}$ 都等于 0 时，磁畴反向排列，从而使其总磁化强度为零。随着磁场的增加，与外场方向最接近的磁畴通过畴壁运动而长大，而其他方向磁畴逐渐被吞并，直到最终形成单畴。当该磁畴的磁化方向旋转至外磁场方向时，获得饱和磁感应强度。当外磁场减小到零时，退磁场促进了反磁化畴形核，净磁化强度降低。当磁场反向增加时，反向磁化畴长大。在 $\boldsymbol{H}_c$ 处，磁感应强度为零，但仍存在一个较小的正向磁化强度，因为 $\boldsymbol{B}=\boldsymbol{H}+4\pi\boldsymbol{M}=0$，所以 $\boldsymbol{M}=-\boldsymbol{H}_c/4\pi$。在反向饱和之前，若再次反转磁化场，则可以得到小磁滞回线。当磁化场从负值减小到零时，由于起始点不在饱和磁感应强度位置，因此所得的磁感应强度小于剩余磁感应强度。然后，重新施加反向磁场，并增大至矫顽场的大小。此处，可以作为小磁滞回线的新起点。与初始磁化过程一样，在每个磁化阶段最靠近磁场方向的磁畴都会扩展并旋转。

7.1(f) 在每次磁场反转时，退磁路径的饱和程度逐渐降低。由于磁场没有达到饱和，因此一些反向磁畴仍然存在；因此，每次沿磁场方向重新取向的磁畴逐渐变少。随磁场取向的磁畴逐渐减少，因此磁化强度降低。将铁磁性材料转变为非磁化态的另一种方法是，将其加热到居里温度以上。

7.2(a) 磁畴壁形成过程所对应的交换能 σ_{ex}、各向异性能 σ_A 和总能量如图 S.5 所示。

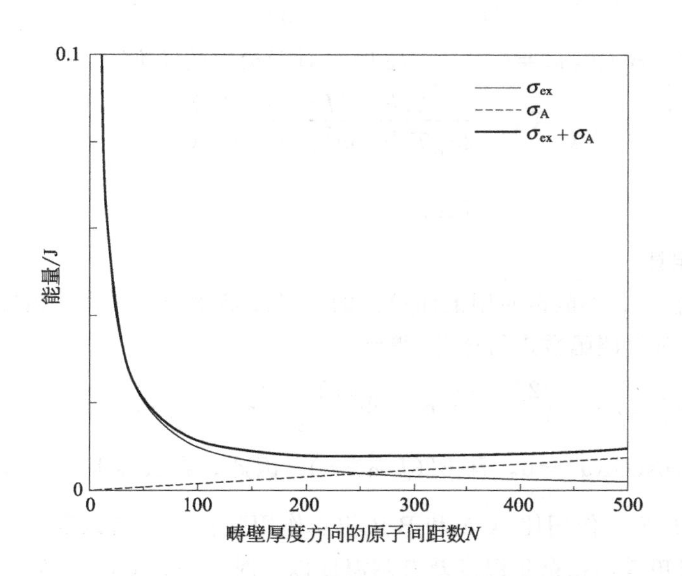

图 S.5 交换能、各向异性能及其总能量随畴壁厚度的变化关系

7.2(b) 最小能量出现在 $\mathrm{d}(\sigma_{ex}+\sigma_A)/\mathrm{d}N=0$ 时，即 $(-k_B T_C/2)\times(\pi/a)^2(1/N^2)+Ka=0$。求解 N 得到

$$N=\frac{\pi}{a}\sqrt{\frac{k_B T_C}{2Ka}}$$

（请注意，这也对应于 $\sigma_{ex}=\sigma_A$ 时的 N 值）因此层数为

$$N+1=\frac{\pi}{a}\sqrt{\frac{k_B T_C}{2Ka}}+1$$

7.2(c) 将铁的 K、T_C 和 a 的值代入该表达式中，得到 $N=229$。因此，畴壁厚度 $Na=68.7\text{nm}$，畴壁能为 0.007J/m^2。

第8章

8.1 平行于磁化方向施加磁场时，反铁磁材料的磁化率由下式给出

$$\chi_{\parallel}=\frac{2Nm^2B'(J,\alpha)}{2k_BT+Nm^2\gamma B'(J,\alpha)} \tag{S.55}$$

式中，$B'(J,\alpha)$是布里渊函数对 α 的导数，布里渊函数为

$$B_J(\alpha)=\frac{2J+1}{2J}\coth\left(\frac{2J+1}{2J}\alpha\right)-\frac{1}{2J}\coth\left(\frac{\alpha}{2J}\right) \tag{S.56}$$

并且 $\alpha=Jg\mu_BH/k_BT$。

在高温下，α 非常小，因此我们可以将布里渊函数展开为关于原点的泰勒级数，得到

$$B_J(\alpha)=\frac{J+1}{3J}\alpha-\frac{[(J+1)^2+J^2](J+1)}{90J^3}\alpha^3+\cdots \tag{S.57}$$

因此，在 α 很小时，$B'(J,\alpha)=(J+1)/(3J)$，对于给定的 J 值，该式为常数。则

$$\chi_{\parallel}=\frac{2Nm^2(J+1)/(3J)}{2k_BT+Nm^2\gamma(J+1)/(3J)} \tag{S.58}$$

$$=\frac{C}{T+\theta} \tag{S.59}$$

这就是居里-外斯定律。

在低温下，α 较大，不能再使用上面给出的布里渊函数的展开式。相反，利用 $d(\coth\alpha)/d\alpha=-\text{cosech}^2\alpha$，对布里渊函数进行微分，得到

$$B'(J,\alpha)=-\left(\frac{2J+1}{2J}\right)^2\text{cosech}^2\left(\frac{2J+1}{2J}\alpha\right)+\left(\frac{1}{2J}\right)^2\text{cosech}^2\left(\frac{\alpha}{2J}\right) \tag{S.60}$$

当 $\alpha\to\infty$时，$\text{cosech}(\alpha)\to 0$，且 $B'(J,\alpha)\to 0$。因此，在低温下，$\chi_{\parallel}$ 同样趋近于零。

8.2 由于 A-B 相互作用比 A-A 和 B-B 相互作用强得多，所以我们可以用朗之万-外斯理论的结果。我们知道，在奈尔温度及奈尔温度以上时，磁化率的表达式为

$$\chi=\frac{C}{T+\theta}=\frac{C}{T+T_N} \tag{S.61}$$

在这种情况下，假定 $\chi(T_N)=\chi_0$，则可以求解常数 C，得到 $C=2T_N\chi_0$。那么在 $T=2T_N$ 时，$\chi=C/(2T_N+T_N)=2T_N\chi_0/3T_N=\frac{2}{3}\chi_0$。在 T_N 以下，对于外加磁场垂直于磁化强度的情况，χ 是一个常数，它等于 T_N 处的磁化率值。因此，在 $T=0$ 和 $T=T_N/2$ 时，都有 $\chi=\chi_0$。

第9章

9.1 复习题1

(a) 亚铁磁体的特性与铁磁体类似：即便是在没有外加磁场的情况下，在低于某个临界温度 T_C 时，它们也都会表现出自发磁化特性。它们的磁导率和磁化率都是较大的正值，它们都将磁通量集中在材料内部。两者都倾向于在自发磁化相中形成磁畴。然而，亚铁磁体磁化曲线的具体形状与铁磁体曲线有明显的不同。这是因为两种材料中磁矩的局部排列是完全不同的。在铁磁体中，相邻磁矩平行排列；而亚铁磁体由两组磁矩排列相反的互相贯穿的亚晶格组成，但两组亚晶格的磁化强度不同，从而产生净磁矩。大多数亚铁磁体都是离子晶体，而大多数铁磁体都是金属，因此亚铁磁体的电学性质与铁磁体有很大的不同。这使得亚铁磁体在需要磁性绝缘体的场合中有着广泛且重要的应用。

(b) 在图 S.6 中，磁铁矿自发磁化强度的测量值随温度变化。该结果与朗之万-外斯理论预测的铁磁体的经典（$J=\infty$）磁化曲线符合得很好。在当时的条件下，这种一致性具有一定的偶然性。但从历史角度，这让外斯及其同事认为磁铁矿是一种铁磁性材料，并让他们对定域矩理论充满信心。

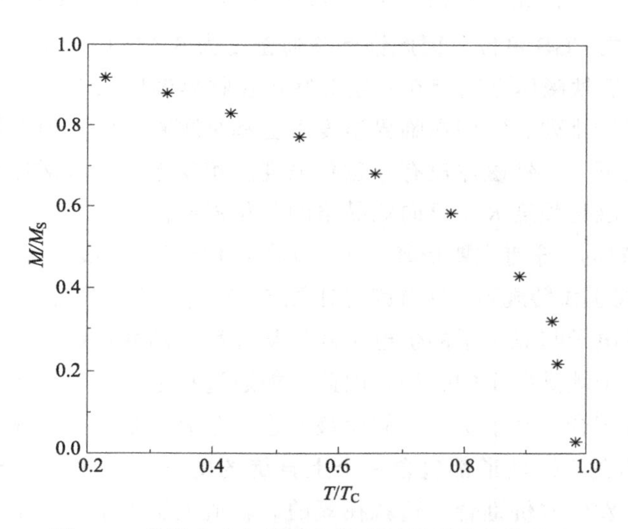

图 S.6 磁铁矿的自发磁化强度随温度的变化关系

(c) 饱和磁化强度定义为单位体积的磁矩。因此，我们就需要计算出 Fe_3O_4 单胞的磁矩，再除以单胞体积，即 $(0.839\times10^{-9})^3\,m^3$。在铁氧体中，$Fe^{3+}$ 的磁矩相互抵消，因此净磁矩只来自 Fe^{2+}。由于 Fe^{2+} 有六个 3d 电子，其中两个自旋相反的电子占据同一轨道，剩下四个未配对的平行自旋，因此每个 Fe^{2+} 的磁矩为 $4\mu_B$。单位晶胞内含有八个 Fe^{2+}，因此每个晶胞的总磁矩为 $32\mu_B$，则饱和磁化强度为

$$\boldsymbol{M}_S=\frac{32\times9.27\times10^{-24}}{(0.839\times10^{-9})^3}\frac{A\cdot m^2}{m^3}$$

$$=5.0\times10^5\,\text{A/m} \tag{S.62}$$

(d) 在（c）中，我们发现 Fe_3O_4 的饱和磁化强度为 5.0×10^5 A/m。为了提高 $\boldsymbol{M}_S$，需要用具有较大磁矩的二价金属离子取代部分 Fe^{2+}。在 3d 过渡金属系列中，唯一的选择就是 Mn^{2+}，它的每个原子都具有 5 个玻尔磁子的磁矩（而 Fe^{2+} 只有 4 个）。假设用 Mn^{2+} 代替 Fe^{2+} 时，单位晶胞的尺寸不会改变，那么可以计算出与饱和磁化强度相对应的每个单胞的玻尔磁子数

$$\text{每个单胞的玻尔磁子数}=\frac{\boldsymbol{M}_S\times\text{单胞体积}}{\mu_B}$$

$$=\frac{(5.25\times10^5\,\text{A/m})\times(0.839\times10^{-9})^3\,\text{m}^3}{9.27\times10^{-24}\,\text{A}\cdot\text{m}^2}$$

$$=33.45$$

设 Mn^{2+} 所占比例为 x，则 Fe^{2+} 的比例为（$1-x$）。那么，由于每个单胞包含八个二价离子，

$$8\times[5x+4(1-x)]=33.45 \tag{S.63}$$

得到，$x=0.181$。因此，用 Mn^{2+} 代替 Fe_3O_4 中 18.1%的 Fe^{2+} 时，该混合铁氧体的饱和磁化强度为 5.25×10^5 A/m。

饱和磁通密度 $\boldsymbol{B}_S=\mu_0\boldsymbol{M}_S=4\pi\times10^{-7}\,\text{H/m}\times5.25\times10^5\,\text{A/m}=0.66\text{T}$。由于 $1\text{Gs}=10^{-4}\text{T}$，将结果换算成 CGS 单位，因此饱和磁通密度为 6.6×10^3 Gs。

(e) 亚铁磁体与反铁磁体之间存在一定关联：在临界温度以下，相邻磁性离子之间的交换耦合都会导致反平行排列。它们在临界温度以上都是顺磁性的，但具体的磁化率曲线有所不同。在临界温度以下，反铁磁体没有净磁化强度。相反地，亚铁磁体具有净磁化强度，这是因为正向亚晶格的磁化强度大于反向亚晶格的磁化强度。

(f) 亚铁磁性材料的化学键主要是离子键，过渡金属阳离子的最近邻离子为氧阴离子。过渡金属离子上的 d 电子遵循洪特规则，在自旋配对之前，它们单独占据五个自旋平行的 d 轨道。

假设阳离子的价电子与氧离子的价电子发生某种程度的共价键合，会有利于降低系统能量。由于氧离子有一个填满电子的壳层，因此只能通过将电子从氧离子注入阳离子的空位轨道的方式来实现共价键合。举个例子，假设最左边的阳离子是一个自旋向上的 Mn^{2+}，如图 8.14 所示。由于所有的 Mn 轨道都包含一个上自旋的电子，因此只有当相邻的氧提供一个下自旋电子时，才能发生共价键合。这就在氧的 p 轨道上留下了一个上自旋电子，它可以提供给链上的相邻阳离子（在图 8.14 中，这是另一个 Mn^{2+}）。同样的道理，只有在相邻阳离子上的电子为下自旋时才能成键。我们发现，这种氧介导的相互作用可以使阳离子之间形成整体反铁磁排列，而不需要量子力学交换积分为负。

由于超交换相互作用依赖于 O 的 2p 轨道与相邻过渡金属阳离子之间的重叠，而线性阳离子-氧离子-阳离子链中的交换作用是最大的，因此如果阳离子-氧离子-阳离子键角偏离 180°，则超交换相互作用的强度将会降低。

9.2 复习题 2

(a) 铁原子的电子构型是

$$(1s)^2(2s)^2(2p)^6(3s)^2(3p)^6(4s)^2(3d)^6$$

Fe_2O_3 中铁离子是三价阳离子。由于过渡元素在离子化时先释放 4s 电子再释放 3d 电子，因此 Fe^{3+} 的电子构型是

$$(1s)^2(2s^2)(2p)^6(3s)^2(3p)^6(3d)^5$$

Ni 原子的电子构型是

$$(1s)^2(2s)^2(2p)^6(3s)^2(3p)^6(4s)^2(3d)^8$$

NiO 中的镍离子为二价阳离子，其电子构型是

$$(1s)^2(2s)^2(2p)^6(3s)^2(3p)^6(3d)^8$$

(b) 四面体位的阳离子通过氧离子与八面体位的阳离子键合。虽然铁氧体中离子间的相互作用主要是离子型，但通过一定程度的共价键合可以降低系统的能量。当共价键形成时，四面体位置的上自旋阳离子与指向阳离子的氧轨道中的下自旋 2p 电子重叠。剩余的上自旋 2p 轨道与八面体位置中相邻的阳离子键合。只有当这个相邻的阳离子为下自旋时，才能形成共价键。在离子型为主的材料中，这种推动形成反铁磁有序的机制称为超交换。由于铁离子平均分布于八面体位和四面体位，因此上、下自旋铁离子的数目相等，并且铁离子的净磁矩为零。

(c) 饱和磁化强度是单位体积的磁矩。因此，我们需要计算出单胞的磁矩和体积，并取其比值。

由于单胞为立方结构，因此单胞体积为 $(8.34\times10^{-10})^3\,m^3$。

洪特规则第一条告诉我们，电子排布总是使其总自旋 S 最大化。因此，在与同一轨道上的相反自旋配对之前，每个 d 轨道上都会排布一个平行自旋的电子。对于 Ni^{2+} 而言，相应的电子构型如下所示：

↑↓	↑↓	↑↓	↑	↑

由于 3d 过渡元素的轨道角动量具有很强的猝灭效应，因此我们只需考虑自旋对磁矩的贡献。从图中可以看出，每个原子沿外加磁场方向的磁矩为 $2\mu_B$。最终，由于每个单胞有 8 个 Ni^{2+}，所以每个单胞的磁矩为 $16\mu_B$。

因此，

$$\begin{aligned}\boldsymbol{M}_S &= \frac{16\mu_B}{(8.34\times10^{-10})^3\,m^3}\\ &= \frac{16\times9.27\times10^{-24}\,A/m^2}{(8.34\times10^{-10})^3\,m^3}\\ &= 2.56\times10^5\,A/m\end{aligned}$$

(d) 既然我们讨论的是金属镍，那不能不考虑能带重叠。如果每个原子的自由电子数为 0.54，则每个镍原子的 s 电子数也必须等于 0.54。但是我们知道镍原子的价电子数是 10。因此，每个镍原子的 d 电子数必须等于二者之间的差值，即 9.46。

(e) 由于每个镍原子需要 5 个电子才能完全填满上自旋能带，所以每个原子剩下的 4.46 个电子进入下自旋能带。因此，每个镍原子的净磁矩，即为上自旋电子数减去下自旋电子数再乘以 μ_B，等于 $0.54\mu_B$。铁磁性镍的态密度如下所示。

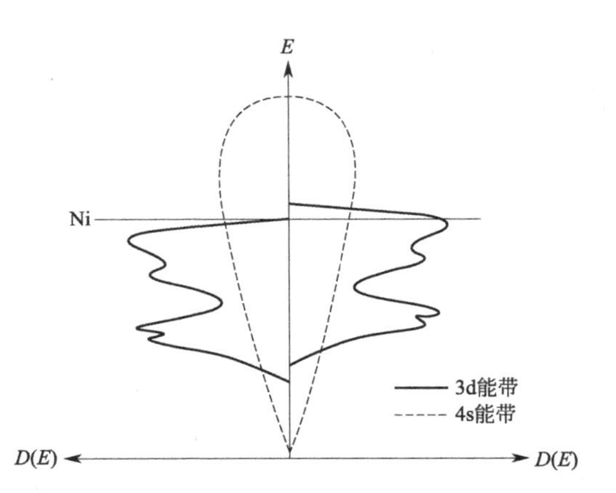

(f) 在 fcc 结构中，每个单胞有四个原子（一个位于单胞的中心[1]，八个顶点原子被八个单胞共用，六个面心原子，每个面心原子被两个单胞共用）。因此，每个单胞的磁矩为 $4\times0.54\mu_B$。由于单胞的体积为 $(3.52\times10^{-10})^3\,\text{m}^3$，因此镍元素的饱和磁化强度为

$$\boldsymbol{M}_S=\frac{2.16\mu_B}{(3.52\times10^{-10})^3\,\text{m}^3}=4.59\times10^5\,\text{A/m}$$

(g) 尽管每个镍原子的玻尔磁子数较小，但镍的饱和磁化强度仍大于镍铁氧体。这是因为 Ni 元素中的所有原子都对磁化强度有贡献，而镍铁氧体中的许多原子要么是非磁性的，要么其磁矩与相邻离子磁矩相抵消。镍和镍铁氧体具有不同的电学性质，因而具有不同的应用。镍铁氧体是一种绝缘体，因此可用于高频场合，如变压器铁芯。同时，由于其各向异性，它可以作为磁存储领域中一种优异的磁存储介质。镍具有较高的饱和磁化强度，更适用于永磁体及电磁体。

第 11 章

11.1 在任何情况下，稳定的磁畴结构都会使系统的总能量最小化。

如果材料没有磁晶各向异性，那么磁矩就没有择优取向。因此，利用图 S.7(a) 所示的自旋构型，可以在不形成磁畴的情况下消除静磁能。由于相邻的自旋仍然是平行的，优化了交换能，并且没有引入磁致伸缩能，因此这种排列方式有利于降低系统能量。

强单轴各向异性会导致磁矩沿单一晶向排列。所以，90°畴壁和垂直闭合畴是不可能形成的。图 S.7(b) 中给出了一种可能的磁畴结构。

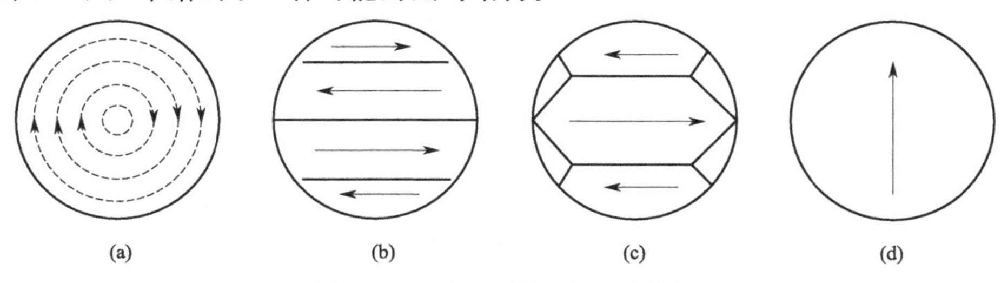

图 S.7　四类不同材料的磁畴结构

[1] 勘误：单胞中心不应该有原子。——译者注

如图 S.7(c) 所示，主磁畴的磁化强度通常平行于某个易磁化方向，并且可以通过增加主磁畴的体积的方式使磁致伸缩能最小化。这种排列方式将弹性能集中到较小的磁通闭合磁畴中，这些小磁畴将被迫产生应变以适应主磁畴的变形。

如果样品尺寸比畴壁厚度还小，则从能量的角度上不允许形成畴壁。在这种情况下，粒子中仅包含一个单畴，如图 S.7(d) 所示。

11.2 在单畴粒子中，磁化强度沿易磁化轴取向，该易磁化方向取决于磁晶各向异性和形状各向异性。如果在磁化相反的方向上施加外磁场（但仍在易磁化方向上），则粒子无法通过畴壁运动对外场进行响应，磁化必须旋转越过难磁化方向，以实现磁化方向反转。各向异性力倾向于将磁化强度保持在易磁化方向，因此矫顽力很大。整个过程产生了一个方形磁滞回线。如果沿着难磁化方向施加磁场，当磁场足够大时，磁化强度会旋转到磁场方向，但移除磁场后，磁化强度会完全回到易磁化方向。因此，不存在磁滞现象。对于需要高矫顽力的磁记录介质来说，可以选用小颗粒磁体。通常使用针状颗粒，以使形状各向异性最大化并增大矫顽力。粒子有序取向，其易磁化轴必须平行于写入磁场的方向。

第 13 章

13.1 复习题

(a) 该题与习题 1.3(a) 的问题相同。利用毕奥-萨伐尔定律，得到了圆形线圈轴线上磁场的表达式：

$$\boldsymbol{H}_{\text{axial}}=\frac{Ia^2}{2(a^2+x^2)^{3/2}}$$

根据给定的角动量值，可以计算出电流值，并得到磁场值：

$$H=46675.7\text{A/m}=586\text{Oe}$$

(b) 该题与习题 1.3(b) 的问题相同。磁偶极矩 m 由下式给出：

$$\begin{aligned}\boldsymbol{m}&=IA\\&=9.274\times10^{-24}\,\text{A}\cdot\text{m}^2\text{ 或 J/T}\end{aligned}$$

即 1 个玻尔磁子。

(c) 一磁偶极子的北极向上取向，其周围的磁力线如下所示：

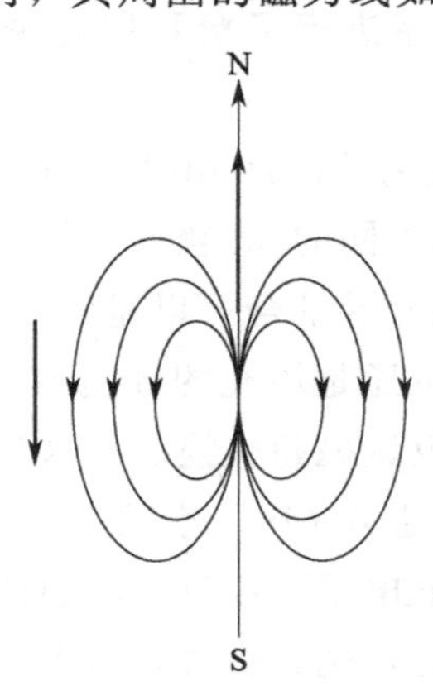

如果第二个磁偶极子正好位于第一个偶极子的正上方，那么第一个磁偶极子产生的磁场会使第二个磁偶极子倾向于垂直取向，并且使其北极朝上。如果第二个磁偶极子与第一个磁偶极子处于同一水平位置，它仍将垂直取向，但其北极朝下。

(d) 磁序如下所示：

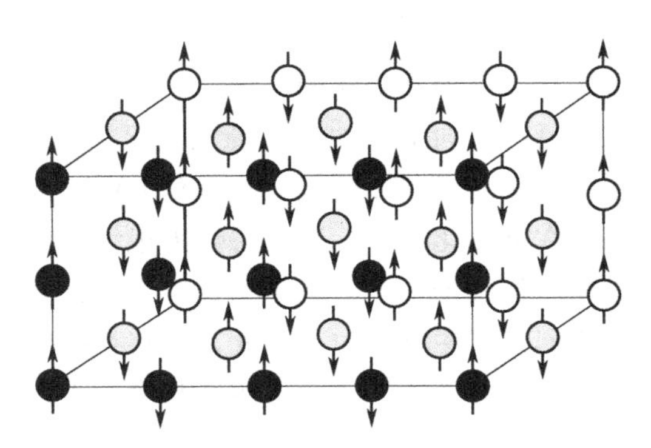

在这里，黑色原子位于最前面的平面上，灰色原子在中间的平面上，白色原子在后面的平面上。

(e) 如果第二个磁偶极子与第一个磁偶极子平行排列，其能量将会降低一定的值，即：

$$
\begin{aligned}
E &= -\mu_0 \boldsymbol{m} \cdot \boldsymbol{H} \\
&= 1.256\times10^{-6}\,\text{Wb}/(\text{A}\cdot\text{m})\times(-9.274\times10^{-24})\,\text{A}\cdot\text{m}^2\times46675.7\,\text{A/m} \\
&= 5.44\times10^{-25}\,\text{J}
\end{aligned}
$$

如果它与第一个磁偶极子反平行排列，则其能量将增加相同的值。这个磁能相当于温度$T=E/k_B=0.0394\text{K}$所对应的能量。这个数值非常小，所以铁磁材料中磁偶极矩的平行排列不太可能是由磁偶极子相互作用引起的。

(f) 锰离子的电子结构为：

$$Mn^{3+}[Ar](3d)^4$$
$$Mn^{4+}[Ar](3d)^3$$

假设仅考虑自旋磁矩，则Mn^{3+}沿磁场方向的最大磁矩为$4\mu_B$，而Mn^{4+}相应的最大磁矩为$3\mu_B$。

(g) 古迪纳夫（人名，Goodenough）在1955年发表的具有里程碑意义的论文中，对锰氧化物中化学键和磁序之间的关系进行了精彩的讨论[63]。下面我们来看看古迪纳夫的理论。

（ⅰ）在$LaMnO_3$中，所有的锰离子都是Mn^{3+}，每个Mn^{3+}都包含四个3d电子。根据洪特规则，这四个3d电子各自占据不同的3d轨道，因此它们彼此平行排列。于是剩余了一个空的3d轨道。相邻锰离子间的氧介导耦合可以是铁磁性的，也可以是反铁磁性的，这取决于朝向氧离子的是锰的空的d轨道还是填充的d轨道。图S.8(a)表明当两个Mn^{3+}的空的d轨道都指向氧阴离子时，产生反铁磁超交换。在这种情况下，最左边的Mn^{3+}是自旋向上的，因此氧离子的上自旋2p电子进入Mn^{3+}空的3d轨道中，以优化其与锰离子之间基于洪特规则的耦合。氧离子的下自旋p电子可以进入右边的锰离子中。如果第二个Mn^{3+}是下自旋的，则有利于形成洪特规则耦合，也就是说，两个锰离子形成了反铁磁性排列。

相反的情况是，氧负离子分别与一个空的和一个填充的 Mn^{3+} 3d 轨道相连接，如图 S.8 (b) 所示。和之前一样，氧离子的上自旋电子进入上自旋 Mn^{3+} 的空 d 轨道。氧离子的下自旋电子只能通过形成共价键与相邻锰离子中填充的 3d 轨道产生相互作用，而这种作用只有在锰离子的 3d 电子具有反向自旋（即自旋向上）的情况下才会发生。因此第二个锰离子必须与第一个锰离子具有相同的自旋取向，从而产生铁磁性耦合。

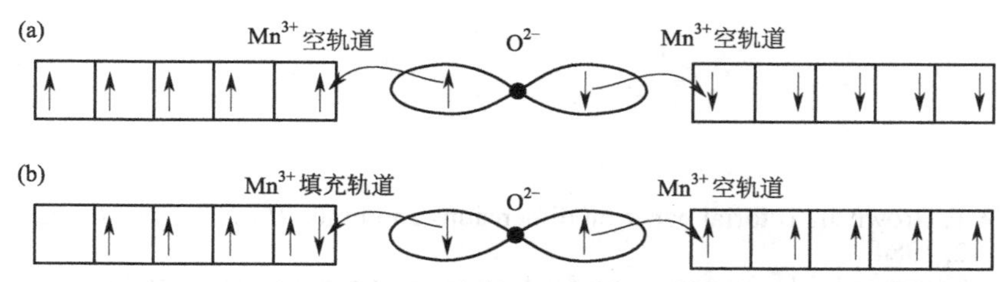

图 S.8 Mn^{3+} 的空轨道和填充轨道之间的超交换作用，导致 Mn 离子之间的铁磁性耦合

价键理论告诉我们，Mn^{3+} 的单个空 d 轨道将与 Mn 的 4s 和 4p 轨道杂化，形成四个正方形的平面 dsp^2 空轨道。由于 $LaMnO_3$ 中的锰离子是八面体配位，这意味着与氧离子形成的键中只有 2/3 是通过锰的空轨道形成的，因此每一个锰离子都与它的四个近邻离子产生铁磁性键合，而与另外两个近邻锰离子产生反铁磁性键合。由于铁磁性键长于反铁磁性键，因此轨道会形成有序排列，以使晶格中的弹性应变最小。结果形成了 A 型反铁磁有序，即锰离子在平面内形成铁磁性排列，而相邻平面之间彼此反铁磁排列。

（ⅱ）在 $CaMnO_3$ 中，所有离子都是 Mn^{4+}，每个锰离子有两个空的 d 轨道。这两个空的 d 轨道与 Mn 的 4s 和 4p 轨道杂化，形成六个八面体 d^2sp^3 空轨道。因此，所有与氧离子形成的键都可以通过 Mn 的空 d 轨道形成，所有的键都是反铁磁性的，从而产生 G 型反铁磁。

在 13.1(e) 中计算得出的磁偶极子能量，仅相当于百分之一开尔文的数量级，比 $CaMnO_3$ 的实际有序化温度小 5 个数量级。这意味着，正是刚刚描述的超交换相互作用机制导致了 $CaMnO_3$ 的反铁磁有序结构，它比相邻锰离子之间的偶极-偶极相互作用大 5 个数量级。

(h) 相邻 Mn^{3+} 和 Mn^{4+} 通过双交换机制耦合，产生了铁磁性耦合[66]。如果允许 Mn^{3+}-Mn^{4+} 对中 Mn^{3+} 上额外的 3d 电子在两个离子之间共振或隧穿，则可以降低 Mn^{3+}-Mn^{4+} 对的总能量。（这类似于通过反转隧穿降低氨分子基态的能量。）只有当两个锰离子上的磁矩彼此平行排列时，才能发生电子隧穿，这样 Mn^{3+} 中的上自旋（比如）电子才能够转移到 Mn^{4+} 上，并与 Mn^{4+} 中的 3d 电子平行排列。这种机制被称为双交换，这是因为电子实际上是从 Mn^{3+} 转移到中间氧，同时从 O^{2-} 转移一个电子到 Mn^{4+}。

参考文献

[1] W.F. Brown Jr. Tutorial paper on dimensions and units. *IEEE Trans. Magn.*, 20: 112, 1984.
[2] P. Hammond. *Electromagnetism for Engineers*. Pergamon Press, 1978.
[3] C.W. Trowbridge. Electromagnetic computing: The way ahead? *IEEE Trans. Magn.*, 24:13, 1988.
[4] R.P. Feynman, R.B. Leighton, and M. Sands. *The Feynman Lectures on Physics*. Addison-Wesley, 1965.
[5] P. Zeeman. Influence of magnetism on the nature of the light emitted by a substance. *Philos. Mag.*, 5:226, 1897.
[6] P.W. Atkins. *Molecular Quantum Mechanics*. Oxford University Press, 1999.
[7] H.N. Russell and F.A. Saunders. New regularities in the spectra of the alkaline earths. *Astrophys. J.*, 61:38, 1925.
[8] F. Hund. *Linienspektren und Periodische System der Elemente*. Berlin, 1927.
[9] F. Paschen and E. Back. Normale und anomale zeemaneffekte. *Ann. Phys.*, 40:960, 1913.
[10] P. Langevin. Magnétisme et théorie des électrons. *Ann. Chim. Phys.*, 5:70, 1905.
[11] W. Pauli. Theoretische Bemerkungen über den Diamagnetismus Einatomiger Gase. *Z. Phys.*, 2:201, 1920.
[12] A. Firouzi, D.J. Schaefer, S.H. Tolbert, G.D. Stucky, and B.F. Chmelka. Magnetic-field-induced orientational ordering of alkaline lyotropic silicate- surfactant liquid crystals. *J. Am. Chem. Soc.*, 119:9466, 1997.
[13] S.H. Tolbert, A. Firouzi, G.D. Stucky, and B.F. Chmelka. Magnetic field alignment of ordered silicate-surfactant composites and mesoporous silica. *Science*, 278:264, 1997.
[14] W. Meissner and R. Ochsenfeld. *Naturwissenschaften*, 21:787, 1933.
[15] H. Kammerlingh-Onnes. The resistance of pure mercury at helium temperatures. *Comm. Leiden*, 120b, 1911.
[16] J. Bardeen, L.N. Cooper, and J.R. Schrieffer. Theory of superconductivity. *Phys. Rev.*, 108:1175–1204, 1957.
[17] J.G. Bednorz and K.A. Müller. Possible high T_c superconductivity in the Ba-La-Cu-O system. *Z. Phys. B*, 64:189–193, 1986.
[18] J. Nagamatsu, N. Nakagawa, T. Muranaka, Y. Zenitani, and J. Akimitsu. Superconductivity at 39 K in magnesium diboride. *Nature*, 410:63–64, 2001.
[19] Y. Kamihara, T. Watanabe, M. Hirano, and H. Hosono. Iron-based layered superconductor La[$O_{1-x}F_x$]FeAs ($x = 0.05$-0.12) with $T_c = 26$ K. *J. Am. Chem. Soc.*, 130:3296–3297, 2008.
[20] B.D. Josephson. Possible new effects in superconductive tunneling. *Phys. Lett.*, 1:251, 1962.
[21] C. Kittel. *Introduction to Solid State Physics*. John Wiley and Sons, 1996.
[22] M.L. Cohen. The pseudopotential panacea. *Phys. Today*, July:40, 1979.
[23] P. Weiss. L'hypothèse du champ moléculaire et la propriété ferromagnétique. *J. Phys.*, 6:661, 1907.

[24] F. Tyler. The magnetization-temperature curves of iron, cobalt and nickel. *Philos. Mag.*, 11:596, 1931.
[25] W. Heisenberg. On the theory of ferromagnetism. *Z. Phys.*, 49:619, 1928.
[26] J.C. Slater. Electronic structure of alloys. *J. Appl. Phys.*, 8:385, 1937.
[27] L. Pauling. The nature of the interatomic forces in metals. *Phys. Rev.*, 54:899, 1938.
[28] D.J. Singh, W.E. Pickett, and H. Krakauer. Gradient-corrected density functionals: Full-potential calculations for iron. *Phys. Rev. B*, 43:11628, 1991.
[29] F. Bitter. On inhomogeneities in the magnetization of ferromagnetic materials. *Phys. Rev.*, 38:1903, 1931.
[30] H.J. Williams, F.G. Foster, and E.A. Wood. Observation of magnetic domains by the Kerr effect. *Phys. Rev.*, 82:119, 1951.
[31] C.A. Fowler and E.M. Fryer. Magnetic domains by the longitudinal Kerr effect. *Phys. Rev.*, 94:52, 1954.
[32] H.J. Williams, R.M. Bozort, and W. Shockley. Magnetic domain patterns on single crystals of silicon iron. *Phys. Rev.*, 75:155, 1949.
[33] H. Barkhausen. Two phenomena uncovered with the help of new amplifiers. Z. *Phys.*, 20:401, 1919.
[34] J.F. Dillon Jr. Observation of domains in the ferrimagnetic garnets by transmitted light. *J. Appl. Phys.*, 29:1286, 1958.
[35] G. Shull and J.S. Smart. Detection of antiferromagnetism by neutron diffraction. *Phys. Rev.*, 76:1256, 1949.
[36] G.E. Bacon. *Neutron Diffraction*. Clarendon Press, 1975.
[37] L. Néel. Propriétés magnétique des ferrites: Ferrimagnétisme et antiferromagnétisme. *Ann. Phys.*, 3:137, 1948.
[38] B.D. Cullity and C.D. Graham. *Introduction to Magnetic Materials*, 2nd edn. John Wiley and Sons, 2009.
[39] J. Rath and J. Callaway. Energy bands in paramagnetic chromium. *Phys. Rev. B*, 8:5398, 1973.
[40] W.H. Meikeljohn and C.P. Bean. New magnetic anisotropy. *Phys. Rev.*, 105:904, 1957.
[41] A. Serres. Récherches sur les moments atomiques. *Ann. Phys.*, 17:5, 1932.
[42] O. Kahn. The magnetic turnabout. *Nature*, 399:21, 1999.
[43] S. Ohkoshi, Y. Abe, A. Fujishima, and K. Hashimoto. Design and preparation of a novel magnet exhibiting two compensation temperatures based on molecular field theory. *Phys. Rev. Lett.*, 82:1285, 1999.
[44] H. van Leuken and R.A. de Groot. Half-metallic antiferromagnets. *Phys. Rev. Lett.*, 74:1171, 1995.
[45] W.E. Pickett. Spin-density-functional-based search for half-metallic antiferromagnets. *Phys. Rev. B*, 57:10613, 1998.
[46] C. Kittel, J.K. Galt, and W.E. Campbell. Crucial experiment demonstrating single domain property of fine ferromagnetic powders. *Phys. Rev.*, 77:725, 1950.
[47] C.P. Bean and I.S. Jacobs. Magnetic granulometry and super-paramagnetism. *J. Appl. Phys.*, 27:1448, 1956.
[48] C.A.F. Vaz, J.A.C. Bland, and G. Lauhoff. Magnetism in ultrathin film structures. *Rep. Prog. Phys.*, 71:056501, 2008.
[49] J. Shen and J. Kirschner. Tailoring magnetism in artifically structured materials: The new frontier. *Surf. Sci.*, 500:300–322, 2002.
[50] J.M. Rondinelli, M. Stengel, and N.A. Spaldin. Carrier-mediated magnetoelectricity in complex oxide heterostructures. *Nature Nanotechnology*, 3:46, 2008.
[51] N.D. Mermin and H. Wagner. Absence of ferromagnetism or antiferromagnetism in one- or two-dimensional isotropic Heisenberg models. *Phys. Rev. Lett.*, 17:1133, 1966.

[52] W. Thomson. On the electro-dynamic qualities of metals: Effects of magnetization on the electric conductivity of nickel and of iron. *Proc. Roy. Soc.*, 8:546, 1856–1857.

[53] J. Kondo. Anomalous Hall effect and magnetoresistance of ferromagnetic metals. *Prog. Theor. Phys.*, 27:772, 1962.

[54] T. Kasuya. Electrical resistance of ferromagnetic metals. *Prog. Theor. Phys.*, 16:58, 1956.

[55] M.N. Baibich, J.M. Broto, A. Fert, *et al.* Giant magnetoresistance of (001)Fe/(001) Cr magnetic superlattices. *Phys Rev. Lett.*, 61:2472, 1988.

[56] G. Binasch, P. Grünberg, F. Saurenbach, and W. Zinn. Enhanced magnetoresistance in layered magnetic structures with antiferromagnetic interlayer exchange. *Phys. Rev. B*, 39:4828, 1989.

[57] G.A. Prinz. Magnetoelectronics. *Science*, 282:1660, 1998.

[58] M. Julliére. Tunneling between ferromagnetic films. *Phys. Lett. A*, 54:225–226, 1975.

[59] J.S. Moodera, L.R. Kinder, T.M. Wong, and R. Meservey. Large magnetoresistance at room temperature in ferromagnetic thin film tunnel junctions. *Phys. Rev. Lett.*, 74:3273–3276, 1995.

[60] S. Parkin, X. Jiang, C. Kaiser, *et al.* Magnetically engineered spintronic sensors and memory. *Proc. IEEE*, 91(5):661–680, 2003.

[61] S. Jin, T.H. Tiefel, M. McCormack, *et al.* Thousandfold change in resistivity in magnetoresistive La-Ca-Mn-O films. *Science*, 264:413, 1994.

[62] G. Xiao, A. Gupta, X.W. Li, G.Q. Gong, and J.Z. Sun. Sub-200 Oe giant magnetoresistance in manganite tunnel junctions. *Science and Technology of Magnetic Oxides*. MRS Proceedings, vol. 494, page 221. Materials Research Society, 1998.

[63] J.B. Goodenough. Theory of the role of covalence in the perovskite-type manganites [LaM(ii)]MnO_3. *Phys. Rev.*, 100:564, 1955.

[64] E.O. Wollan and W.C. Koehler. Neutron diffraction study of the magnetic properties of the series of perovskite-type compounds $[La_{1-x}Ca_x]MnO_3$. *Phys Rev.*, 100:545, 1955.

[65] P. Schiffer, A.P. Ramirez, W. Bao, and S.-W. Cheong. Low temperature magnetoresistance and the magnetic phase diagram of $La_{1-x}Ca_xMnO_3$. *Phys. Rev. Lett.*, 75: 3336, 1995.

[66] C. Zener. Interaction between the d shells in the transition metals II: Ferromagnetic compounds of manganese with perovskite structure. *Phys. Rev.*, 82:403, 1951.

[67] W.H. Meiklejohn. Exchange anisotropy: a review. *J. Appl. Phys.*, 33:1328, 1962.

[68] W.A.A. Macedo, B. Sahoo, J. Eisenmenger, *et al.* Direct measurement of depth-dependent Fe spin structure during magnetization reversal in Fe/MnF_2 exchange-coucoupled bilayers. *Phys. Rev. B*, 78:224401, 2008.

[69] R. Morales, Z.-P. Li, J. Olamit, *et al.* Role of the antiferromagnetic bulk spin structure on exchange bias. *Phys. Rev. Lett.*, 102:097201, 2009.

[70] M.R. Fitzsimmons, D. Lederman, M. Cheon, *et al.* Antiferromagnetic domain size and exchange bias. *Phys. Rev. B*, 77:224406, 2008.

[71] A. Tillmanns, S. Oertker, B. Beschoten, *et al.* Magneto-optical study of magnetization reversal asymmetry in exchange bias. *Appl. Phys. Lett.*, 89:202512, 2006.

[72] J. Nogués and I.K. Schuller. Exchange bias. *J. Magn. Magn. Mater.*, 192:203, 1999.

[73] J. Nogués, J. Sort, V. Langlais, *et al.* Exchange bias in nanostructures. *Phys. Rep.*, 422:65–117, 2005.

[74] D.A. Thompson and J.S. Best. The future of magnetic data storage technology. *IBM J. Res. Dev.*, 44:311, 2000.

[75] C.B. Murray, S. Shouheng, H. Doyle, and T. Betley. Monodisperse 3D transition-metal (Co, Ni, Fe) nanoparticles and their assembly into nanoparticle

superlattices. *MRS Bull.*, 26:985, 2001.

[76] R.W. Cross, J.O. Oti, S.E. Russek, T. Silva, and Y.K. Kim. Magnetoresistance of thin-film NiFe devices exhibiting single-domain behavior. *IEEE Trans. Magn.*, 31:3358, 1995.

[77] T. Suzuki. Magneto-optic recording materials. *MRS Bull.*, 21:42, 1996.

[78] R.J. Gambino and T. Suzuki. *Magneto-Optical Recording Materials*. John Wiley and Sons, 1999.

[79] R. Janisch, P. Gopal, and N.A. Spaldin. Transition metal-doped TiO_2 and ZnO: present status of the field. *J. Phys.: Condens. Matter*, 17:R657, 2005.

[80] P.W. Anderson. Exchange in insulators: Superexchange, direct exchange, and double exchange. In G.T. Rado and H. Suhl, eds., *Magnetism*, chapter 2, page 25. Academic Press, 1963.

[81] R.M. White. *Quantum Theory of Magnetism*. Springer-Verlag, 1983.

[82] K. Yosida. *Theory of Magnetism*. Springer-Verlag, 1996.

[83] C. Zener. Interaction between the d-shells in the transition metals. *Phys. Rev.*, 81: 440, 1951.

[84] C. Zener. Interaction between the d-shells in the transition metals III: Calculation of the Weiss factors in Fe, Co, and Ni. *Phys. Rev.*, 83:299, 1951.

[85] J.B. Torrance, M.W. Shafer, and T.R. McGuire. Bound magnetic polarons and the insulator-metal transition in EuO. *Phys. Rev. Lett.*, 29:1168, 1972.

[86] A.C. Durst, R.N. Bhatt, and P.A. Wolff. Bound magnetic polaron interactions in insulating doped diluted magnetic semiconductors. *Phys. Rev. B*, 65:235205, 2002.

[87] D.E. Angelescu and R.N. Bhatt. Effective interaction Hamiltonian of polaron pairs in diluted magnetic semiconductors. *Phys. Rev. B*, 65:075221, 2002.

[88] J. Kübler and D.T. Vigren. Magnetically controlled electron localization in Eu-rich EuO. *Phys. Rev. B*, 11:4440, 1975.

[89] N. Samarth, P. Klosowski, H. Luo, *et al.* Antiferromagnetism in ZnSe/MnSe strained-layer superlattices. *Phys. Rev. B*, 44:4701, 1991.

[90] J.K. Furdyna. Diluted magnetic semiconductors. *J. Appl. Phys.*, 64:R29, 1988.

[91] J.K. Furdyna. Diluted magnetic semiconductors: an interface of semiconductor physics and magnetism. *J. Appl. Phys.*, 53:7637, 1982.

[92] S.A. Crooker, D.A. Tulchinsky, J. Levy, *et al.* Enhanced spin interactions in digital magnetic heterostructures. *Phys. Rev. Lett.*, 75:505, 1995.

[93] S.A. Crooker, D.D. Awschalom, J.J. Bamuberg, F. Flack, and N. Samarth. Optical spin resonance and transverse spin relaxation in magnetic semiconductor quantum wells. *Phys. Rev. B*, 56:7574, 1997.

[94] M.A. Nielsen and I.L. Chuang. *Quantum Computation and Quantum Information*. Cambridge University Press, 2001.

[95] I.P. Smorchkova, N. Samarth, J.M. Kikkawa, and D.D. Awschalom. Spin transport and localization in a magnetic two-dimensional electron gas. *Phys. Rev. Lett.*, 78: 3571, 1997.

[96] I. Smorchkova and N. Samarth. Fabrication of n-doped magnetic semiconductor heterostructures. *Appl. Phys. Lett.*, 69:1640, 1996.

[97] H. Ohno. Making nonmagnetic semiconductors ferromagnetic. *Science*, 281:951, 1998.

[98] S. Sonoda, S. Shimizu, T. Sasaki, Y. Yamamoto, and H. Hori. Molecular beam epitaxy of wurtzite (Ga,Mn)N films on sapphire(0001) showing the ferromagnetic behaviour at room temperature. *J. Cryst. Growth*, 237:1358, 2002.

[99] S. Sanvito, G. Theurich, and N.A. Hill. Density functional calculations for III-V diluted ferromagnetic semiconductors: A review. *J. Supercon.*, 15:85, 2002.

[100] T. Dietl, H. Ohno, F. Matsukura, J. Cibèrt, and D. Ferrand. Zener model description of ferromagnetism in zinc-blende magnetic semiconductors. *Science*, 287:1019, 2000.

[101] T. Jungwirth, W.A. Atkinson, B.H. Lee, and A.H. MacDonald. Interlayer coupling in ferromagnetic semiconductor superlattices. *Phys. Rev. B*, 59:9818, 1999.

[102] H. Ohno, F.D. Chiba, T. Matsukura, *et al.* Electric-field control of magnetism. *Nature*, 408:944, 2000.

[103] T. Hayashi, Y. Hashimoto, S. Katsumoto, and Y. Iye. Effect of low-temperature annealing on transport and magnetism of diluted magnetic semiconductor(Ga,Mn) As. *Appl. Phys. Lett.*, 78:1691, 2001.

[104] S.J. Potashnik, K.C. Ku, S.H. Chun, *et al.* Effects of annealing time on defect-controlled ferromagnetism in $Ga_{1-x}Mn_xAs$. *Appl. Phys. Lett.*, 79:1495, 2001.

[105] S. Sanvito and N.A. Hill. Influence of the local As antisite distribution on ferromagnetism in (Ga,Mn)As. *Appl. Phys. Lett.*, 78:3493, 2001.

[106] S. Sanvito and N.A. Hill. Ab-initio transport theory for digital ferromagnetic heterostructures. *Phys. Rev. Lett.*, 87:267202, 2001.

[107] T. Dietl, H. Ohno, and F. Matsukura. Ferromagnetic semiconductor heterostructures for spintronics. *IEEE Trans. Electron Devices*, 54:945, 2007.

[108] D.O. Klenov, J.M. Zide, J.D. Zimmerman, A.C. Gossard, and S. Stemmer. Interface atomic structure of epitaxial ErAs layers on (001) $In_{0.53}Ga_{0.47}As$ and GaAs. *Appl. Phys. Lett.*, 86:241901, 2005.

[109] W. Kim, J. Zide, A. Gossard, *et al.* Thermal conductivity reduction and thermoelectric figure of merit increase by embedding nanoparticles in crystalline semiconductors. *Phys. Rev. Lett.*, 96:045901, 2006.

[110] L.V. Pourovskii, K.T. Delaney, C.G. Van de Walle, N.A. Spaldin, and A. Georges. Role of atomic multiplets in the electronic structure of rare-earth semiconductors and semimetals. *Phys. Rev. Lett.*, 102:096401, 2009.

[111] S.J. Allen, N. Tabatabaie, C.J. Palmstrøm, *et al.* ErAs epitaxial layers buried in GaAs: Magnetotransport and spin-disorder scattering. *Phys. Rev. Lett.*, 62:2309–2312, 1989.

[112] Y. Matsumoto, M. Murakami, T. Shono, *et al.* Room temperature ferromagnetism in transparent transition metal-doped titanium dioxide. *Science*, 291:854, 2001.

[113] P. Sharma, A. Gupta, K.V. Rao, *et al.* Ferromagnetism above room temperature in bulk and transparent thin films of Mn-doped ZnO. *Nat. Mater.*, 2:673, 2003.

[114] K. Ueda, H. Tabata, and T. Kawai. Magnetic and electric properties of transition-metal-doped ZnO films. *Appl. Phys. Lett.*, 79:988, 2001.

[115] J.M.D. Coey, M. Venkatesan, and C.B. Fitzgerald. Donor impurity band exchange in dilute ferromagnetic oxides. *Nat. Mater.*, 4:173, 2005.

[116] D.C. Kundaliya, S.B. Ogale, S.E. Lofland, *et al.* On the origin of high-temperature ferromagnetism in the low-temperature-processed Mn-Zn-O system. *Nat. Mater.*, 3:709, 2004.

[117] G. Lawes, A.S. Risbud, A.P. Ramirez, and Ram Seshadri. Absence of ferromagnetism in Co and Mn substituted polycrystalline ZnO. *Phys. Rev. B*, 71(4):045201, 2005.

[118] B.T. Matthias, R.M. Bozorth, and J.H. Van Vleck. Ferromagnetic interaction in EuO. *Phys. Rev. Lett.*, 7:160–161, 1961.

[119] M.A. Subramanian, A.P. Ramirez, and W.J. Marshall. Structural tuning of ferromagnetism in a 3D cuprate perovskite. *Phys. Rev. Lett.*, 82(7):1558–1561, 1999.

[120] M. Mochikuzi and M. Imada. Orbital physics in the perovskite Ti oxides. *New J. Phys.*, 6:154, 2004.

[121] F. Sugawara and S. Iida. New magnetic perovskites $BiMnO_3$ and $BiCrO_3$. *J. Phys. Soc. Jpn.*, 20:1529, 1965.

[122] V.A. Bokov, I.E. Myl'nikova, S.A. Kizhaev, M.F. Bryzhina, and N.A. Grigorian. Structure and magnetic properties of $BiMnO_3$. *Sov. Phys. Solid State*, 7:2993–2994, 1966.

[123] F. Sugawara, S. Iida, Y. Syono, and S. Akimoto. Magnetic properties and crystal distortions of $BiMnO_3$ and $BiCrO_3$. *J. Phys. Soc. Jpn.*, 26:1553–1558, 1968.

[124] H. Chiba, T. Atou, and Y. Syono. Magnetic and electrical properties of $Bi_{1-x}Sr_x$ MnO_3: Hole-doping effect on ferromagnetic perovskite $BiMnO_3$. *J. Solid State Chem.*, 132:139–143, 1997.
[125] H. Faqir, A. Chiba, *et al.* High-temperature XRD and DTA studies of $BiMnO_3$ perovskite. *J. Solid State Chem.*, 142:113–119, 1999.
[126] A. Moreira dos Santos, A.K. Cheetham, T. Atou, *et al.* Orbital ordering as the determinant for ferromagnetism in biferroic $BiMnO_3$. *Phys. Rev. B*, 66:064425, 2002.
[127] N.S. Rogado, J. Li, A.W. Sleight, and M.A. Subramanian. Magnetocapacitance and magnetoresistance near room temperature in a ferromagnetic semiconductor:La_2Ni MnO_6. *Adv. Mater.*, 17:2225, 2005.
[128] H. Schmid. Multi-ferroic magnetoelectrics. *Ferroelectrics*, 62:317, 1994.
[129] M. Fiebig. Revival of the magnetoelectric effect. *J. Phys. D*, 38:R1–R30, 2005.
[130] J. Valasek. Piezoelectric and allied phenomena in rochelle salt. *Phys. Rev.*, 17:475, 1921.
[131] J.M. Rondinelli, A.S. Eidelson, and N.A. Spaldin. Non-d^0 Mn-driven ferroelectricity in antiferromagnetic $BaMnO_3$. *Phys. Rev. B*, 79:205119, 2009.
[132] I.B. Bersuker. Modern aspects of the Jahn-Teller theory and applications to molecular problems. *Chem. Rev.*, 101:1067–1114, 2001.
[133] J.K. Burdett. Use of the Jahn-Teller theorem in inorganic chemistry. *Inorg. Chem.*, 20:1959–1962, 1981.
[134] R.G. Pearson. The second-order Jahn-Teller effect. *J. Mol. Struct.*, 103:25–34, 1983.
[135] C. Ederer and N.A. Spaldin. Towards a microscopic theory of toroidal moments in bulk periodic crystals. *Phys. Rev. B*, 76:214404, 2007.
[136] V.M. Dubovik and V. V. Tugushev. Toroid moments in electrodynamics and solid-state physics. *Phys. Rep.*, 187:145–202, 1990.
[137] H. Schmid. Magnetoelectric effects in insulating magnetic materials. In W.S. Weiglhoger and A. Lakhtakia, eds., *Introduction to Complex Mediums for Optics and Electromagnetics*, pages 167–195. SPIE Press, 2003.
[138] H. Schmid. Some supplementing comments on the proceedings of MEIPIC-5. In M. Fiebig, V.V. Eremenko, and I.E. Chupis, eds., *Magnetoelectric Interaction Phenomena in Crystals: Proceedings of the NATO Advanced Research Workshop on Magnetoelectric Interaction Phenomena in Crystals, Sudak, Ukraine, September 21–24, 2003*, chapter 1, pages 1–34. Kluwer, 2004.
[139] B.B. Van Aken, J.P Rivera, H. Schmid, and M. Fiebig. Observation of ferrotoroidic domains. *Nature*, 449:702–705, 2007.
[140] N. A. Spaldin, M. Fiebig, and M. Mostovoy. The toroidal moment in condensed-matter physics and its relation to the magnetoelectric effect. *J. Phys.: Condens. Matter*, 20:434203, 2008.
[141] N.A. Hill. Why are there so few magnetic ferroelectrics? *J. Phys. Chem. B*, 104:6694–6709, 2000.
[142] K. Rushchanskii, S. Kamba, V. Goian, *et al.* First-principles design and subsequent synthesis of a material to search for the permanent electric dipole moment of the electron. *Nat. Mater.*, in press 2010; arXiv:1002.0376.
[143] C.J. Fennie and K.M. Rabe. Magnetic and electric phase control in epitaxial $EuTiO_3$ from first principles. *Phys. Rev. Lett.*, 97:267602, 2006.
[144] J. Wang, J.B. Neaton, H. Zheng, *et al.* Epitaxial $BiFeO_3$ multiferroic thin film heterostructures. *Science*, 299:1719, 2003.
[145] B.B. van Aken, T.T.M. Palstra, A. Filippetti, and N.A. Spaldin. The origin of ferroelectricity in magnetoelectric $YMnO_3$. *Nat. Mater.*, 3:164–170, 2004.
[146] C.J. Fennie and K.M. Rabe. Ferroelectric transition in $YMnO_3$ from first principles. *Phys. Rev. B*, 72:100103(R), 2005.
[147] C. Ederer and N.A. Spaldin. $BaNiF_4$: An electric field-switchable weak antiferromagnet. *Phys. Rev. B*, 74:1, 2006.

[148] R.E. Newnham, J.J. Kramer, W.E. Schulze, and L.E. Cross. Magnetoferroelectricity in Cr_2BeO_4. *J. Appl. Phys.*, 49:6088–6091, 1978.

[149] T. Kimura, T. Goto, H. Shintani, *et al*. Magnetic control of ferroelectric polarization. *Nature*, 426:55–58, 2003.

[150] N. Ikeda, H. Ohsumi, K. Ohwada, *et al*. Ferroelectricity from iron valence ordering in the charge-frustrated system $LuFe_2O_4$. *Nature*, 436:1136–1138, 2005.

[151] M.A. Subramanian, T. He, J. Chen, N.S. Rogado, T.G. Calvarese, and A.W. Sleight. Giant room-temperature magnetodielectric response in the electronic ferroelectric $LuFe_2O_4$. *Adv. Mater.*, 18:1737–1739, 2006.

[152] J. van den Brink and D. Khomskii. Multiferroicity due to charge ordering. *J. Phys.: Condens. Matter*, 20:434217, 2008.

[153] L.D. Landau and E.M. Lifshitz. *Electrodynamics of Continuous Media*. Pergamon Press, 1984.

[154] I.E. Dzyaloshinskii. On the magneto-electrical effect in antiferromagnets. *Sov. Phys. JETP*, 10:628–629, 1960.

[155] D.N. Astrov. The magnetoelectric effect in antiferromagnetics. *Sov. Phys. JETP*, 11:708–709, 1960.

[156] T.H. O'Dell. *The Electrodynamics of Continuous Media*. North-Holland, 1970.

[157] W.F. Brown Jr., R.M. Hornerich, and S. Shtrikman. Upper bound on the magneto-electric susceptibility. *Phys. Rev.*, 168:574–576, 1968.

[158] T. Zhao, A. Scholl, F. Zavaliche, *et al*. Electrically controllable antiferromagnets: Nanoscale observation of coupling between antiferromagnetism and ferroelectricity in multiferroic $BiFeO_3$. *Nat. Mater.*, 5:823–829, 2006.

[159] Y.-H. Chu, L.W. Martin, M.B. Holcomb, *et al*. Electric-field control of local ferro-magnetism using a magnetoelectric multiferroic. *Nat. Mater.*, 7:478–482, 2008.